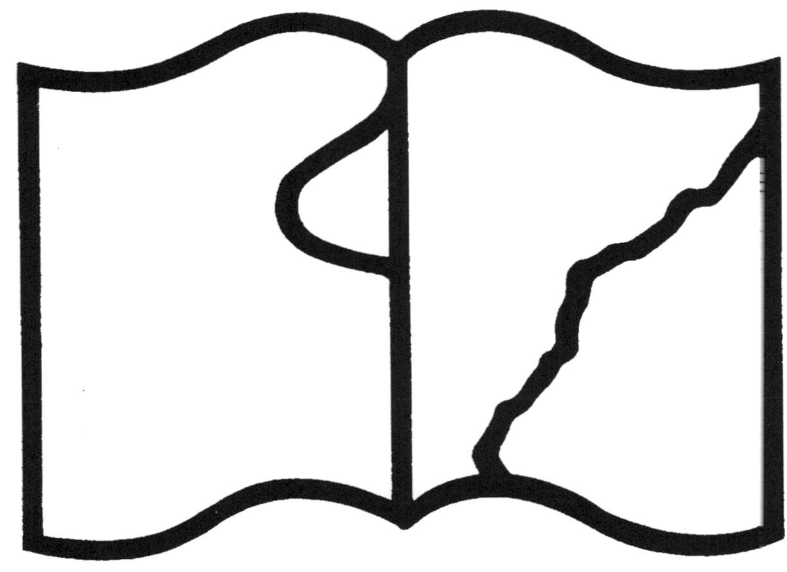

BIBLIOTHÈQUE DE LA FACULTÉ DES LETTRES DE LYON
TOME XIII

LES GÉOGRAPHES ALLEMANDS DE LA RENAISSANCE

PAR L. GALLOIS
Ancien Élève de l'École Normale Supérieure,
CHARGÉ DE COURS A LA FACULTÉ DES LETTRES DE LYON.

PARIS
ERNEST LEROUX, EDITEUR
28, RUE BONAPARTE

1890

ERNEST LEROUX, ÉDITEUR, RUE BONAPARTE, 28.

ANNUAIRE

DE LA FACULTÉ DES LETTRES DE LYON

3 VOL. 1883-1885

1re *Année.* (Fasc. I) : BERLIOUX : *Les Atlantes;* BAYET : *La Révolte des Romains en 799;* L. CLÉDAT : *La Chronique de Salimbene.* — (Fasc. II) : PAUL REGNAUD : *Stances sanskrites inédites;* E. BELOT : *Pasitèle et Colotès;* PH. SOUPÉ : *Corneille Agrippa;* L. CLÉDAT : *Études de philologie française;* G. HEINRICH : *Herder orateur.* — (Fasc. III) : FERRAZ : *Étude sur la philosophie de la littérature;* REGNAUD : *Remarques sur l'étymologie et le sens primitif du mot* Θεος.

2e *Année.* (Fasc. I) : E. LEFÉBURE : *Sur l'ancienneté du cheval en Egypte;* CH. BAYET : *La fausse donation de Constantin;* L. CLÉDAT : *Lyon au commencement du XVe siècle;* E. BELOT : *Nantuchet;* A. BREYTON : *La bataille de Cannes;* L. FONTAINE : *Note sur un opuscule soi-disant inédit de J.-J. Rousseau.* — (Fasc. II) : P. REGNAUD : *Stances sanskrites inédites;* — *Études phonétiques et morphologiques;* L. CLÉDAT : *La flexion dans la traduction française des sermons de saint Bernard;* F. BRUNOT : *Le valet de deux maîtres;* L. FONTAINE : *J.-J. Rousseau,* ses idées sur l'éducation avant l'*Émile.* — (Fasc. III) : M. FERRAZ : *Étude sur la philosophie de la littérature* (suite); A. BERTRAND : *La psychologie extérieure;* P. REGNAUD : *Mélanges.*

3e *Année.* (Fasc. I) : G. BLOCH : *Remarques à propos de la carrière d'Afranius Burrhus;* E. BELOT : *De la révolution économique et monétaire;* L. CLÉDAT : *La Chronique de Salimbene* (parties inédites). — (Fasc. II) : P. REGNAUD : *Stances sanskrites inédites;* G. LAFAYE : *Discours d'ouverture;* G. BIZOS : *Essai sur l'apparition du mélodrame en France;* P. REGNAUD : *Mélanges philologiques;* GRANDJEAN : *Tableaux comparatifs des principales modifications phonétiques que présentent les infinitifs des verbes faibles dans les dialectes germaniques.* — (FASC. III) : L. ARLOING : *Dissociation et association nouvelle des mouvements instinctifs sous l'in-*

BIBLIOTHÈQUE

DE LA

FACULTÉ DES LETTRES DE LYON

TOME TREIZIÈME

BIBLIOTHÈQUE DE LA FACULTÉ DES LETTRES DE LYON
TOME XIII

LES GÉOGRAPHES ALLEMANDS DE LA RENAISSANCE

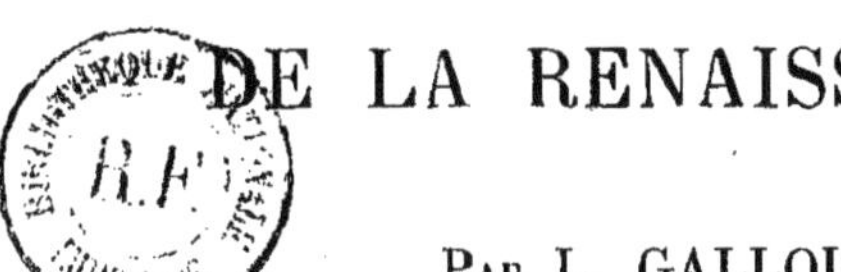

PAR L. GALLOIS
Ancien Élève de l'École Normale Supérieure.
CHARGÉ DE COURS A LA FACULTÉ DES LETTRES DE LYON.

PARIS
ERNEST LEROUX, EDITEUR
28, RUE BONAPARTE

1890

A MON MAITRE

M. PAUL VIDAL DE LA BLACHE

Hommage respectueux.

Je tiens à remercier, au début de ce travail, M. Gabriel Marcel, bibliothécaire à la Section des Cartes de la Bibliothèque nationale, dont l'obligeance m'a été si précieuse. C'est grâce aux très riches collections dont il a la garde que j'ai pu faire cette étude.

Je remercie tout particulièrement aussi Son Altesse le Prince régnant de Liechtenstein, qui, à plusieurs reprises, a bien voulu me communiquer des documents, et qui m'autorise à reproduire l'exemplaire unique qu'il possède de la Mappemonde de Waldseemüller, première carte portant le nom d'Amérique.

L. G.

INDEX BIBLIOGRAPHIQUE[1]

Aschbach (Joseph Ritter von)... Geschichte der Wiener Universität.
T. I. Geschichte der Wiener Universität im ersten Iahrhundert ihres Bestehens. Vienne 1865.
T. II. Die Wiener Universität und ihre Humanisten im Zeitalter Kaiser Maximilians I. Vienne 1877.
T. III. Die Wiener Universität und ihre Gelehrten, 1520 bis 1565. Vienne 1888.

Avezac (d'), Sur les îles fantastiques de l'Océan Occidental au moyen âge. Nouvelles Annales des voyages. 1845, fasc. 1 et 2.

Avezac (d'), Coup d'œil historique sur la projection des cartes de géographie. Notice lue à la Société de Géographie de Paris dans sa séance publique du 19 décembre 1862. Bulletin de la Société de Géographie, 5e série, tome V (1863).

(Avezac (d'), Martin Hylacomylus Waltzemüller, ses ouvrages et ses collaborateurs, voyage d'exploration et de découvertes à travers quelques épîtres dédicatoires, préfaces et opuscules en prose et en vers du commencement du XVIe siècle, notes, causeries et digressions bibliographiques et autres, par un géographe bibliophile. Paris 1867. Extrait des Annales des voyages, 1866.

Bailly, Histoire de l'Astronomie moderne depuis la fondation de l'École d'Alexandrie, jusqu'à l'époque de 1730, 3 vol. Paris 1779-82.

Breusing (Dr A.), Leitfaden durch das Wiegenalter der Kartographie bis

1. Les ouvrages généraux, ou ceux qui sont le plus souvent cités figurent seuls dans cette liste. Pour les autres, les indications bibliographiques sont données en note.

zum Iahre 1600, mit besonderer Berücksichtigung Deutschlands. Francfort s/m 1883. Beilage zum Kataloge der Ausstellung des dritten deutschen Geographentages zu Frankfurt a/m 1883.

Castellani (Carlo), Catalogo ragionato delle piu rare o piu importanti opere geografiche che si conservano nella bibliotheca del Collegio Romano. Rome 1876.

Delambre, Histoire de l'Astronomie du moyen âge. Paris 1819.

» Histoire de l'Astronomie moderne, 2 vol. Paris 1821.

Doppelmayr, Historische Nachricht von den Nurnbergischen Mathematicis und Künstlern. Nuremberg 1730.

Fischer (Dr Theobald), Beiträge zur Geschichte der Erdkunde und der Kartographie in Italien im Mittelalter. Sammlung mittelalterlicher Welt und Seekarten italienischen Ursprungs und aus italienischen Bibliotheken und Archiven herausgegeben und erläutert von Dr Theobald Fischer. Venise, Ongania 1886.

Gerhardt (C. J.), Geschichte der Mathematik in Deutschland. Munich. 1877.

Günther (Dr Siegmund), Studien zur Geschichte der mathematischen und physikalischen Geographie : fasc. I. Die Lehre von Erdrundung und Erdbewegung im Mittelalter bei den Occidentalen. Halle 1877; fasc. II. Aeltere und neuere Hypothesen über die chronische Versetzung des Erdschwerpunktes durch Wassermassen. Halle 1878 ; fasc. III. Die Lehre von Erdrundung und Erdbewegung im Mittelalter bei den Arabern und Hebräern. Halle 1877; fasc. IV. Analyse einiger Kosmographischer Codices der münchener Hof und Staatsbibliothek. Halle 1878 ; fasc. V. Johann Werner aus Nurnberg und seine Beziehungen zur mathematischen und physischen Erdkunde. Halle 1878.

» Geschichte des mathematischen Unterrichts im deutschen Mittelalter, bis zum Iahre 1525. (Monumenta Germaniæ Pædagogica T. III.) Berlin 1887.

» Peter und Philipp Apian, Zwei deutsche Mathematiker und Kartographen. Ein Beitrag zur gelehrten Geschichte des XVI Iahrhunderts. Abhandlungen der Königl. Böhm. Gesellschaft der Wissenschaften VI. folge. T. XI. (Mathematisch, naturwissenschaftliche classe nº 4). Prague 1882.

Harrisse (Henry), Bibliotheca Americana Vetustissima. A description of works relating to America, published between the years 1492 and 1551. New York 1866.

Bibliotheca Americana Vetustissima. Additions. Paris 1872.

» Christophe Colomb, son origine, sa vie, ses voyages, sa famille, d'après des documents inédits des archives de Gênes, de Savone, de Séville et de Madrid. 2 vol. Paris, 1884.

» Jean et Sébastien Cabot, leur origine et leurs voyages, étude d'histoire critique, suivie d'une cartographie, d'une bibliographie et d'une chronologie des voyages au Nord-Ouest, de 1497 à 1550, d'après des documents inédits. Paris 1882.

» Les Corte Real et leurs voyages au Nouveau Monde, d'après des documents nouveaux ou peu connus, tirés des archives de Lisbonne et de Modène. Paris 1883.

Humboldt (Alexandre de)... Examen critique de la Géographie du Nouveau continent et des progrès de l'astronomie nautique aux XVe et XVIe siècles (inachevé). 5 vol. Paris 1836-39.

Janssen (Jean), L'Allemagne et la Réforme. T. I, L'Allemagne à la fin du moyen âge, traduit de l'allemand sur la 14e édition, avec une préface par M. G. A. Heinrich, Paris 1887. T. II, L'Allemagne depuis le commencement de la guerre politique et religieuse jusqu'à la fin de la révolution sociale, 1525, traduit de l'allemand sur la 14e édition par E. Paris. Paris 1889.

Jomard. Les Monuments de la Géographie ou recueil d'anciennes cartes européennes et orientales, publiées en fac-simile de la grandeur des originaux. Paris s. d.

Kohl, History of the discovery of Maine. (Documentary history of the state of Maine. T. I.). Portland 1869.

Kretschmer (Konrad), Die Physische Erdkunde im christlichen Mittelalter. Versuch einer quellenmässigen Darstellung ihrer historischen Entwicklung. Geographische Abhandlungen herausgegeben von prof. Dr Albrecht Penck, in Wien. Band IV, heft I. Vienne 1889.

Kunstmann (Fried.), Die Entdeckung Amerika's nach den ältesten Quellen geschichtlich dargestellt. Munich 1859.

Kunstmann (Friedrich), Karl von Spruner, Georg, M. Thomas. Atlas zur Entdeckungsgeschichte Amerikas aus Handschriften der K. Hof und Staatsbibliothek der K. Universität und des Hauptconservatoriums des K. B. Armee. Zu den monumenta sæcularia der K. B. Akademie der Wissenschaften, 28 mærz 1859. Munich.

Lelewel (Joachim), Géographie du moyen âge accompagnée d'atlas et de cartes dans chaque volume. 5 vol. et 1 atlas, Bruxelles 1852-57.

Libri (Guillaume), Histoire des sciences mathématiques en Italie depuis la Renaissance des lettres jusqu'à la fin du XVIIe siècle, 4 vol. Paris 1838-40.

Marinelli (G.), La Geografia e i padri della Chiesa. Bolletino della Societa Geografica Italiana (mai, juin 1882).

Montucla (J. F.), Histoire des mathématiques, 4 vol. Paris Ans VII-X.

Navarette, Disertacion sobre la historia de la nautica y de las ciencias matematicas que han contribuado a sus progressos entre los españoles. Obra postuma. La publica la real academia de la historia. Madrid 1846.

Nordenskiöld (A. E.), Voyage de la Vega autour de l'Asie et de l'Europe, accompagné d'un résumé des voyages précédemment effectués le long des côtes septentrionales de l'Ancien continent. Traduit du Suédois par MM. Charles Rabot et Charles Lallemand, 2 vol. Paris 1883.

Nordenskiöld (Adolf Erik, Freiherr von)... Studien und Forschungen veranlasst durch meine Reisen im hohen Norden. Autorisirte deutsche Ausgabe. Leipzig 1885.

Nordenskiöld (A. E.), Fac-simile Atlas till Kartografiens äldsta historia mehallande af bildninger af de vigtigaste Kartor, tryckta före ar 1600. Stockholm 1889.

Peschel (O.), Geschichte der Erdkunde bis auf Alexander von Humboldt und Carl Ritter. Zweite vermehrte und verbesserte Auflage, herausgegeben von prof. Dr Sophus Ruge. Munich 1877.

» Abhandlungen zur Erd und Völkerkunde von Oscar Peschel, herausgegeben von J. Löwenberg, 3 vol. Leipzig 1877.

» Geschichte des Zeitalters der Entdeckungen. Zweite Auflage. Stuttgart 1877.

Ruge (Sophus), Geschichte des Zeitalters der Entdeckungen. Berlin 1881. (collection Oncken).

» Abhandlungen und Vorträge zur Geschichte der Erdkunde. Dresde 1888.

Russell (Bartlett John), Bibliographical notice of rare and curious books relating to America, printed in the XVth and XVIth centuries (1482-1601) in the library of the late John Carter Brown of Providence R. I. Providence 1875.

Santarem (de), Essai sur l'histoire de la Cosmographie et de la Cartographie, 3 vol. Paris 1849.

» Atlas composé de mappemondes et de cartes hydrographiques et historiques depuis le XIe jusqu'au XIIIe siècle pour la plupart inédites... devant servir de preuve à l'ouvrage sur la priorité de la découverte de la côte occidentale d'Afrique, au delà du cap Boiador par les Portugais, et à l'histoire de la Géographie du moyen âge. Paris 1862.

Schmidt (Charles), Histoire littéraire de l'Alsace à la fin du XVe et au commencement du XVIe siècle, 2 vol. Paris 1879.

Stevens (Henry), Historical and geographical notes 1453-1530, New-Haven, Londres 1869.

Studi Biografici e Bibliografici sulla storia della Geografia in Italia, pubblicati in occasione del III° Congresso Geografico Internazionale. T. I, Biografia dei Viaggiatori Italiani colla biografia delle loro opere per Amat di San Filippo. T. II, mappamondi, carte nautiche, portolani per G. Uzielli e P. Amat di San Filippo. Rome, Société de Géographie italienne, 2e édit. 1882.

Thomassy (R.), Les Papes géographes et la Cartographie du Vatican (Nouvelles Annales des voyages 1852).

Vivien de Saint-Martin, Histoire de la Géographie et des découvertes géographiques depuis les temps les plus reculés jusqu'à nos jours. Avec atlas. Paris 1873.

Voigt (Georg), Die Wiederbelebung des classischen Alterthums oder das erste Iahrhundert des Humanismus, 2e édit. 2 vol. Berlin 1880.

Weller (Em.), Die ersten deutschen Zeitungen herausgegeben mit einer Bibliographie 1505-1599. Bibliothek des literarischen Vereins in Stuttgart III. 1872.

» Repertorium typographicum. Die deutsche Literatur im ersten Viertel des XVI Iahrhunderts. Nordlingen 1864. Supplément, Nordlingen 1874.

Wieser (Franz), Magalhâes-Strasse und austral Continent auf den Globen des Johannes Schöner. Beiträge zur Geschichte der Erdkunde im XVI Iahrhundert. Innsbruck 1881.

Winsor (Justin), A Bibliography of Ptolemy's Geography. Library of Harvard University, Bibliographical contributions n° 18. Cambridge Mass. 1884.

» The Kohl collection of maps relating to America. Bibliographical contributions. Library of Harvard University. Cambridge Mass. 1886.

» Narrative and critical History of America (en cours de publication). T. II, III, IV, V.

Wolf (Rudolf), Geschichte der Astronomie. Munich 1877.

Wuttke (Heinrich), Zur Geschichte der Erdkunde in der letzten Hälfte des Mittelalters. Iahresbericht des Vereins für Erdkunde zu Dresden 1870. fasc. VI, VII.

INTRODUCTION

I. La géographie au moyen-âge. — La Renaissance et la rentrée de Ptolémée en Occident. — Les marins et les *portulans*. — Les savants et la science grecque. — Antagonisme des deux écoles. — Les grandes découvertes. — Nécessités nouvelles imposées à la géographie. — L'histoire de la science géographique. — Rôle des nations maritimes. — Rôle des nations continentales. — L'École allemande de géographie.

II. Causes de la renaissance géographique en Allemagne. — Les relations commerciales et l'imprimerie. — La renaissance mathématique et astronomique. — Les humanistes et le réveil du patriotisme allemand. — Son influence sur l'histoire et la géographie. — Programme de l'École allemande.

I

La géographie était née en Grèce. Elle avait profité des progrès de la science grecque et de l'extension du monde romain. Deux importants monuments résumaient les connaissances géographiques des anciens : l'œuvre de Strabon et celle de Ptolémée.

Après Ptolémée commença la décadence que rendit irrémédiable la chute de l'Empire romain. Le christianisme servit mal les intérêts de la géographie. Aux méthodes scientifiques des Grecs se substitua trop souvent l'interprétation étroite des livres saints. On n'admit plus la rotondité de la terre;

pour des raisons théologiques on nia les antipodes [1]. La tradition grecque se perdit comme l'œuvre même de Ptolémée. Longtemps le moyen-âge resta enseveli dans ces ténèbres. Peu à peu cependant la lumière réapparut. Les théories cosmogoniques trop grossières furent abandonnées. La croyance à la rotondité de la terre se rétablit. Les Arabes communiquèrent à l'Occident quelques reflets de la science grecque. De grands esprits, comme Roger Bacon, travaillèrent à relever l'édifice. Mais il fallait la Renaissance, il fallait la rentrée en Occident du grand ouvrage géographique de Ptolémée et sa traduction en latin au commencement du XVe siècle, pour que la tradition grecque fût définitivement renouée. Ce fut le signal de la renaissance géographique, et les voyages de découvertes prirent du même coup un merveilleux essor.

C'est bien en effet un homme de la Renaissance que ce grand Colomb, qui, plein de confiance en sa raison, et sur la foi d'Aristote et de Sénèque, s'élance résolument dans l'inconnu, certain du succès. Pour lui, *le monde est petit,* parce que l'intelligence et la volonté humaines sont grandes. D'ailleurs si elle leur donne cette foi en eux-mêmes, la Renaissance fournit aussi à ces hardis *découvreurs* les moyens de mener à bien leurs entreprises. Tant qu'il ne s'était agi que de parcourir la Méditerranée, ou, dans l'Océan Atlantique, de suivre les côtes d'Espagne et de France, les marins du moyen âge avaient pu se contenter de la boussole. L'aiguille aimantée leur indiquait la direction suivie par le navire. Une longue pratique leur permettait d'en apprécier la vitesse. Ces deux éléments, chemin parcouru et direction suivie, leur donnaient le moyen de fixer sur une carte le point de

1. Voir Marinelli, la Geografia e i padri della Chiesa ; et Kretschmer, Die Physische Erdkunde im Christlichen Mittelalter.

départ et le point d'arrivée. Le procédé était peu scientifique, mais il avait produit, en fait, de si heureux résultats, que, pour le bassin de la Méditerranée, les cartes marines du XVIIIe siècle ne vaudront pas mieux que les *portulans* du XIVe. Lorsqu'il fallut s'aventurer sur la haute mer, lorsque des courants inconnus modifièrent, à l'insu du navigateur, la marche du navire, lorsque l'aiguille aimantée, elle-même, parut perdre ses propriétés [1], les seules déterminations astronomiques purent être employées avec certitude. Sans être des savants, les navigateurs durent apprendre à observer les astres. Chaque navire eut son astronome. Ainsi les marins eux-mêmes, ces autres ouvriers de la géographie, devinrent, eux aussi, les disciples des Grecs.

Toutefois, au début de la Renaissance, l'état de la géographie ne se retrouvait plus le même qu'après l'époque de Ptolémée. Sans parler des légendes, que le moyen âge, épris, comme les enfants, du merveilleux laissait planer sur les régions inconnues, et qui ne se dissipèrent que lentement et comme à regret, les limites du monde connu s'étaient étendues. Avant que la conquête musulmane eût fermé aux Européens le chemin de l'Asie orientale, des relations politiques et commerciales s'étaient établies entre l'Europe et l'Extrême Orient. Marco Polo, après son long séjour en Chine, à la cour du grand Khan, avait pu décrire des pays à peine soupçonnés des anciens. Lorsqu'on voulut, au XVe siècle, ajouter ces données nouvelles aux cartes anciennes de Ptolémée, on ne sut que prolonger au loin vers l'Orient

1. On sait que les équipages de Colomb furent vivement effrayés par la déviation de l'aiguille aimantée. Une autre cause d'erreur falsifiait les résultats des cartes marines. Un mobile se déplaçant toujours dans une même direction décrit une droite s'il se meut sur un plan, mais sur une sphère il décrit une courbe appelée *loxodromie*. Les marins substituaient la ligne droite à la loxodromie. L'erreur était peu importante pour les petites distances. Elle devenait considérable pour les longs trajets.

le monde connu, et que placer l'Inde et la Chine de Marco Polo à la suite de l'Inde des cartes grecques. Cette confusion, qui trompa heureusement Colomb, gêna singulièrement la cartographie nouvelle. Il y eut longtemps des savants qui se refusèrent à voir dans l'Amérique autre chose que le Cathay de Marco Polo. D'autre part, les cartes des marins suffisamment exactes, en fait, bien que défectueuses en théorie, ne s'accordaient guère avec celles de Ptolémée, scientifiquement construites, il est vrai, mais, en fait, remplies d'erreurs. Ptolémée s'était trompé de vingt degrés sur la longueur de la Méditerranée. Pour la plupart des savants du XVe siècle, il était incapable d'erreur. Il régnait en maître sur la géographie, comme Aristote avait régné sur la philosophie. De là, pour le monde ancien, un perpétuel malentendu entre les savants, esclaves de la science grecque et les marins, libres de toute influence. Il y a lutte entre la tradition et l'expérience, entre l'esprit du moyen âge et l'esprit moderne, et le malentendu ne disparaîtra que lorsque les savants se résoudront à vérifier les observations de Ptolémée, c'est-à-dire à recourir eux aussi à l'expérience.

Pour le monde nouveau, et sous ce nom il faut entendre tout ce que Ptolémée n'avait pas connu, les mêmes difficultés ne se présentaient pas. Il y eut bien quelques théories préconçues, comme la croyance à la communication des Océans, comme l'hypothèse du continent austral, qui intervinrent pour dérouter les marins; mais en somme les anciens avaient laissé la page blanche : il fallait s'en rapporter aux explorations. Pour les parties de l'Europe qui n'étaient pas, ou qui étaient mal décrites, pour les régions du Nord et de l'Est, pour la plus grande partie de l'Allemagne, il en était à peu près de même. Il n'y avait qu'à dresser des cartes. Mais quelles nécessités nouvelles une pareille extension du monde n'imposait-elle pas à la géographie! Les anciens modes de projection de Ptolémée avaient pu suffire, lorsqu'on ne connaissait qu'un quart du globe, lorsque le monde était représenté par la *chlamyde* de Strabon. Il fallait maintenant en imaginer de nouvelles, et le problème des projections est un des plus délicats des mathématiques. De même, toutes les anciennes théories sur les antipodes, sur la zône torride, devaient céder la place aux résultats de l'expérience. La physique du globe recevait une extension singulière. Tout un champ de recherches nouvelles s'offrait à l'intelligence humaine. Toutes les sciences allaient faire des progrès dont la géographie devait profiter à son tour.

La géographie recommence donc à la fin du XVe et au commencement du XVIe siècle, et le programme qu'elle a suivi depuis, pour être complexe, n'en est pas moins nettement tracé : achever la découverte du globe dans l'ancien comme dans le nouveau monde; trouver des procédés pour dresser les cartes et pour y fixer exactement les différentes positions; corriger les erreurs venant de l'antiquité et du moyen âge; et enfin, sans attendre que cette reconnaissance complète du monde soit achevée, ce qui ne peut être que l'œuvre des siècles, commencer déjà, par l'étude attentive et réfléchie du globe, à dégager les rapports qui existent entre le sol lui-même et les hommes qui y vivent, déterminer la part d'influence qu'a eue la configuration de ce sol sur la marche des événements historiques et qu'elle exerce sur les phénomènes économiques; faire en somme une description non pas passive, mais attentive et raisonnée du globe.

Cette œuvre complexe, les savants de la Renaissance ont commencé à l'entreprendre, et, par une singularité assez rare dans l'histoire des sciences, il semble que les différentes nations de l'Europe occidentale se soient, à cette époque, partagé la tâche. Les pays maritimes, dont les intérêts commerciaux sont profondément engagés dans la lutte qui se livre, ne s'occupent guère que des découvertes ; la science n'est pour eux qu'une auxiliaire à laquelle ils demandent surtout des services pratiques. L'Allemagne, nation continentale, ne se préoccupe au contraire que de la science géographique elle-même. La France, à la fois continentale et maritime, participe non sans gloire, à ces deux œuvres. L'histoire des découvertes maritimes a depuis longtemps attiré l'attention ; celle des premiers progrès de la science géographique est moins brillante et moins connue. C'est un chapitre de cette histoire que nous nous proposons d'esquisser dans ce travail. Une méthode souvent employée dans les sciences expérimentales, lorsqu'on veut étudier un phénomène complexe, consiste à se placer dans le milieu où ce phénomène se manifeste avec le plus de netteté. Or, c'est en Allemagne qu'il est le plus facile de constater à l'époque de la Renaissance les progrès de la science géographique. L'Allemagne n'a pas tout fait ; mais ses savants ont travaillé avec ensemble à cette œuvre. C'est donc par l'École allemande qu'il convient de commencer l'étude de cette histoire. En étudiant d'abord l'École française on risquerait fort de s'égarer et de ne point apercevoir toute l'étendue du travail qui se fait alors dans les esprits. D'ailleurs, en écrivant l'histoire de l'École allemande, nous ne perdrons pas de vue l'histoire générale, et nous n'aurons pas la prétention d'épuiser toutes les questions que peut faire naître cette histoire spéciale, et dont quelques-unes ne peuvent intéresser que l'Allemagne elle-même.

II

Les causes de la renaissance géographique en Allemagne sont multiples. C'est d'abord la Renaissance elle-même. Le jour où cette grande effervescence des esprits gagna l'Allemagne, la curiosité se porta naturellement sur la géographie comme sur les autres sciences. Les géographes eurent même sur les poètes et les philosophes cet avantage qu'on ne put traiter leurs études ni de frivoles ni de dangereuses. Les *vieux humanistes* allemands, plus pédagogues encore qu'humanistes, se défiant des nouveautés et des hardiesses, firent bon accueil à la géographie, comme à une récréation honnête pour l'esprit, dont la morale et la foi ne pouvaient s'alarmer. Mais les nouvelles qui se répandirent si vite en Europe des merveilleuses découvertes des Portugais et des Espagnols donnèrent à la géographie un intérêt bien autrement vivant. L'Allemagne, à cause surtout de ses relations commerciales avec l'Italie, fut très rapidement et très régulièrement renseignée sur ces événements qui allaient ouvrir au commerce de nouvelles routes. Les nombreux imprimeurs établis dans les villes du Rhin se chargèrent de répandre ces grandes nouvelles non seulement dans leur pays, mais encore dans les pays voisins. Avant la France quelquefois, presque aussitôt que l'Espagne et l'Italie le plus souvent, les Allemands furent tenus au courant des découvertes. Ils imprimaient rapidement de petites plaquettes, quelques feuillets, avec une gravure au frontispice : c'étaient les journaux du temps. Mais ces causes ne suffiraient pas seules à expliquer la part active que prit l'Allemagne à la renaissance géographique.

Après les hardis navigateurs qui, si rapidement, prirent possession du globe, ceux qui pouvaient rendre à la géographie le plus de services étaient les astronomes et les mathématiciens, seuls capables de fournir des moyens pratiques pour fixer exactement les positions sur les cartes et pour tracer le canevas même de ces cartes. Ce fut une bonne fortune pour l'Allemagne d'être précisément, au xve siècle, le théâtre d'une brillante renaissance astronomique et mathématique. Peurbach et Régiomontan prirent alors à tâche d'étudier et d'expliquer Ptolémée, de le simplifier, pour en rendre l'accès plus facile, de reprendre à leur tour ses observations et ses méthodes. L'astronomie de Ptolémée les conduisit à sa géographie. Ils donnèrent ainsi à l'École allemande son caractère propre, qui fut d'être surtout une École de mathématiciens.

Mais ces mathématiciens trouvèrent des associés et des collaborateurs dans les humanistes. La Renaissance fut en effet, pour les savants allemands, le signal d'un éveil général du patriotisme. Ils avaient subi au xve siècle l'ascendant de l'Italie, ils s'étaient inclinés devant elle, devant ces brillants esprits qu'ils avaient appris à connaître pendant les conciles, et dont Æneas Sylvius est le type le plus célèbre. Mais à leurs hommages s'était mêlée bientôt une secrète jalousie : les Allemands de la Renaissance n'aiment pas l'Italie. Ils y vont par nécessité, mais n'y séjournent pas volontiers. Ils sont toujours dupes de ce mirage qui leur fait apercevoir le Saint-Empire romain germanique, comme la continuation naturelle de l'empire d'Auguste. On sent chez eux un profond dépit d'être traités de barbares. De toutes parts un mot d'ordre se répand, au commencement du xvie siècle, compris et répété partout où il y a un humaniste : il faut célébrer, il faut chanter l'Allemagne. Et comme toute nationalité qui se réveille cherche à reprendre conscience de son passé, l'Allemagne se mit à écrire son histoire. L'œuvre était difficile ; à part Tacite, l'antiquité s'était fort peu occupée des Germains. Les géographes connaissaient très mal les pays situés au delà du Rhin. Des noms de tribus chez Strabon, chez Ptolémée des noms de villes impossibles à identifier. La description de l'Allemagne devint le corollaire obligé de son histoire, et l'on peut dire que la géographie tient autant de place que l'histoire chez les historiens allemands de la Renaissance. Les descriptions appelaient des cartes : les mathématiciens les dressèrent et travaillèrent avec les littérateurs à la même œuvre patriotique. Il semblait que la tâche fût ingrate. Presque rien n'était fait encore. La carte d'Allemagne de Ptolémée était si grossière qu'elle pouvait à peine servir de base à un travail ultérieur. Mais l'infériorité n'était qu'apparente, et ce fut précisément encore une bonne fortune pour l'Allemagne. Si, comme l'Italie ou la France, l'Allemagne eût trouvé dans Ptolémée une carte toute faite, quoique mal faite, le grand respect qu'on avait pour le maître l'eût empêchée tout d'abord d'en vérifier l'exactitude. Les géographes allemands n'eurent point à hésiter. Leur pays était neuf à la géographie, ils se mirent de leur mieux à en dresser la carte. Certes les déterminations astronomiques qu'ils firent alors, sont encore trop peu nombreuses. Si leurs latitudes sont souvent bonnes, leurs longitudes sont presque toujours défectueuses. Il faudra attendre la découverte des satellites de Jupiter pour que les déterminations de longitudes deviennent commodes et précises. La triangulation n'acquerra toute sa précision qu'avec les travaux de notre Académie des sciences. Mais la voie dans laquelle l'Allemagne est engagée est bonne, et, à la fin du XVIe siècle, ses cartes sont parmi les plus exactes de toutes.

Il était nécessaire de tracer à l'avance les grandes lignes de cette étude. Dans cette foule un peu confuse de personnages qui composent l'École allemande, il n'est pas toujours facile de former des groupes et de distinguer des écoles. Dans leur curiosité hâtive, tous ont touché à tout, et c'est quelquefois dans les livres où l'on s'attendrait le moins à les rencontrer qu'on trouve les pages les plus intéressantes pour l'histoire de la géographie. Toute classification est nécessairement exclusive. Mais au-dessus des préoccupations particulières de chaque groupe et de chaque école, il en est trois qui dominent toute l'histoire de l'École allemande et auxquelles ses savants ont tous plus ou moins obéi : ils ont suivi avec attention les découvertes, et grâce à l'imprimerie ils ont contribué à les faire connaître ; ils ont aidé aux progrès de la géographie mathématique ; ils ont commencé à étudier leur propre pays et à en dresser la carte.

CHAPITRE PREMIER

PEURBACH ET RÉGIOMONTAN[1]

La Renaissance des études astronomiques et mathématiques en Allemagne. — Peurbach et Régiomontan à Vienne. — Simplification et vulgarisation de l'astronomie de Ptolémée. — Les *Theoricæ novæ planetarum.* — Cartes dressées par Peurbach. — Régiomontan en Italie et à Bude. — Son séjour à Nuremberg. — Ses *Ephémérides.* — Sa table de longitudes et de latitudes. — Ses projets de travaux. — La géographie dépendance des mathématiques.

La renaissance des études mathématiques et astronomiques précéda, en Allemagne, celle des études littéraires. Alors qu'au milieu du XVe siècle, la scolastique régnait encore dans les écoles et les universités allemandes, deux hommes créaient, à Vienne d'abord, à Nuremberg ensuite, un enseignement mathématique nouveau, et inauguraient cette brillante école d'astronomes à laquelle se rattachent directement Copernic, Tycho Brahé et Képler. Si l'on recherche les origines de cette école, on constate, il est vrai, que le goût des mathématiques était déjà répandu en Allemagne au XVe siècle, qu'à Vienne même, Jean de Gmunden avait mis l'astronomie en honneur, qu'un des apôtres de la Renaissance, le cardinal Nicolas de Cusa, était allé jusqu'à soupçonner la

1. Gassendi a consacré à Peurbach et à Régiomontan une étude très complète : *Georgii Peurbachii et Joannis Mulleri Regiomontani vita.* T. V. de l'édit. de Lyon 1658. Consulter également Aschbach, *Gesch. der Wiener Universitæt;* Doppelmayr, *hist. Nachricht von den Nürnb. Mathem. und Künstl*; les histoires de l'astronomie et des mathématiques, particulièrement: Delambre, *Hist. de l'astronomie au moyen âge*; Wolf, *Gesch.d. Astronomie*; Günther, *Gesch. des mathem. Unterrichts im deutschen Mittelalter, bis zum Jahre* 1525.

grande découverte de Copernic, le mouvement de la terre autour du soleil. Mais ces noms pâlissent à côté de ceux de Peurbach et de son célèbre disciple Régiomontan. Ces deux grands hommes sont les véritables chefs de l'École, et c'est bien l'esprit de la Renaissance qui les anime. Ce sont eux qui, s'inspirant les premiers des sources grecques, rendent la vie aux études astronomiques et engagent la géographie allemande dans la voie scientifique qu'elle a surtout suivie. Ni l'un ni l'autre n'ont été, à proprement parler, des géographes, mais leur nom domine toute l'histoire de la géographie allemande au XVIe siècle. Ils lui ont donné la meilleure part de son originalité, et c'est jusqu'à eux qu'il faut remonter, si l'on veut bien comprendre cette histoire.

Georges de Peurbach est ainsi nommé du nom de son lieu d'origine, un petit village près de Lintz. Il était né en 1423 et avait étudié à Vienne, où il dut connaître Jean de Gmunden [1]. Il avait voyagé en Allemagne, en France, en Italie. En 1454 il était de retour à Vienne, et obtenait une chaire à la Faculté des arts. Ce n'était point, comme on le répète souvent, une chaire de mathématiques. Il dut comme ses collègues payer d'abord son tribut à la littérature. Nous savons qu'en 1454 et qu'en 1460 il expliqua Virgile, et en 1456 les satires de Juvénal. Ce ne fut qu'en 1458 qu'il put s'occuper d'astronomie. Ces détails ne sont pas sans intérêt : expliquer alors Virgile et Juvénal, c'était faire preuve d'une grande liberté d'esprit, et se montrer hardi novateur, surtout dans cette Université de Vienne qu'Æneas Sylvius nous dépeint vers la même époque comme si attardée et si barbare encore [2]. Mais il était avant tout astronome, et ce furent ses travaux astronomiques qui le firent rechercher d'un jeune étudiant qui devint bientôt son plus fidèle ami. Il s'appelait Jean Müller et était né en 1436 à Kœnigsberg en Franconie. Suivant la coutume, il avait pris un nom latin, celui de *Regiomon-*

1. Sur ce personnage, voir Ashbach, *Gesch. d. Wiener Universität*, T. I. p. 455.
2. Æneas Sylvius, *Epistolæ*, livre I, lettre 165. Voir plus loin p. 156.

tanus. De douze à quatorze ans il avait étudié à Leipzig; puis son désir d'apprendre les mathématiques l'avait attiré à Vienne. L'élève n'avait que treize ans de moins que le maître; ils travaillèrent en commun, et, dès 1458, Régiomontan enseignait à son tour.

C'étaient alors de très difficiles études que les études d'astronomie. Se mettre au courant de la science suffisait presque à la vie d'un savant. Bien qu'il ne sût pas le grec et qu'il dût se contenter de mauvaises traductions latines faites sur des textes arabes [1], Peurbach avait profondément médité le grand ouvrage astronomique de Ptolémée, la μεγάλη σύνταξις, ou, comme on disait alors, l'Almageste. Il le savait presque par cœur, nous dit Régiomontan. Il entreprit de le résumer, de le simplifier surtout, pour en rendre l'étude sinon plus aimable, du moins plus facile. Un pareil service était le plus grand qu'on pût rendre alors à l'astronomie. Tout le moyen âge avait étudié ce qu'on appelait de ce nom, dans un petit manuel composé au commencement du XIIIe siècle, par un moine anglais, Jean de Holyhood, plus connu sous le nom de *Johannes de Sacro Bosco*. C'était le livre de la *Sphère*, livre aussi médiocre que répandu, que chaque génération avait grossi de remarques et de commentaires. Sacro Bosco s'était prudemment arrêté avant l'explication du mouvement apparent des planètes. Peurbach refit et conduisit plus loin ce manuel qu'il intitula : *Theoricæ novæ planetarum* [2], et, pendant plus d'un siècle, son livre a servi de texte aux leçons de tous les professeurs. A l'instigation du cardinal Bessarion, que des négociations diplomatiques avaient amené à Vienne, il s'était proposé,

1. La traduction latine de l'Almageste faite sur le texte grec par Georges de Trébizonde en 1451 ne fut imprimée qu'en 1515 à Venise. Cf. Voigt, *Die Wiederbelebung des class. Alterthums*, T. II. p. 142.

2. Theoricæ *novæ* planetarum, pour distinguer ce livre de celui de Gérard de Crémone : *theoricæ planetarum*, qui fut imprimé à Ferrare en 1472. Régiomontan réfuta cet ouvrage dans les *Disputationes Jo. de Regiomonti contra Gherardi Cremonensis in planetarum theoricas deliramenta*, Nuremberg 1474. Cf. Wolf. *Gesch. d. Astronomie*, p. 198. Les *theoricæ novæ planetarum* parurent pour la première fois à Vienne en 1460. Il y en eut au XVe et au XVIe siècles un très grand nombre d'éditions en Allemagne, en France, en Italie.

dans le même ordre d'idées, de résumer l'Almageste. Il allait suivre le cardinal à Rome pour achever cette œuvre ; Régiomontan, qui avait commencé à apprendre le grec, devait l'aider à compulser les manuscrits ; une mort prématurée l'emporta en 1461 et son cher disciple continua seul l'œuvre entreprise en commun.

Ce serait trop peu penser de Peurbach que de ne voir en lui qu'un simple interprète des Grecs. Il avait, pour sa part, repris leurs observations et leurs instruments ; il en avait construit de nouveaux [1], et c'est ainsi qu'il avait pu révéler à Régiomontan que les anciennes tables astronomiques, et même les plus récentes, les tables Alphonsines, étaient remplies d'erreurs et qu'il fallait les refaire, en déterminant de nouveau les mouvements des astres. L'astronomie est la base de la géographie mathématique. Comme rénovateur des études astronomiques Peurbach mériterait donc d'être compté parmi ceux qui ont rendu à la géographie le plus de services. Mais il s'intéressait plus directement encore à cette science. Dans un passage de son commentaire sur le premier livre de la Géographie de Ptolémée, Régiomontan nous apprend que son maître dessinait habilement, et qu'il avait dressé des cartes de son pays qui existaient encore à l'époque où il écrivait [2]. Ces cartes sont perdues. Il est peu probable qu'elles aient été autre chose que de simples croquis topographiques, comme on en dessina beaucoup en Allemagne au commencement du XVIe siècle. Mais il est intéressant de voir cet astronome donner l'exemple et proclamer ainsi la nécessité de dresser des cartes nouvelles.

Régiomontan suivit en Italie le cardinal Bessarion. Il s'y

1. Voir la liste des écrits de Peurbach dans Bailly, *Hist. de l'astronomie moderne*, T. I, p. 684.

2. Et quanquam uterque (Franciscus Mantuanus et Georgius Purbachius) tam ingenio facili ad excogitandum quam manu exercitata ad describendum, apprime valuit, *picturis eorum geographicis quæ adhuc extant attestantibus..... Clarissimi ætatis nostræ mathematici Johannis de Monte Regio fragmenta quædam annotationum in errores quos Jacobus Angelus in translatione Ptolemæi commisit* f° 1. verso. Edit. de Ptolémée de Strasbourg, 1525.

perfectionna dans la connaissance du grec, et poursuivit en même temps ses travaux astronomiques. Il va à Ferrare s'entretenir avec Bianchini; en 1463 il explique et commente Alfragan à Padoue. Il observe, le 2 avril 1464, une éclipse totale de lune. Il séjourne assez longtemps à Venise, y travaille à sa Trigonométrie [1], à une réfutation du livre de Nicolas de Cusa sur la quadrature du cercle [2]. En 1468, il revient à Vienne, apportant avec lui de nombreux manuscrits. Mais il n'y reste pas longtemps; le roi de Hongrie, Mathias Corvin, est tout dévoué aux idées nouvelles; il veut créer à Bude une bibliothèque et y rassembler tous les manuscrits que la prise d'Athènes et celle de Constantinople par les Turcs ont dispersés dans les pays voisins de son empire. Régiomontan accepte d'être son bibliothécaire; mais la guerre éclate entre Mathias et Georges Podiébrad. Le jeune astronome est obligé de quitter Bude, et de chercher un séjour plus tranquille. Il se décide pour Nuremberg, attiré par le voisinage de son pays natal, et par les avantages qu'il trouve dans cette ville. « Je me suis fixé à Nuremberg, écrit-il, à cause de la facilité que j'y trouve à me procurer les instruments astronomiques indispensables à mes études, et des relations que j'y puis nouer avec des savants de tous pays. Car cette ville, grâce à son commerce, est comme le centre de l'Europe [3]. » L'éloge n'est pas exagéré. Nuremberg était alors une des plus florissantes, une des plus brillantes parmi les villes d'Allemagne. Elle n'avait pas d'université, mais possédait de bonnes écoles. Elle comptait surtout parmi ses habitants des

1. Sur les travaux de Régiomontan relatifs à la trigonométrie voir Delambre, *op. cit.* pp. 288. sqq. et Wolf. *op. cit.* p. 121.

2. Cette réfutation fut dédiée à Toscanelli, le célèbre correspondant de Colomb. Elle fut imprimée à Nuremberg, en 1533, sous le titre : *De quadratura circuli dialogi et rationes variæ.*

3. Nuperrime Norimbergam mihi delegi, domum perpetuam, tum propter commoditatem instrumentorum maxime astromomicorum quibus tota sideralis innititur disciplina, tum propter universalem conversationem facilius habendam cum studiosis viris hic vitam degentibus, quod locus ille perinde centrum Europæ, propter excursum mercatorum habeatur. Cité par Aschbach, *Gesch. der Wiener Univ.*, T. I. p. 547 n. 1.

hommes intelligents, habitués au grand commerce et aux voyages, des esprits ouverts, respectueux de la science et capables d'apprécier les arts. Elle était la résidence d'Albert Dürer. Régiomontan fit de cette ville le centre des études mathématiques et astronomiques en Allemagne. Il y arriva au printemps de l'année 1471 ; il en partit en 1475. Le pape Sixte Quint l'appelait à Rome pour le consulter sur la réforme du calendrier. Ce voyage lui fut fatal. A peine arrivé, il mourait de la peste, d'autres disent assassiné par les enfants de Georges de Trébizonde, dont il avait durement relevé les erreurs. Il avait quarante ans.

La courte période de cinq années qu'il passa à Nuremberg fut la plus féconde de sa vie. Il s'y lia d'amitié avec un jeune homme appartenant à une des plus riches familles de la ville, Bernard Walter [1], qui, autant par enthousiasme pour l'astronomie que par affection pour son maître, mit sa fortune à son service. Cette générosité permettait à Régiomontan de réaliser ses projets les plus chers. Il avait rapporté d'Italie un assez grand nombre de manuscrits grecs, particulièrement des ouvrages scientifiques ; il se proposa de les publier, et installa à cet effet une imprimerie, celles qui existaient alors à Nuremberg n'étant pas organisées pour ce genre de travail. Il fit ensuite élever un observatoire, construire des instruments perfectionnés, comme ce météoroscope, dont il adresse une description au cardinal Bessarion [2]. Ainsi

1. Après la mort de son maître Walter, continua à faire des observations qui furent publiées plus tard avec celles de Régiomontan par Schœner (*Observationes XXX annorum a Jo. Regiomontano et B. Walthero Norimbergæ habitæ*. Nuremberg 1544). Il resta le détenteur de ses instruments et de ses écrits. Il gardait même ces derniers avec un soin si jaloux, que non seulement il ne les imprima pas, mais qu'il refusait de les communiquer à personne. C'est Werner qui nous donne ces détails. Il lui attribue un caractère « mélancolique ». (Épitre dédicatoire à la géographie d'Amirucius). Après la mort de Walter, des héritiers négligents et cupides ne prirent aucun soin des écrits et vendirent au poids du cuivre une partie des instruments de Régiomontan. Quelques-uns d'entre eux furent rachetés par le Sénat de Nuremberg, ce seraient ceux qui figurent aujourd'hui au musée de cette ville; quant aux écrits, Schœner en publia la plus grande part.

2. *Regiomontani epistola ad Bessarionem de meteoroscopio*, publiée en 1522 à Nuremberg par Werner.

préparé, il pouvait faire des observations, réformer les tables existantes, publier ses œuvres, celles de son maître, celles des astronomes anciens,

La liste qu'il en donne est longue [1]. Le jeune savant se faisait illusion en se préparant un tel champ de travail. Mais comment ne pas admirer ce bel enthousiasme et cette confiance en soi-même? Les seules œuvres publiées de son vivant furent la traduction de Manilius, les *Theoricæ novæ planetarum* de Peurbach, puis le Calendrier de Régiomontan [2] et surtout ses fameuses *Ephémérides*, pour les années comprises entre 1405 et 1506 [3], ce prototype de la *Connaissance des temps,* qu'emportèrent Colomb et Vespuce dans leurs voyages [4].

C'étaient, réunies pour chaque année en un petit fascicule, des tables de format commode, donnant pour chaque jour la hauteur du soleil, les positions de la lune et des planètes. Elles indiquaient également les éclipses de soleil et de lune. Indispensables aux navigateurs et aux astronomes, elles devaient aussi servir à l'astrologie, cette universelle chimère, à la poursuite de laquelle les meilleurs esprits, au xve et au xvie siècles, ont dépensé tant d'efforts. Le Calendrier, s'adressant à un public moins spécial, donnait pour plusieurs années les fêtes mobiles, les heures du lever et du coucher des astres,

1. Elle se trouve dans une lettre à Christian d'Erfurth, Gassendi la reproduit p. 530. Régiomontan y parle de son projet de traduire de nouveau la géographie de Ptolémée : Cosmographia Ptolemæi, nova traductione, nam vetula ista Jacobi Angeli Florentini, quæ vulgo habetur, vitiosa est, interprete ipso, (bona venia dictum fuerit) neque linguæ Græcæ satis, neque mathematicæ notitiam tenente.

2. Il existe à la Bibliothèque nationale une édition du calendrier en Allemand, la première probablement, l'impression en est xylographique. Elle ne porte ni date ni nom d'auteur. Mais la comparaison avec les éditions signées ne permet pas de douter qu'elle soit l'œuvre de Régiomontan. Les autres éditions assez nombreuses sont en latin ; il y en a une en italien.

3. La première édition des éphémérides ne porte pas de titre : On lit à la fin : Explicitum est hoc opus anno Christi Domini, MCCCCLXXIIII, ductu Joannis de Monteregio. Les autres éditions sont intitulées : Almanach magistri Joannis de Monte Regio...

4. Cf. Peschel. *Gesch. d. Erdk.* 2e édit. p. 401. n. 1.

les jours et heures des éclipses. L'idée de ce travail n'était pas nouvelle. L'antiquité, comme le moyen âge, avait connu les calendriers; mais l'œuvre de Régiomontan était une œuvre vraiment scientifique, et c'est ce qui lui donne son originalité.

Toute table astronomique de ce genre est nécessairement calculée pour un lieu déterminé. Si l'on veut s'en servir en un autre lieu, il faut pouvoir rapporter à ce second point les éléments calculés pour le premier, et pour cela connaître la différence de longitude de ces deux points. La connaissance des latitudes n'est souvent pas moins nécessaire. Une table de longitudes et de latitudes est donc le complément indispensable d'une table astronomique. La Géographie de Ptolémée faisait suite à son Astronomie; les *tables tolétanes* d'Arzachel, les *tables Alphonsines* sont accompagnées de longitudes et de latitudes comme en contient aujourd'hui encore la *Connaissance des temps*. Régiomontan n'a pas manqué à la règle : son Almanach comme ses Éphémérides renferment un tableau donnant pour soixante-deux villes ou pays d'Europe, leur latitude et leur distance horaire à partir de Nuremberg. L'examen de cette table présente un sérieux intérêt géographique.

Le méridien initial choisi par Régiomontan est celui de Nuremberg; mais si on transforme ces distances horaires en degrés et minutes, et si on les rapporte au méridien initial de Ptolémée [1], on constate immédiatement les ressemblances que présente cette table avec celle de Ptolémée. Pour les pays extérieurs à l'Allemagne, il ne peut y avoir aucun doute : l'écart est si faible qu'on peut attribuer les différences aux erreurs ou à la mauvaise lecture des manuscrits.

1. Il suffit pour cela de choisir une ville dont la longitude soit donnée à la fois par Régiomontan et par Ptolémée, Tolède, par exemple, qui, dans Ptolémée se trouve à 10° de longitude est. La distance entre Nuremberg et Tolède étant, d'après Régiomontan de $1^h 24^m$ ou de 21° de longitude, il en résulte que rapportée au méridien de Ptolémée la longitude de Nuremberg est à 31° est. Voir Appendice I, la table de Régiomontan ainsi transformée et comparée à celle de Ptolémée.

Il n'y avait, en effet, pas encore d'exemplaire imprimé de Ptolémée [1], et les différences qu'offrent entre elles les premières éditions témoignent assez des divergences des manuscrits. Ajoutons que, pour ces pays, l'identification des noms anciens avec les noms modernes ne présente, le plus souvent, aucune difficulté. Deux villes seulement de la table de Régiomontan ne sont pas dans Ptolémée : *Compostel* ou Saint Jacques de Compostelle en Espagne, et *Ochsenfurt* ou Oxford en Angleterre, un lieu de pélerinage et une Université. Mais il était facile à Régiomontan de placer sur la carte ces deux points dont les distances aux villes voisines lui étaient fournies par les itinéraires. D'ailleurs, il avait pu voir en Italie des cartes modernes où ces villes figuraient déjà [2]. Enfin, Oxford se trouve dans une table arabe remaniée et augmentée [3].

Pour l'Allemagne et les Flandres, Ptolémée n'offrait plus les mêmes ressources. Il fournissait cependant encore un certain nombre de positions précises : Cologne, Mayence, Strasbourg. Régiomontan les conserve presque sans modifications. D'autres points étaient donnés par leur position même, comme la ville de Danzig pour laquelle il accepte les coordonnées de l'embouchure de la Vistule. En outre certaines identifications semblaient se présenter d'elles-mêmes. Comment n'eût-on pas été tenté de reconnaître sous les noms cités par Ptolémée quelques-unes des villes les plus importantes de l'Allemagne? C'est ainsi qu'il identifie *Artau-*

1. Il existe une édition de Ptolémée imprimée à Bologne et qui porte la date de 1462. Tous les bibliographes s'accordent à considérer cette date comme fausse. L'imprimerie n'était pas encore introduite à Bologne à cette époque, et les personnages cités dans ce livre comme ayant collaboré à son impression ou à sa correction étaient trop jeunes à cette date pour avoir pu mener à bien un pareil travail. Cf. Winsor, *Bibliography of Ptolemy's Geogr.* Il faut considérer cette édition comme postérieure à l'édition de Vicence de 1475 (sans cartes) et à la belle édition romaine de 1478.

2. Voir le chapitre suivant, p. 17.

3. Table trouvée dans un ms. de Munich et publiée par Günther, *Studien zur Geschichte der math. und phys. Geogr.* fascic. IV, p. 255. Cette table construite d'après le méridien d'Arim doit être une table arabe remaniée au XVe siècle.

num avec Wurzbourg, *Gannodurum* avec Constance. Mais quelquefois aussi Régiomontan se montre original. Pour Vienne il abandonne les chiffres de Ptolémée : au lieu de 39° 45' de longitude et de 46° 50' de latitude, il donne 34° 45' et 48°. La latitude exacte de Vienne est 48° 12'. Cette correction repose évidemment sur une détermination astronomique nouvelle. Il modifie également la latitude des villes du Danube au-dessus de Vienne, de façon à marquer davantage l'angle dont Ratisbonne est le sommet. D'après Ptolémée, le Danube, dans cette partie de son cours, coulerait presque directement de l'Ouest à l'Est. Mais il conserve au Rhin sa direction sud-nord, et Cologne reste encore placée au nord-est de Mayence. Les chiffres donnés pour les autres villes proviennent-ils d'observations astronomiques? Les erreurs, sont le plus souvent trop considérables, pour qu'on puisse admettre cette hypothèse [1], et s'il eût fait beaucoup de déterminations directes, Régiomontan n'en eût-il pas inscrit les résultats dans sa table avec une approximation supérieure à celle du degré, dont il se contente pour les latitudes? C'est donc par à peu près, à l'aide des itinéraires alors en usage, que ces positions ont été obtenues, et probablement aussi à l'aide des cartes existantes. Nous verrons, en effet, que Nicolas de Cusa avait dressé déjà une carte d'Allemagne, qui est aujourd'hui perdue, mais dont il nous reste une description très complète [2]. C'est sans doute d'après une carte qu'ont été rectifiées les positions des villes situées sur le Danube.

Les préoccupations géographiques de Régiomontan apparaissent plus nettement encore dans la liste des travaux qu'il avait entrepris. Parmi les livres qu'il voulait imprimer figure la Géographie de Ptolémée, dont il trouvait la traduction latine, œuvre d'Angelo, par trop défectueuse. Il en avait lui-

1. On remarquera par exemple la correction qu'il fait subir à la latitude de Strasbourg : 47° au lieu de 48° 45'. La latitude exacte de Strasbourg est 48° 35'.
2. Voir p. 221, n. 2.

même traduit au moins le premier livre, qui fut publié en 1514 par Werner, un de ses successeurs à Nuremberg, mais sans qu'on puisse distinguer exactement ce qui appartient à l'auteur et à l'éditeur. Il avait écrit, sur ce premier livre, des observations où il fait preuve d'une parfaite connaissance du grec, et d'un sérieux esprit critique. Il parle enfin, dans une lettre à Christian d'Erfurth, de projets de cartes. « Je ferai, dit-il, une image de tout le monde habitable connu, ce qu'on appelle vulgairement une mappemonde, puis une carte spéciale d'Allemagne, une d'Italie, une d'Espagne, une de France, une de Grèce ». Il eût voulu composer également une Géographie physique et politique de ces pays. Par la manière dont il comprenait ce travail, c'eût été plutôt une compilation des ouvrages antérieurs qu'un livre original [1].

Il est mort trop jeune pour avoir accompli cette œuvre multiple ; mais il laissait à l'École allemande un programme qu'elle a suivi. Il lui laissait surtout, comme son maître Peurbach, l'exemple d'aborder la géographie par l'astronomie. Il en faisait une dépendance des mathématiques. C'est par l'astronomie que Ptolémée était arrivé à la géographie ; c'est en étudiant les œuvres astronomiques de Ptolémée que Peurbach et Régiomontan sont amenés à étudier ses œuvres géographiques. On ne pouvait mieux reprendre la vieille tradition grecque.

1. « Et fiet descriptio totius habitabilis notæ, quam vulgo appellant mappam mundi. Cæterum Germaniæ particularis tabula : item Italiæ, Hispaniæ, Galliæ universæ, Græciæque : sed et suas cuique historias ex authoribus plurimis cursim colligere statutum est : quæ videlicet ad montes, quæ ad maria, ad lacus amnesque ac alia loca spectare videbuntur. » Gassendi, p. 530.

CHAPITRE II

DOM NICOLAS D'ALLEMAGNE (DONIS) [1]

Le nom de ce personnage. — Son séjour en Italie. — Arrivée en Occident de la Géographie de Ptolémée. — Sa traduction en latin par Angelo. — Influence de Ptolémée sur la cartographie italienne au xve siècle. — Cartes modernes ajoutées aux cartes anciennes. — L'œuvre de Dom Nicolas. — Modifications apportées aux cartes de Ptolémée. — Les cartes nouvelles d'Italie, d'Espagne, de France. — Dom Nicolas substitue au tracé des portulans celui des cartes ptoléméennes. — Fâcheuse influence de ses travaux.

Vers l'époque où Régiomontan se proposait de faire connaître à l'Allemagne la Géographie de Ptolémée, à son insu, sans aucun doute, un bénédictin allemand préparait une édition de cette œuvre fondamentale qui fut imprimée à Ulm en 1482, puis en 1486. Ce sont les premières éditions allemandes de Ptolémée ; elles ont aidé à la diffusion des études géographiques en Allemagne ; elles ont malheureusement aussi, par l'insuffisance de leur auteur, propagé des erreurs dont quelques-unes ont, pendant longtemps, pesé lourdement sur la cartographie de l'Europe.

Ce moine est presque inconnu : le nom de Nicolas Donis qu'on lui prête dans les éditions d'Ulm n'est qu'une mauvaise lecture de *Donnus* Nicolaus ou *Dominus* Nicolaus Germanus que donnent les manuscrits [2]. Le célèbre abbé de Spanheim,

1. Sur Dom Nicolas et les manuscrits de Ptolémée on pourra consulter : Raidel, *Commentatio critico-litteraria de Claudii Ptolemæi geographia*, Nuremberg, 1737 ; Heeren, *Commentatio de fontibus geographicorum Ptolemæi*, Gœttingue, 1827 ; les *Studi bibliografici et biografici sulla storia della geografia in Italia*, et surtout la *Géographie du moyen âge* de Lelewell.

2. M. d'Avezac est, à notre connaissance, le premier qui ait rendu à Donis son

Tritheim, qui écrivit, à la fin du xve siècle, l'histoire des moines illustres de son ordre et des hommes célèbres de l'Allemagne, lui conserve ce nom de Donis. Mais Tritheim ne semble connaître Dom Nicolas que par l'édition d'Ulm, encore ne l'avait-il pas examinée avec soin, car il en parle d'une manière fort inexacte. Donis, dit-il, vécut à l'abbaye de Reichenbach en Bavière ; il fut « littérateur, théologien, philosophe et astronome, » il écrivit des lettres non dépourvues d'élégance, un petit traité de géographie, et « retrouva la géographie de Ptolémée [1] ». Ce dernier renseignement est complètement erroné.

On peut ajouter, bien que Tritheim se taise à cet égard, que Dom Nicolas séjourna certainement en Italie. La nature de ses travaux le prouverait assez, si l'on n'avait de lui un témoignage presque formel. C'est au duc Borso d'Este et au pape Paul II qu'il adresse ses préfaces. Il nomme au duc d'Este les savants qui vivent à sa cour et il les loue en termes si précis, qu'il faut nécessairement admettre qu'il avait visité Ferrare [2]. On peut conjecturer également qu'il était mort

nom de Dom Nicolas d'Allemagne, voir *Bulletin de la Soc. de géog.*, 5e série, t. V (1863), p. 301. Plus tard, il a identifié ce personnage avec Nicolas Hahn, voir *Martin Hylacomylus Waltzemüller*, p. 23. Cette identification a été proposée par Fabricius (*Bibliotheca græca*, l. IV, ch. 14). Elle ne peut être soutenue, Nicolas Hahn étant né en 1516 et mort en 1570 (voir l'article d'Ersch et Gruber). M. Ruelens, dans le texte explicatif des *Monuments de la géographie des bibliothèques de Belgique* (Bruxelles 1887) l'appelle Nicolas le Germain et considère Donis comme une corruption de *Domnus*. Les manuscrits ne portent pas le nom de Donis. Ainsi le ms. latin 4805 de la Bibl. nat. donne : Illustrissimo principi ac Dño Domino Borsio Mutine ac Regii duci... *Donnus Nicolaus Germanus*. Le ms. de Modène porte la même dédicace. *Studi bibliografici*, 1re édit., p. 424, n° 90. L'édition d'Ulm de 1482 porte en tête : Beatissimo Patri Paulo II, *Donis Nicolaus Germanus*, et à la fin : Opus *Donni* Nicolai Germani. L'édition de 1486 débute de la même façon, mais finit par : Opus *Domini Nicolai Germani*. Stœffler dans son commentaire de la Sphère de Proclus (p. 42) dont il sera question plus loin, l'appelle Nicolaus monachus vel Germanus.

1. Joannis Trithemii, *De viris illustribus ordinis S. Benedicti*, l. II, ch. 43. — *Liber domini Johannis Trithemii Spanhemensis abbatis, De luminaribus sive de illustribus viris Germaniæ*, ch. 206.

2. « Nam ut alios omittam, qui in urbe tua his temporibus philosophantur, quis in mathematicis Joanne Blanchinio et Petro Bono etiam in physicis doctior, quis in medicina Sonzino acutior, et Francisco fratre in dialecticis etiam ac philosophia subtilior, quis in civili ac pontificio jure Francisco Porcellino peritior,

en 1482 au moment où parut la première édition d'Ulm. Comment expliquer autrement les formes si différentes données à son nom dans ce livre [1]?

Le petit traité de géographie écrit par Dom Nicolas, le *De locis ac mirabilibus mundi* [2], n'offre pas grand intérêt. C'est une compilation sans originalité. Le monde ancien y est décrit à la façon de Pomponius Mela. L'auteur insiste tout particulièrement sur le Paradis qu'il place en Asie, et sur les monstres de tous genres qui habitent les régions éloignées. L'édition de Ptolémée a une tout autre importance.

On ne connaissait en Occident, au moyen âge, que les œuvres astronomiques de Ptolémée [3]. Sa grande réputation d'astronome et de géographe à laquelle les Arabes avaient encore ajouté, fixèrent sur lui, dès la fin du XIVe siècle, l'attention de l'Italie savante. Palla Strozzi, qui fut à Florence le véritable propagateur des études grecques, fit venir de Constantinople la Géographie de Ptolémée [4]. Manuel Chrysoloras, le maître infatigable de tous les hellénistes italiens de cette époque, entreprit de la traduire en latin. Il commença seulement ce travail [5]; un de ses élèves, Giacomo d'Angelo da Scarperia fut le véritable traducteur. En 1409 ou 1410, il dédiait son œuvre au pape Alexandre V. C'est cette traduc-

quis in theologia Joanne Gatto sublimior, eodemque litteris Græcis et Latinis ornatior? Quis denique in omni genere doctrinæ Hieronymo Castellano præstantior? » Bib. nat. ms. latin 4805 (dédicace).

1. Tritheim, dans le *De viris illustribus ordinis S. Benedicti*, dit : Ante hoc ferme septennium moritur. Or ce passage fut écrit en 1492. « Opus de viris illustribus ordinis S. Benedicti in quatuor libros divisum priores duos anno 1492 perfecit .. ut habet chronic. Spanh. » (Ziegelbauer, *Historia rei litterariæ S. Bened. T. II)*. Dom Nicolas serait donc mort vers 1485. Mais comment le nom de *Donis* pourrait-il figurer sur l'édition d'Ulm de 1482? En réalité le témoignage de Tritheim est suspect. « Il n'y a rien de plus imparfait et de moins exact » dit Baillet, *Jugements des savants*, T, II, 1re partie.

2. Se trouve dans les édit. d'Ulm de 1482 et 1486.

3. Il y avait cependant peut-être un exemplaire de la géog. de Ptolémée à la cour du roi Roger de Sicile. Voir Lelewell, t. II, p. 122 et Jaubert, traduction d'Edrisi, t. II, p. 421.

4. Messer Palla... la cosmografia colla pittura fece venire in fino di Constantinopoli... Vespasiano, *Vite di uomini illustri del secolo XV*, au mot *Palla di Nofri Strozzi*.

5. Voir Préface d'Angelo, Édition romaine de Ptol. de 1478.

tion d'Angelo, reproduite par les manuscrits et les premières éditions imprimées, qui fit connaître Ptolémée aux savants d'Occident.

Angelo n'avait traduit que le texte, d'autres reproduisirent et traduisirent un peu plus tard les cartes [1]. Ce serait une intéressante étude que de rechercher la part exacte d'influence qu'exerça au xve siècle sur la cartographie italienne l'œuvre de Ptolémée. Elle ne fut, pendant longtemps, ni aussi considérable, ni aussi exclusive qu'on pourrait le croire. Les Italiens se montrèrent respectueux, mais défiants : ils accueillirent les cartes de Ptolémée comme un incomparable monument scientifique, mais ils restèrent fidèles au tracé de leurs marins. Pour les régions lointaines, placées en dehors de leur domaine maritime et des limites ordinaires des véritables cartes marines, il y eut quelque hésitation. Les uns conservèrent résolument le type traditionnel, comme Fra Mauro, dans sa célèbre mappemonde de 1459; les autres, comme l'auteur de la carte génoise de 1447 conservée à Florence, firent quelques emprunts à Ptolémée [2]. Mais pour la Méditerranée, dont les cartes marines leur donnaient depuis longtemps un

1. Vespasiano cite comme ayant traduit les cartes Francesco di Lapacino (Vespasiano, *op. cit.*, au mot *Francesco di Lapacino*). « E bene che fusse tradotto il testo greco in latino da Jacopo d'Agnolo (sic) dalla Scarperia, nientedimeno fu fatto il testo sanza la pittura, e Francesco ordino dipoi la pittura come ella stava in Greco e misevi li nomi latini che innanzi a Francesco non era stato ignuno che avesse saputo ordinarla come fece lui ». Domenico di Lionardo Buoninsegni est également cité comme ayant traduit les cartes. *Studi Bibliografici,* 1re édit., p. 413, n° 34. Enfin le cardinal Fillastre fit traduire aussi les cartes sur un exemplaire grec en 1427 (voir plus loin). « Hæc, dictus cardinalis papæ retulit, me cardinali santi Marci presente, qui has feci describi tabulas ex græco exemplari. » Ms. de Ptol. de la Bibl. de Nancy, texte précédant la 4e carte d'Afrique. Cf. Thomassy, Guill. Fillastre considéré comme géographe. *Bull. Soc. Géog.*, février 1844.

2. Voir les reproductions les plus récentes des mappemondes du xve siècle dans la collection publiée par M. Fischer, Venise, Ongania, 1886. Sur la carte génoise de 1447 connue sous le nom de carte du palais Pitti (Florence, bib. nat.), voir Lelewell. T. II, p. 83 et *Épilogue*, p. 167, et Fischer, *Sammlung Mittel. Welt und Seekarten*, pp. 155 sqq. Cette carte de forme ovale porte un titre que M. Fischer, lit ainsi : *Hec est vera cosmographorum cum marino accordata mundi (ou terræ) descriptio quotidie frivolis narrationibus in jectis correcta (?)*. Lelewell et Fischer veulent voir dans *Marino*, Marin de Tyr. Cette carte serait, d'après eux, une carte des marins corrigée par les données de Marin de Tyr, c'est-à-dire de Ptolémée. Je ne puis admettre cette explication bizarre. Le mot

dessin si exact, ils n'adandonnèrent point leur tracé ordinaire. Ceux même qui, à la fin du siècle, se décideront, à l'exemple de Ptolémée à la prolonger outre mesure vers l'Orient, ne modifieront que le moins possible le contour des portulans. Toutes les mappemondes italiennes du XVe siècle reproduisent pour la Méditerranée le contour des cartes marines. Cette attitude sagement réservée en face de la science grecque se révèle clairement encore dans certains manuscrits de Ptolémée. De bonne heure on prit l'habitude de joindre aux vingt-sept cartes grecques des cartes modernes, laissant ainsi au lecteur le soin de comparer et de choisir. La plus ancienne des additions de ce genre se trouve dans un manuscrit copié en 1427 pour un Français, un des premiers adeptes de l'humanisme en France, le cardinal Guillaume Fillastre. Dans cet exemplaire, conservé aujourd'hui à la bibliothèque municipale de Nancy, se trouve, à la suite des cartes de Ptolémée, une carte des régions du Nord, avec des longitudes et des latitudes, et qui est accompagnée d'une importante liste des positions astronomiques des principales villes de ces pays [1]. On ajouta ensuite à ces manuscrits des cartes des Lieux Saints, d'Italie, d'Espagne, de France. Ainsi se formèrent de véritables atlas critiques, où les cartes modernes se trouvaient à côté des cartes anciennes.

Cosmographia me paraît toujours être réservé, à l'époque de la Renaissance, à la géographie savante. C'est ainsi que Manuel Chrysoloras traduit la Γεωγραφία de Ptolémée par *Cosmographia*. *Marino* signifie tout simplement la carte marine, et en effet cette mappemonde est un assemblage des données des savants et de celles des marins.

1. Ce ms. a été étudié et la carte du Nord reproduite par M. Blau, dans les Mémoires de la Société des lettres, sciences et arts de Nancy (1835). Nordenskiöld a donné un fac-similé de la carte et des pages qui la précèdent dans les *Studien und Forschungen*. On trouvera dans le *Fac-simile atlas* du même auteur pp. 54, 55, 58, une étude très complète sur cette carte qui n'est point, comme on pourrait le croire d'après sa signature, l'œuvre de Claudius Clavus, mais une carte plus étendue que celle de celui-ci, et pour laquelle d'autres éléments ont été utilisés : « La carte de 1527, est généralement une reproduction de la carte de Claudius Clavus, mais les parties les plus éloignées de la Baltique y proviennent des portulans ; le Groënland et la partie nord de la Scandinavie viennent d'un autre type ; l'Angleterre et les côtes méridionales de la Baltique sont tirées de Ptolémée. » Nordensk., *Fac-simile atlas*, p. 58.

On cherchait en même temps à mettre ces cartes anciennes d'accord avec le texte de Ptolémée.

Ce sont des travaux de ce genre qu'entreprit Dom Nicolas. Il explique lui-même dans ses préfaces ce qu'il a prétendu faire. Notons d'abord qu'il n'y est question que des cartes. Tritheim et d'autres après lui, le représentent comme un traducteur de Ptolémée ; en réalité son texte, malgré quelques changements sans importance, surtout dans les chiffres, est le texte d'Angelo. Il avait été frappé, en lisant la Géographie, de ce fait, que, tout en indiquant pour dresser les cartes deux modes de projection satisfaisants, Ptolémée en avait adopté un troisième, quoi qu'il en dise fort inexact, le mode rectangulaire, celui où les longitudes et les latitudes se coupent à angle droit. Il entreprit d'améliorer cette projection, en s'inspirant de la première des méthodes indiquées par Ptolémée, et d'incliner de plus en plus, de part et d'autre du centre, les méridiens sur les parallèles, de façon à donner à l'ensemble une forme trapézoïdale [1]. Il réduisait également les dimensions des cartes, et y plaçait une échelle permettant de mesurer les distances. Telle est la première modification apportée par Dom Nicolas aux cartes de Ptolémée : il est intéressant de remarquer que cet Allemand s'occupe tout d'abord d'une question purement mathématique.

Il en est une autre, non mathématique, mais encore toute de précision. Il a remarqué dans les cartes de Ptolémée que les contours, surtout pour les îles, sont souvent confus et que les limites de provinces ne sont pas indiquées. Il a donc tracé ces limites en lignes ponctuées, toutes les fois que

1. Rati enim nobis oblatam esse occasionem uti aliquid industriæ nostræ monimentum extaret et ingenii vires lucescere possent, statim picturam orbis propera ratione aggressi sumus quæ apud illum approbatior videretur. Nam et pro circulis inclinatas lineas non eque distantes singillatim omnes ut ipse fieri monet oportere ubi opus fuit fecimus et locorum situs inter parallelos incidentes ex utrorumque rationibus conjectavimus. *Préface des éditions d'Ulm.* Cf. Ptolémée, I, 24, II, 1, VIII, 1. Dom Nicolas a également remplacé, pour la mappemonde, le premier mode de Ptolémée par le second.

le texte le permettait, c'est-à-dire quand les provinces y était mentionnées. Il a également mieux marqué les contours, en se servant du texte [1]. Telles étaient les modifications qui distinguaient ce premier travail, ne contenant encore que les vingt-sept cartes anciennes. Il fut présenté en 1466 au duc Borso d'Este, qui le récompensa par un don de cent florins d'or [2].

Quelques années plus tard, Dom Nicolas adressait au pape Paul II un nouveau travail reproduisant le précédent, mais contenant de plus trois cartes modernes : l'Italie, l'Espagne et les régions du Nord. L'édition publiée à Ulm en 1482, sous le nom de Donis, en contient deux autres : la France et la Palestine. Il est permis de supposer que cette édition reproduit une troisième forme du travail. La carte moderne de France qui s'y trouve, est en effet dressée d'après les mêmes principes que la carte d'Italie du manuscrit adressé au pape [3].

Ces cartes modernes méritent un examen attentif.

Nous n'insisterons pas sur la carte de Palestine. C'était une carte depuis longtemps répandue en Italie. Elle est identique, en effet, à celle qu'avait dressée au commencement du XIVe siècle, Marino Sanuto l'Ancien, et qu'il annexa à son *Liber secretorum fidelium crucis*.

1. Préface des éditions d'Ulm. Ces cartes, ainsi modifiées semblent avoir été préférées, à partir de leur apparition, aux cartes de l'ancien modèle. Ce sont celles qui furent gravées pour l'édition romaine de 1478. Elles sont reproduites quelquefois dans les manuscrits, même dans un ms. grec (Bibl. nat. fonds grec 1401). Sur les vingt-sept cartes de ce ms., dix-neuf ont la projection en forme de trapèze. Ce ms. est certainement des dernières années du XVe siècle ou plutôt encore des premières du XVIe. La petite mappemonde dessinée au frontispice et où l'on voit une partie de l'Amérique ne permet pas d'en douter.

2. Deux mss. de la bibl. Laurentienne de Florence, adressés à Borso d'Este, contiennent déjà trente cartes. Ce doivent être les vingt-sept cartes de Ptolémée, plus les trois cartes modernes dont il va être question. Ainsi donc des cartes modernes auraient peut-être déjà été ajoutées à cette première manière du travail de Dom Nicolas.

3. L'édition de 1486, porte au titre : Curam mapparum gerente Nicolao Donis. De plus, dans la table alphabétique qui accompagne les deux éditions d'Ulm, table très complète, contenant, avec les noms cités dans l'ouvrage, des renseignements sur les personnages sacrés dont ces noms évoquent le souvenir, Dom Nicolas, qui paraît bien être l'auteur de ce travail, renvoie plusieurs fois à une « carte moderne de France ». Voir aux mots, Bamburga, Basilea, Bruxella.

La carte des régions du Nord n'est également qu'une reproduction. Dom Nicolas en a seulement modifié la projection. Cette même carte existait, en effet, en Italie en projection rectangulaire. Elle est reproduite avec cette projection dans un manuscrit conservé aujourd'hui à Bruxelles [1]. Elle est d'ailleurs incontestablement d'origine scandinave et a servi, comme l'a très heureusement montré M. Nordenskiöld, en partie, de modèle à la carte du manuscrit de Ptolémée de Nancy [2]. Bien qu'on ne puisse en fixer exactement la date, elle est certainement antérieure aux travaux de Dom Nicolas qui a dû la connaître en Italie.

Les trois autres cartes sont au contraire l'œuvre du bénédictin lui-même. Pour l'Italie, nous avons son témoignage formel : « J'ai effacé, dit-il, les noms de peuples donnés par Ptolémée et j'ai voulu marquer d'une façon plus complète, et conformément à ce qui existe de notre temps, les villes, les lacs, les ports, les montagnes, les noms des fleuves et leurs sources.... sans rien changer aux dimensions certaines et aux proportions très exactes observées par l'auteur de ce livre [3] ». C'est bien en effet ce qu'il a prétendu faire. Si on compare la carte d'Italie de Dom Nicolas avec les cartes d'Italie du XVe siècle, on constate qu'au contour donné par ces cartes, il a substitué le contour de Ptolémée, qu'il a emprunté ensuite à Ptolémée ses positions des principales villes, puis qu'il a ajouté, en se servant de la carte moderne italienne, tous les autres détails, villes, fleuves, montagnes, en les déformant, quand cela était nécessaire, pour les faire entrer dans le cadre ptoléméen. Le contour ptoléméen a dû

1. Un fac-simile de cette carte est donné dans Ruelens, *Monuments de la Géog. des bibl. de Belgique*.

2. M. Nordenskiöld a donné dans son *Fac-simile atlas* la reproduction de cette carte des régions du Nord, dressée suivant la projection de Dom Nicolas, qui se trouve dans le ms. de Ptolémée de la bibliothèque Zamoisky, de Varsovie. Pour tout ce qui se rapporte à cette carte, voir Nordenskiöld, *op. cit.*, pp. 54, 55, 58.

3. Obmissis nationum nominibus, que nunc a Ptolomeo recitata sunt, ad nostra tempora civitates, oppida lacus... nihil in hiis que ab auctori libri hujus dimensione certa ratione verissima observata sunt transgrediendo. Verso de la carte moderne d'Italie.

même être déformé quelquefois pour être mis d'accord avec la carte moderne.

C'est à peu près de la même manière qu'il procède pour la France. Il reste toujours pour les contours esclave de Ptolémée ; cependant la Gaule de Ptolémée est si informe, qu'il se laisse aller à marquer avec plus de précision les accidents de la côte. Il place encore les principales villes conformément aux données de Ptolémée, puis dessine tout le reste en se servant de la carte moderne qu'il accommode comme il peut à son tracé [1].

Pour l'Espagne il n'est plus aussi fidèle à son principe. Cette fois le type Ptoléméen s'écarte tellement du type des marins, qu'il est impossible de faire entrer la carte moderne dans les limites de la carte ancienne. Il adopte donc en partie le contour moderne, mais il lui fait subir les déformations qui lui semblent exigées par Ptolémée. La côte de Catalogne se prolonge moins loin vers l'Est. L'Èbre se trouve ainsi couler presque du Nord au Sud. Les Pyrénées, conformément à la carte ancienne, sont relevées du Sud-Est au Nord-Ouest. Un changement plus curieux donne la mesure des connaissances de l'auteur : la carte d'Espagne de Ptolémée indiquait près du cap Finisterre un archipel, celui des Cassitérides. Les cartes marines ne contenaient ni ces îles ni ce nom. Dom Nicolas rétablit l'archipel, mais dans son zèle à identifier les noms anciens avec les noms modernes, il y inscrit les noms suivants : *Fayal*, *S. Andree*, *insula de Pico*,

1. Il existait certainement, pendant la dernière partie du xve siècle en Italie, une carte moderne de France. Cette carte, dont le contour était emprunté aux portulans, doit être celle qu'a reproduite, plus ou moins fidèlement, nous ne pouvons le déterminer, Berlinghieri, dans sa géographie en vers : *Geographia di Francesco Berlinghieri Fiorentino*... Florence, Nicolo Tedesco, sans date. La même carte figure dans l'édition de Ptolémée de Bernard de Sylva de 1511. M. Nordenskiöld en a donné une reproduction dans son *Fàc-simile atlas*, p. 13. Ce type de carte a encore servi de modèle à la carte moderne de France du ms. de Ptolémée n° 4802 conservé à la Bibl. Nat. Mais l'influence de Ptolémée se fait déjà sentir sur le tracé de cette carte. L'auteur a abandonné pour la côte méditerranéenne le tracé des portulans. A d'autres égards cette carte semble être d'un dessin plus archaïque que celle de Berlinghieri. Cf. notre travail, *de Orontio Finæo, gallico geographo*, ch. IV.

insula S. Georgii, insula Christi, Graciosa, Insola S. Michaelis, insola S. Marie. Ce sont les noms des Açores.

On peut faire à l'auteur un autre reproche. Les cartes modernes dont il se sert représentent presque toujours les montagnes par des massifs, d'où sortent les fleuves. Les villes sont d'ailleurs placées dans ces parties montagneuses aussi bien que dans les plaines. Dom Nicolas a une tendance à amincir ces massifs, à en former des chaînes séparant les bassins. Ces modifications, très sensibles déjà sur la carte de France, sont frappantes sur la carte d'Espagne. Sur cette carte, toutes les villes qui étaient placées dans l'intérieur des massifs montagneux sont systématiquement reportées jusque dans la plaine, et les chaînons se multiplient, contournant les cours d'eau. Il serait injuste de rendre Dom Nicolas responsable de ces systèmes de représentation des montagnes par des chaînes continues, origine de tant d'idées fausses, mais consciemment ou non, il obéit déjà à la fâcheuse tendance d'introduire l'*a priori* en géographie.

Ainsi l'originalité de Dom Nicolas consiste à substituer au contour des cartes modernes traditionnelles le contour ptoléméen, et à faire entrer dans ces limites, en se servant de certains points de repère, le contenu de ces cartes modernes.

Ces cartes étaient le résultat d'une longue expérience. Elles s'étaient peu à peu améliorées. Les cartes marines avaient fourni le dessin des côtes, et, de très bonne heure, on avait déjà cherché à remplir l'intérieur du continent. La célèbre carte catalane de 1375 et son prototype récemment découvert de 1339 [1], sont des cartes continentales plus encore que des cartes marines. Dès le début du xve siècle, il existe, en Italie au moins, des cartes locales, vraies cartes topographiques, dont les données permettent d'enrichir les cartes plus

1. Voir sur cette carte appartenant à la collection de M. Le Souef, Marcel, *Compte rendu des séances de la soc. de Géogr.*, 1887, p. 28 et Dr Hamy, *Bulletin de Géogr. histor. et descriptive*, 1886, p. 354.

générales[1]. C'est ainsi qu'au milieu du siècle il y a en Italie des cartes modernes d'Italie, d'Espagne, de France, nées des cartes marines, complétées par les données de l'expérience, et, en fait, singulièrement plus exactes que celles de Ptolémée[2]. Dom Nicolas rompt brusquement avec la tradition, et ses types répandus par la gravure sur bois, vont propager partout les erreurs de Ptolémée. Dira-t-on que s'il fait renaître ces erreurs, il répand aussi les méthodes scientifiques du maître, et que le remède est à côté du mal? Mais ses cartes modernes, à l'exception de celles de la Palestine et des régions du Nord qui ne sont pas de lui, ne portent aucune graduation. C'est l'arbitraire substitué à une méthode imparfaite, mais qui cependant a fourni des résultats satisfaisants. Les géographes italiens s'étaient bien gardés de substituer l'Italie de Ptolémée démesurément prolongée vers l'Est, à l'Italie de leurs portulans. En 1511 Bernard de Sylva tentera, lui aussi, une conciliation entre les données anciennes et les données modernes, mais c'est Ptolémée qu'il corrigera à l'aide des portulans. Cette entreprise est le contraire de celle de Dom

1. Voir les planches VI, VII, VIII de l'Atlas de Jomard.

2. Une très curieuse carte d'Italie, la plus ancienne des cartes modernes qu'on connaisse, a été publiée par Paul Fabre (note sur un ms. de chronique de Jordanus, Mélanges d'archéologie et d'histoire publiés par l'École française de Rome Ve année, 1885, p. 295). On voit très bien sur cette carte, qui est du commencement du XIVe siècle (1334 environ) comment s'est formée cette image moderne de l'Italie. Le contour est celui des portulans; pour l'intérieur, certaines parties sont encore vides, probablement parce qu'on manquait de documents suffisants. Flavio Blondo, dans son *Italia Illustrata*, parle d'une carte d'Italie à laquelle avait collaboré Pétrarque. Les cartes modernes étaient assez répandues en Italie au XVe siècle. « Niccolo Niccoli, dit Vespasiano, aveva Italia e Spagna ». L'inventaire dressé en 1492 à la mort de Laurent le Magnifique comprend, entre autres cartes : « una carta dipintavi Italia, una dipintavi Terra Santa, una quadro dipintovi la Spagna » Cf. Müntz, *Revue Critique* 1880, pp. 210 sqq. Parmi les ouvrages de la bib. des Médicis prêtés au dehors entre 1483 et 1491, M. Piccolomini cite un exemplaire de Ptolémée « di mº Niccolò Tedesco, dipinto, bello, piccolo e la pittura della Francia che era in camera de Cancellieri ». *Intorno alle condizioni ed alle vicende della Libreria medicea privata.* Florence 1875, p. 127. Cité par Müntz *op. cit.* p. 212. Il n'est pas possible d'admettre qu'on désigne ainsi séparément des cartes de Ptolémée. Dans ce dernier passage la distinction est très nette.

Nicolas, et cependant telle est la puissance d'une idée une fois émise, qu'on verra l'Italie elle-même se laisser gagner par la contagion ptoléméenne. Le meilleur des cartographes italiens du XVIe siècle, Gastaldo, se rapprochera plus, en dessinant les contours de l'Italie, de la forme de Ptolémée que de celle des portulans, et, lui aussi, donnera vingt degrés de trop en longueur à la Méditerranée.

On ne saurait rendre l'École allemande responsable de ces maladresses. Dom Nicolas n'en est qu'un représentant isolé. Il n'a pas subi l'influence de Régiomontan. Il est entré à l'aventure dans la géographie sans préparation suffisante. C'est un humaniste séduit par le grand nom de Ptolémée; ce n'est pas un géographe.

CHAPITRE III

MARTIN BÉHAIM [1]

Vie de Béhaim. — La légende de Béhaim. — A-t-il été l'élève de Régiomontan? — L'application des procédés astronomiques à la navigation. — L'astrolabe. — Double opération nécessitée par l'emploi de cet instrument. — La *junte* dont fit partie Béhaim n'a pas enseigné aux marins l'usage de l'astrolabe ; mais celui des tables de déclinaison du soleil. — L'arbalestrille ou bâton de Jacob. — Le globe de Béhaim.

Martin Béhaim, qu'on peut à la rigueur considérer comme un élève de Régiomontan, n'appartient, lui aussi, qu'indirectement à l'École allemande, Ce n'est pas un savant de profession; c'est un voyageur. Vivant en Portugal, il communique peut-être aux marins quelques-uns des résultats de la science allemande, mais il rend surtout à ses compatriotes le service de leur révéler l'importance des explorations portugaises, à la veille du départ de Colomb. Il les distrait de leurs spé-

1. Principaux ouvrages à consulter sur Béhaim : Doppelmayr, *Historische Nachricht;* De Murr, *Histoire diplomatique du chevalier Martin Behaim*, traduit de l'allemand par Jansen, Strasbourg, 1802; Ghillany, *Geschichte des Seefahrers Ritter Martin Behaim*. M. Ziegler a consacré à Béhaim une série de brochures et d'articles : *Columbus und M. Behaim, Mitteilungen de Petermann*, 1858; *M. Behaim aus Nürnberg, der geistige Entdecker Amerika's*, Dresde, 1859. *Regiomontanus ein geistreicher Vorlaüfer des Columbus*, Dresde, 1874. (M. Cantor a fait une sévère critique de cet ouvrage dans la *Zeitschrift für Mathematik und Physik*, 1874) ; *Regiomontanus und der Nürnberger Seefahrer Martin Behaim mit Hinblick auf ihre Verdienste um die grossen oceanischen Entdeckungen des 15 Jahr. Deutsche géog. Blætter*, Brême, 1878. Voir encore : Breusing, *Zur Geschichte der Geographie, Regiomontanus, Martin Behaim und der Jakobstab, Zeitsch. der Gesellsch. f. Erdk. zu Berlin*, 1869; R. Mytton Maury, *on Martin Behaim's globe and his influence upon geog. science, Journal of the american Soc.*, New-York, 1873.

culations, pour les rappeler à la réalité des découvertes. Ils sauront, grâce à lui, que la géographie n'est pas toute dans Ptolémée et dans les livres des anciens, mais qu'elle se fait tous les jours, et qu'il faut attendre sans parti pris les informations.

Il était né à Nuremberg, vers le milieu du xve siècle, d'une riche famille de marchands. Il avait voyagé en Allemagne et dans les Pays-Bas. La Flandre entretenait alors avec le Portugal des relations qu'avait rendues plus étroites le mariage d'Isabelle, fille de Jean Ier avec Philippe de Bourgogne. Béhaim passa en Portugal où l'attendaient les plus hautes faveurs. Le roi Jean II le désignait bientôt, en effet, avec deux de ses médecins, pour faire partie d'une *junte* chargée d'appliquer à la navigation les procédés astronomiques. Il fit ensuite avec Diego Cam un grand voyage d'exploration sur la côte de Guinée, dans lequel ils s'avancèrent jusqu'au « cap Negro », à 15° 40' environ de latitude sud [1]. A son retour il épousa la fille de Jobst de Hurter, un Flamand dedevenu gouverneur de l'île de Fayal, l'une des Açores.

En 1491, il venait revoir sa ville natale, Nuremberg, et y laissait comme souvenir le célèbre globe géographique qui s'y trouve encore. De retour à Lisbonne, il est chargé par le roi d'une mission en Flandre ; mais il est pris par des pirates, et emmené en Angleterre. Il s'échappe, passe en France, et regagne enfin le Portugal, puis l'île de Fayal, et meurt à Lisbonne en 1507.

Les aventures de Béhaim, le merveilleux qui s'attachait aux découvertes, ajoutèrent encore en Allemagne à sa renommée. On lui fit découvrir l'Amérique avant Christophe Colomb, et le détroit de Magellan avant Magellan lui-même. On a sans peine fait justice de la première de ces légendes, née longtemps après les événements [2]. Que Béhaim ait

1. C'est le chiffre approximatif donné par Ruge, *Gesch. der Entdeckungen* p. 106 et par Codine, *Bull. de la Soc. de Géog.*, 1876.

2. Tozen en a pour la première fois montré l'inanité en 1761. Elle reposait sur

connu Colomb en Portugal avant 1484, date à laquelle celui-ci passa en Espagne, il n'y a rien là de surprenant ni d'impossible. Mais dès 1475 environ, Colomb confiait déjà à Toscanelli son projet, et Béhaim était encore en 1479 à Anvers [1]. Quand au détroit de Magellan, Pigafetta qui prit part à l'expédition rapporte dans son journal que Magellan « savait « qu'il fallait passer par un détroit fort caché, mais qu'il « avait vu représenté sur une carte plane faite par Martin « de Bohême [2], très excellent cosmographe. et conservée « dans sa trésorerie par le roi de Portugal [3] ». Béhaim pouvait en effet avoir dessiné une carte où figurait ce détroit, mais ce n'est pas une raison pour que le véritabte détroit de Magellan ait été connu alors. L'existence d'un passage conduisant aux Indes ne faisait de doute pour personne à l'époque des découvertes. Colomb l'avait cherché ; ceux qui après lui explorèrent la côte américaine crurent à chaque estuaire avoir trouvé la communication. Béhaim, s'il marqua le passage avant la découverte de Magellan, ne fut pas le seul à l'indiquer. Dira-t-on que l'auteur d'une mappemonde attribuée à Léonard de Vinci, et que Jean Schöner, qui en 1515 terminait déjà l'Amérique du Sud par un cap, aient connu le cap Horn [4]? A ce compte l'auteur d'une carte florentine de 1351, où l'Afrique a déjà presque sa forme exacte, aurait dû connaître le cap de Bonne-Espérance [5]. La relation d'un voyage fait sur la côte du Brésil vers 1509, et dont nous n'avons qu'une version allemande, semble bien indiquer que l'estuaire de la Plata fut pris pour le détroit

un passage, d'ailleurs interpolé de la chronique de Schedel, parue à Nuremberg en 1493. Cf. Winsor, *Narrat. and. Crit. History*, t. II. p. 34 et Harrisse, *Bib., Amer. vetust.* p. 37.

1. Ghillany donne une lettre de Béhaim à cette date, p. 104.

2. C'est le nom que lui donnent les écrivains portugais. Il paraît d'ailleurs que la famille de Béhaim était originaire de Bohême, et lui-même acceptait volontiers cette confusion de noms. Cf. Humboldt, *Ex. Crit.*, t. I. p. 263.

3. Pigafetta, dans Charton, *Voyageurs anciens et modernes*, t. III, p. 287.

4. Voir ces deux cartes dans Wieser, *Magalhaes Strasse*.

5. Peschel, *Gesch. der Erdk*. 2e édit. p. 192.

cherché [1], et longtemps encore, sur les cartes marines, on donna au loin dans les terres, à ce fleuve, les dimensions d'un bras de mer [2]. D'ailleurs ne figura-t-on pas sur quelques cartes un détroit au centre de l'Amérique, à l'endroit juste où Colomb le cherchait [3]? La carte de Béhaim, si elle a réellement existé, n'a pour le détroit de Magellan que la valeur d'une conjecture.

Il est une question d'une tout autre importance pour le sujet qui nous occupe : c'est celle de savoir dans quelle mesure Béhaim a pu faire connaître en Portugal les instruments astronomiques de Régiomontan. A-t-il apporté, comme on l'a dit, l'astrolabe [4] aux marins portugais, leur a-t-il enseigné des procédés de navigation vraiment scientifiques? Si cela était, le service rendu par Béhaim et par les astronomes allemands aux navigateurs serait immense ; l'Allemagne aurait le droit de revendiquer sa part dans les grandes découvertes.

Le texte le plus ancien qui fasse allusion aux rapports de Béhaim avec les marins est un passage d'un historien portugais d'une autorité indiscutable, Jean de Barros. Les écrivains postérieurs qui ont traité cette question semblent n'avoir pas eu d'autre source; ils ont plutôt dénaturé ce passage en cherchant à l'interpréter. Barros raconte, dans sa première décade, que les Portugais ayant reconnu la né-

1. *Copia der newen Zeytung auss Presillg landt.* Voir plus loin, ch. V.

2. Cf. la grande mappemonde dite de Henri II, qu'on sait maintenant être l'œuvre de Pierre Desceliers. Atlas de Jomard, pl. XIX. 4

3. Cf. la carte de Vesconte de Maggiolo reproduite dans Winsor, *Narr. and. Crit. hist.*, t. II, p. 219 et t. IV, p. 39.

4. L'astrolabe des marins se composait essentiellement d'un disque de métal qu'on tenait suspendu par un anneau. Les bords de ce disque étaient gradués Une petite règle de métal ou alidade, était mobile autour du centre du cercle. A l'une de ses extrémités, perpendiculairement au plan de la règle, était fixée une pinnule ou petite plaque de cuivre percée d'une fente en son milieu. A l'autre extrémité et diamétralement opposé à la fente, était placé un point de repère. Lorsqu'on voulait prendre la hauteur du soleil, on faisait mouvoir l'alidade, jusqu'à ce que le rayon lumineux passant par la pinnule vint coïncider avec le point de repère. En lisant sur le disque la division correspondant à ce point de repère on avait la mesure de l'angle formé par la direction du rayon solaire aboutissant au lieu où se faisait l'observation avec la verticale de ce lieu. Voir fig. 1.

cessité de ne plus suivre timidement les côtes et de s'abandonner à la navigation hauturière, sur l'ordre du roi Jean II, « maître « Rodrigue et maître « Joseph, juif, « tous deux ses médecins, et un certain « Martin de Bohême, qui était « natif de ce pays, « et qui se glorifiait « d'être le disciple « de Régiomontan, « un des plus illustres « astronomes, « trouvèrent la manière « de naviguer « par la hauteur du « soleil, et construisirent « pour cela « des tables de déclinaison. C'est le procédé qui est aujourd'hui « en usage parmi les marins, et cela d'une façon « plus sûre qu'au commencement, où l'on se servait de « grands astrolabes de bois [1]. »

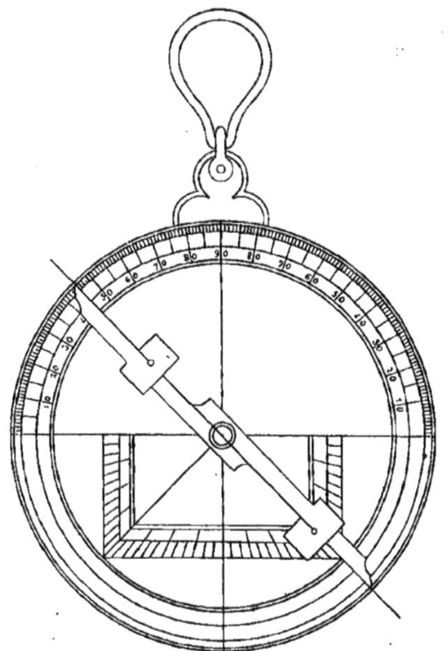

Fig. 1. — L'ASTROLABE DES MARINS
D'après le portulan de Diego Ribero (1529).

1. Perô depoisque elles quizerão navegar o descuberto, perdendo a vista da costa et engolfandose no pego do mar : conhecerão quantos enganos recebião na estimativa et juizo das sangraduras que segundo seu modo em vinte quatro horas davão de caminho ao navio, assi por razão das correntes como d'outros segredos que o mar tem da qual verdade de caminho a altura he mui certo mostrador. Perô como a necessidade he mestra de todalas artes, em tempo del Rey dom João o segundo foi per elle encommendado este negocio a mestre Rodrigo e a mestre Joseph Judeu ambos seus medicos et a hum Martim de Boemia natural d'aquellas partes : o qual se gloriava ser discipulo de Joanne de Monte Regio a famado astronomo entre os professores desta sciencia. Os quaes acharão esta maneira de

Ce passage, malheureusement peu clair, a donné lieu à de nombreuses discussions. D'abord Martin Béhaim a-t-il pu être l'élève de Régiomontan? Il faut pour cela qu'il l'ait connu dans l'intervalle des années 1471 à 1475, où celui-ci résida à Nuremberg. Or, quel âge avait à ce moment Béhaim? On ne connaît pas la date de sa naissance ; c'est indirectement qu'on a cherché à l'établir. Un de ses biographes, de Murr, avait trouvé des lettres qui permettaient de fixer cette date vers 1430 [2]. Mais Ghillany a reconnu que les lettres les plus anciennes étaient du père, qui signe *Peheim* et non du fils . Il place la naissance de Béhaim vers 1459. Celui-ci n'aurait donc eu, à l'époque du séjour de Régiomontan à Nuremberg, que de douze à seize ans. Il est assez étrange qu'un enfant de cet âge qu'on destinait au commerce, se soit occupé d'astronomie. En réalité, cette date de 1459, bien que généralement adoptée aujourd'hui, n'est rien moins que certaine. Ghillany s'appuie sur quelques lettres de Béhaim à ses parents, qui lui paraissent être d'un tout jeune homme. Elles sont certainement d'un fils très soumis, mais qui pouvait n'être plus un enfant. Dans la dernière, datée de 1479, il accuse réception à sa mère d'un envoi de trois cents goulden, mais il ajoute qu'il les a dépensés, à la foire de Berg-op-Zoom, à acheter de bon drap d'Angleterre [4]. C'est le fait d'un garçon qui s'entend déjà aux affaires. Il paraît aussi qu'en 1483 il se fit mettre à l'amende, à Nuremberg, pour avoir dansé dans une fête avec des jeunes filles juives [5]. Rien n'empêche de lui donner une vingtaine d'années à l'époque où il put connaître Régiomontan. Il aurait eu alors vingt-cinq ans environ, lorsqu'il employait si bien son argent,

navegar per altura do sol, de que fizerão suas taboados pera declinação delle : como se ora usa entre os navegantes, jà maes apuradamente do que começon, em que servião estes grandes astrolabios de pao. Jean de Barros. Dec. I, liv, IV, ch. 2.

2. De Murr, *op. cit.*, p. 48

3. Ghillany, *op. cit.*, p. 19 sq.

4. La lettre est traduite dans de Murr, *op. cit.*, p. 118.

5. Ziegler, *Deutsch. geog. Blætter*, 1878, p. 107.

et vingt-neuf ans quand il faisait danser les jeunes juives. A cet âge on peut encore aimer la danse. Peu importe d'ailleurs la date exacte de sa naissance : Béhaim se disait l'élève de Régiomontan ; rien ne permet de supposer qu'il ne l'ait pas été en effet.

Quels services rendit à la navigation la junte dont fit partie Béhaim? Il est incontestable que, dans le passage cité, sur lequel repose toute la discussion, c'est bien l'astrolabe que Barros a dans la pensée. C'est précisément, en effet, à propos de cet instrument qu'il fait cette digression, sur son emploi dans la marine. Mais il faut remarquer qu'il s'agit moins, dans ce passage, de l'astrolabe lui-même, que du moyen qu'il donne de naviguer « par la hauteur du soleil. » Il y a dans la phrase de Barros une confusion apparente qu'il importe de dissiper.

Nous savons, par un témoignage formel, que, depuis un certain temps au moins, on se servait d'instruments astronomiques pour la navigation. Diego Gomez, lorsqu'il naviguait sur la côte de Guinée, avait un *quadrant* pour prendre la hauteur du pôle au-dessus de l'horizon, c'est-à-dire pour déterminer la latitude [1]. Tant que les Portugais restèrent dans l'hémisphère boréal, ce procédé put leur suffire; mais quand ils approchèrent de l'équateur, l'étoile polaire des-

1. « Et ego habebam quadrantem quando ivi ad partes istas, et scripsi in tabula quadrantis altitudinem poli arctici et ipsum meliorem inveni quam cartam. Diogo Gomez. *De Prima inventione Guineæ*. Edit. Schmeller. Dans les *Abhandlungen d. bayr. Akad. d. Wissensch.* (historische classe) 1845, cité par Peschel. *Gesch. d. Erdk.*, 2e édit., p. 237. Libri a prétendu, dans son *Histoire des sciences mathématiques en Italie*, t. II, p. 201, d'après Baldi, *Cronaca de matematici*, que le Génois Andalone del Nero ou de Negro aurait fait, « dans ses longs voyages des observations astronomiques en les appliquant à la correction des anciennes cartes géographiques, » et rendu ainsi « un service éminent à la géographie et à la navigation. » Il ne reste d'Andalone de Negro qu'un ouvrage publié à Vicence en 1475 : *Opus præclarissimum astrolabii compositum a domino Andalo de Nigro genuensi feliciter incipit.* Je ne trouve dans ce livre aucune preuve qu'Andalone ait songé à appliquer l'astronomie à la navigation. — Le quadrant était, comme son nom l'indique, le quart de l'astrolabe, c'est-à-dire un quart de cercle portant une graduation. On suspendait ce quart de cercle par son centre. Une alidade identique à celle de l'astrolabe, se mouvait autour de ce centre : on s'en servait de la même manière que de l'astrolabe.

cendit de plus en plus bas sur l'horizon. Elle cessa d'être visible quand ils eurent passé la ligne. Ne trouvant pas, dans l'hémisphère austral, d'étoile qui marquât suffisamment la position du pôle, ils durent, pour déterminer les latitudes, avoir recours à un moyen indirect [1]. L'un de ceux qui se présentaient le plus naturellement à l'esprit, était de mesurer la hauteur méridienne du soleil au-dessus de l'horizon. Connaissant pour chaque jour la distance du soleil au pôle, on pouvait de ces deux quantités déduire la latitude cherchée. L'opération était donc double : elle nécessitait d'abord une observation astronomique, puis un calcul. L'observation astronomique, les marins savaient la faire. En dehors de toute préoccupation de latitudes, ils savaient mesurer la hauteur des astres, pour connaître l'heure pendant la nuit. Or, pour prendre cette hauteur, ils se servaient depuis très longtemps de l'astrolabe. Raymond Lulle, au XIIIe siècle déjà, connaît cet instrument et en indique l'usage [2]. La junte n'avait donc pas à le faire connaître aux marins. Mais où il fallait leur venir en aide, c'est quand il s'agissait de calculer, pour un jour donné, la distance du soleil au pôle, ou, ce qui revient au même, sa distance à l'équateur, c'est-à-dire sa déclinaison. Or, ce fut là précisément, d'après le passage de Barros, ce que firent Martin Béhaim et ses compagnons. Ils construisirent des tables de déclinaison du soleil et, pour ce travail, un élève de Régiomontan pouvait rendre de réels

1. Cf. Peschel, *op. cit.*, p. 237.

2. «.... Escribió el portentoso Raimundo Lulio varios tratados científicos, y entre ellos un *Arte de navegar* que citan Don Nicolas Antonio y otros escritores. Si esta obra hubiera llegado á nuestros diás, pudieramos examinar y conocer el método con que trató ciertos puntos fundamentales de la navegacion, ó averiguarsi acaso fuè un mero recopilador de lo que dejaron escrito los antiguos. Pero jurgando por la doctrina que vertió en otras obras misceláneas y matemáticas, no podemos dejar de admirar los solidos principios en que fundaba el estudio de la nautica..... Dijo en su *Geometria*, que de ella dependia la nautica, *y entre sus figuras se nota un astrolabio para conocer las horas de la noche*, que dice, es de mucha utilidad para los navegantes. Navarette, *Biblioteca Maritima Española*. *Obra postuma*. Madrid 1851, t. II. p. 657. Cf. Humboldt, *Exam. Crit.* t. I. p. 277.

services [1]. Béhaim avait même pu voir à Nuremberg des tables de ce genre, car nous savons que Peurbach en avait dressé [2]. Toutefois le problème n'était pas très difficile à résoudre et, bien qu'il se prétende sur son globe très versé dans l'art de la cosmographie, les latitudes de la côte africaine qu'il avait pu déterminer lui-même sont si fautives, qu'il est difficile de le croire sur parole. C'est en somme, comme le dit très justement Peschel [3], le document le plus certain que nous ayons sur les connaissances astronomiques de Béhaim.

On a émis encore, au sujet des services que Béhaim a pu rendre à la marine portugaise, plusieurs hypothèses. Ghillany [4] a supposé que Béhaim avait apporté en Portugal le météoroscope, inventé par Régiomontan, et décrit par lui dans une lettre adressée au cardinal Bessarion [5]. C'est un instrument beaucoup trop compliqué pour des marins, et nous ne voyons pas qu'en fait il ait jamais été appliqué à la navigation. Une théorie plus ingénieuse a été énoncée par M. Breusing [6]. D'après lui, Béhaim aurait introduit en Portugal, l'arbalète ou bâton de Jacob [7], instrument univer-

1. Cette explication me paraît strictement conforme au texte de Barros : Os quaes acharão esta maneira de navegar per altura do sol, *de que fizerão suas taboadas pera declinação delle*. Ce procédé est précisément l'un de ceux que Pigafetta, pilote de Magellan, décrit dans son *Traité de navigation*. Il dit qu'on cherche la déclinaison du soleil sur l'*Almanach*. Pigafetta, extrait du *Traité de navigation*, à la suite de : *Premier voyage autour du monde par le chevalier Pigafetta, publié par Amoretti et traduit par le même*. Paris, an XI, p. 271. Nous le trouvons continuellement employé dans le Livre de bord de l'expédition de Magellan, le *Derrotero* de Francisco Albo (traduit et publié en partie dans : *The first voyage round the world by Magellan*. Hakluyt Society 1874). — Plus tard, on grava sur l'astrolabe même, la déclinaison du soleil afin d'éviter l'usage des tables. *Hydrographie* du P. Fournier, édit. de 1640, p. 490.

2. Parmi les ouvrages de Peurbach qui ne nous sont pas parvenus, Collimitius cite : *Modus componendi et demonstrandi tabulam altitudinis solis cum tabula ipsa*. Aschbach, *Gesch. der Wiener Univ.*, t. I, p. 493, n. 1.

3. *Gesch. des Zeit. d. Entdeckungen*, 2e édit., p. 70, note 2.

4. Ghillany, *op. cit.*, p. 39. Humboldt paraît se ranger à cette opinion. Cf. *Cosmos*, trad. franç., t. II, p. 312.

5. Voir plus haut p. 6.

6. *Zeitsch. der Gesellsch. f. Erdkunde zu Berlin*, 1859, p. 97.

7. Ou arbalestrille (Fig. 2). On ne sait quelle est la signification du nom : bâton de Jacob. Peut-être faut-il y voir une allusion à l'échelle de Jacob.

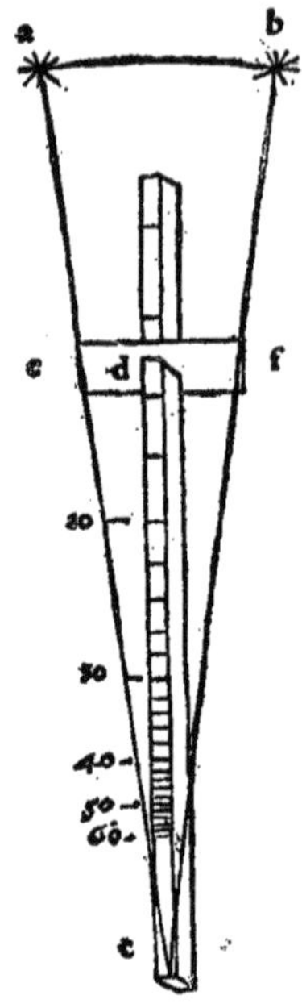

Fig. 2.
LE BATON DE JACOB
OU ARBALÈTE
Figure tirée du *Commentaire du premier Livre de Ptolémee*, par Werner, Nuremberg (1514).

sellement employé dans la marine jusqu'à l'invention du sextant, par Newton. L'arbalète était très simple : elle avait la forme d'une croix, dont le petit bras, appelé le marteau, glissait à frottement sur le grand. Voulait-on mesurer une distance, on plaçait l'œil près de l'extrémité du grand bras et on faisait glisser le marteau jusqu'à ce que les deux objets dont on voulait connaître la distance apparussent à ses deux extrémités. Le grand bras, portait des divisions, et l'on pouvait, d'après la division sur laquelle le marteau s'était arrêté, connaître la valeur de l'angle formé par les rayons visuels dirigés vers les deux objets. Régiomontan avait employé cet instrument pour mesurer le diamètre apparent des comètes. Il le décrit dans un traité qui fut publié en **1531**, à Nuremberg [1]. On lui en attribue généralement l'invention. Il est probable que Peurbach en est l'auteur [2]. L'instrument existait déjà d'ailleurs sous une forme grossière, et sans les divisions que Peurbach et Régiomontan semblent avoir eu l'idée de tracer sur le grand bras [3]. Béhaim peut l'avoir connu à Nuremberg, mais le passage de Barros invoqué par M. Breusing ne prouve nullement qu'il

1. *Joannis de Monte Regio germani viri undequaquam doctissimi de cometæ magnitudine longitudineque...* Nuremberg, 1531, édité par Schœner.

2. Dans la liste des ouvrages de Peurbach par Collimitius citée plus haut, on lit également : *Compositio novæ virgæ visoriæ cum lineis et tabula nova.* Voir Aschbach, *loc. cit.*

3. Il est décrit sous cette forme primitive dans la *Margarita* de Reisch, composée dès 1496 et publiée seulement en 1503. Cf. d'Avezac, Waltzemüller, p. 95.

l'ait fait connaître aux Portugais. Il est question, dans ce passage, d'un instrument employé par les pilotes arabes dans la mer des Indes. « Il servait, ajoute Barros, aux mêmes usages que l'arbalète, employée aujourd'hui par nos marins [1] ». On ne peut tirer de ce texte d'autre conclusion que ce fait : qu'au temps où écrivait Barros, c'est-à-dire vers 1550 [2], les marins portugais faisaient usage de l'arbalète. Or il n'est pas question de cet instrument à propos des observations faites par Vasco de Gama, que Barros décrit avec détails, et le voyage de Gama est certainement postérieur à la réunion de la junte. Le premier, parmi les auteurs espagnols ou portugais, qui ait mentionné l'arbalète est, à notre connaissance, Pigafetta, le pilote de Magellan, dans son traité de navigation [3].

Le globe que Béhaim fit construire sous ses yeux en 1491 pendant son séjour à Nuremberg est un des monuments les plus importants de l'histoire de la géographie à l'époque des découvertes. Il nous fournit une image du monde tel qu'on se le représentait à la veille même du départ de Colomb. Dessiné avec art, il contient un très grand nombre de légendes intéressantes, dont l'ensemble pourrait former un véritable traité de géographie [4].

Béhaim nous indique lui-même les sources où il a puisé. Ce sont, dit-il, les livres de Ptolémée et de Marco Polo [5]. Il

1. E porque da figura e uso dellas tratamos em a nossa geographia, em o capitulo dos instrumentos da navegação, baste aqui saber que servem a elles naquella operação que ora acerca de nos serve o instrumento a que os mareantes chamão balhestilha. Barros. Dec. I, liv. IV, ch. 6. L'ouvrage de géographie dont parle ici Barros, et où devaient être traitées les questions relatives aux instruments astronomiques n'a probablement jamais été publié.

2. L'ouvrage de Barros commença à paraître en 1552.

3. Voir plus haut, p. 33, note 1.

4. Ce globe a été reproduit pour la première fois dans Doppelmayr, puis dans l'atlas de Jomard et dans Ghillany. La Bibliothèque nationale en possède un beau fac similé.

5. « Il faut savoir que cette figure du globe représente toute la grandeur de la terre, tant en longitude qu'en latitude, mesurée géométriquement d'après ce que dit Ptolémée dans son livre intitulé *Cosmologia Ptolemæi*, savoir une partie, et ensuite le reste d'après le chevalier Marco Polo, qui, de Venise, a voyagé vers

devrait ajouter, mais il ne juge sans doute pas nécessaire de le dire, les cartes indiquant les découvertes récentes des Portugais sur la côte occidentale de l'Afrique. Si on laisse de côté cette partie, qui reproduit le tracé des portulans portugais, le globe de Béhaim offre, pour l'ancien monde, un curieux exemple des efforts tentés au xve siècle, pour concilier, ou plutôt pour juxtaposer les données empruntées à Ptolémée et à Marco Polo. Mais, tandis que les mappemondes italiennes antérieures conservaient, pour la Méditerranée, le tracé des portulans, c'est ici la carte de Ptolémée qui a servi de modèle. Béhaim est-il responsable de cette innovation? Nous ne le croyons pas. C'est d'Italie, en effet, que les Portugais, au xve siècle, firent venir les mappemondes dont ils avaient besoin. Fra Mauro, nous le savons, dessinait des cartes pour le roi de Portugal[1], et c'est Toscanelli qui fournit à Colomb la carte qui devait le guider dans sa grande découverte. Cette carte est perdue; mais, dans la lettre qui l'accompagnait, Toscanelli donne au monde connu une telle extension vers l'Orient, qu'il faut bien admettre qu'il acceptait la longueur exagérée de soixante degrés attribuée par Ptolémée à la Méditerranée. Ainsi, par le fait d'un mathématicien, l'influence de Ptolémée l'aurait emporté, même en Italie, sur celle des marins. Ce n'est là qu'une hypothèse; mais ce qu'il y a de certain, c'est que, quelques années plus tard, Jean Ruysch, dessinant en Italie la mappemonde qui fut insérée dans l'édition de Ptolémée de 1508, suit le tracé Ptoléméen. Quoi qu'il en soit, le globe de Béhaim est, pour l'Ancien Monde, une copie de la carte grecque. Toutefois une modification s'imposait : Ptolémée reliait l'extrémité de l'Inde à l'Afrique par un continent, fermant ainsi à la mer des Indes toute communication avec les mers voisines. Le récit de Marco Polo ne s'accordait point

l'Orient l'an 1250, ainsi que d'après ce que le respectable docteur Jean de Mandeville a dit en 1322. Mais l'illustre João a fait visiter en 1485 par ses vaisseaux tout le reste du globe. » Légende du globe traduite par Lelewell, t II, p. 139.

1. Voir Lelewell, t. II, pp. 90-91.

avec cette hypothèse; aussi les Italiens supprimèrent-ils cette bande de terre afin d'ajouter à l'Asie de Ptolémée celle de Marco Polo, qui, prolongée au-delà des limites de l'Asie véritable, va occuper sur les cartes la place du grand Océan et s'avancer jusqu'à cent vingt degrés de l'Espagne. Le dessin adopté par Béhaim pour cette partie est identique à celui d'un certain nombre d'autres documents contemporains, comme la mappemonde jointe au manuscrit d'Henricus Martellus Germanus [1], comme le globe trouvé à Laon et décrit par d'Avezac [2], comme un portulan portugais de la même époque [3]. C'était donc là un type de cartes répandu en Portugal à la fin du xve siècle, et dont l'original venait très probablement d'Italie.

Les pays du Nord, sur le globe de Béhaim, sont, pour l'Asie, conformes au récit de Marco Polo; les légendes renvoient à ce livre. La Scandinavie reproduit le modèle dejà imité par Dom Nicolas.

Enfin l'Afrique donne une image des découvertes auxquelles Béhaim avait lui-même participé. Toutefois il n'est pas toujours exactement renseigné : c'est ainsi qu'il connaît le cap de Bonne-Espérance, mais ne le marque pas à sa place. Toute cette partie méridionale de l'Afrique est d'ailleurs assez grossièrement dessinée.

1. On ne sait quel est ce personnage. Cette carte est reproduite dans la *Zeitsch. f. Allg. Erdkunde*, 4e série, I. 1856. Sur la côte d'Afrique on lit cette inscription : huc usque ad ilha de fonte pervenit ultima navigatio portugalensium anno 1489.

2. D'Avezac, Sur un globe terrestre trouvé à Laon, *Bullet. Soc. Géog.*, 1860, t. 20.

3. Carte portugaise de 1490 environ. Winsor en donne un croquis. *Narrat. and critical history* t. II, p. 41.

CHAPITRE IV

L'ÉCOLE ALSACIENNE-LORRAINE

Lud, Ringmann et Waldseemüller [1]

L'arrivée en Allemagne des nouvelles relatives aux découvertes. — Le duc René II de Lorraine et le gymnase de Saint-Dié. — Ringmann, son édition de la troisième lettre de Vespuce. — Waldseemüller. — Les *quatre voyages* de Vespuce et la *Cosmographiæ Introductio,* — D'où provenaient les *quatre voyages ?* — Le nom d'Amérique donné au nouveau continent. — Le globe de Waldseemüller. — L'Édition alsacienne de Ptolémée et les cartes des régions nouvelles. — Le *portulan* de Canerio. — La carte itinéraire de l'Europe. — Les cartes modernes ajoutées à l'édition de Ptolémée. — Les éditions de Laurent Friess, de Pirckeymer, de Michel Servet. — L'intérieur de l'Afrique sur les cartes du XVIe siècle. — Services rendus par l'École alsacienne-lorraine.

L'attention de l'Allemagne était donc éveillée, lorsque se répandirent les nouvelles des grandes découvertes. Ce fut avec une étonnante rapidité que celles-ci se propagèrent, et l'imprimerie allemande aida puissamment à leur diffusion. Ainsi se trouva ouvert en quelques années un champ tout nouveau aux travaux des savants, et les méthodes mathématiques, renouvelées par Régiomontan, trouvèrent immédiatement leur emploi.

Les nouvelles n'arrivèrent cependant pas toujours d'une façon régulière. Des quatre voyages de Colomb, le premier fut seul connu d'abord en Allemagne et en Europe. Le

1. On consultera particulièrement pour ce chapitre : Humboldt, *Examen critique de la geographie du nouveau continent;* Martin Hylacomylus Waltzemüller, ses ouvrages et ses collaborateurs, par un géographe bibliophile (d'Avezac) et sur Ringmann et Waldseemüller l'excellent ouvrage de M. Charles Schmidt, *Histoire littéraire de l'Alsace à la fin du* XVe *et au commencement du* XVIe *siècle.*

15 février 1493, suivant la date que donne Colomb lui-même [1], il écrivait, étant encore à bord, une relation de son voyage à Louis de Santangel, chancelier de l'intendance d'Aragon. Le trésorier Gabriel Sanchez avait reçu un duplicata de cette lettre. Il dut la communiquer au catalan Léandre de Cosco qui la traduisit en latin. C'est ce texte latin qui fut imprimé à Rome, et qui se répandit aussitôt en France, dans les Pays-Bas, en Allemagne. On en fit à Bâle, en 1494 probablement, une très belle édition, illustrée de gravures sur bois. Elle fut traduite et publiée en allemand à Strasbourg en 1497 [2].

Malgré ces différentes éditions, l'Allemagne ne semble pas cependant avoir prêté grande attention à cette lettre. Sébastien Brandt, le poète humaniste, dans un passage de sa *Nef des fous* parue en 1494, parle des régions du Nord, des pays d'Islande et de Pilappelande et aussi des îles d'Or découvertes par les Portugais et les Espagnols. Mais le nom de Colomb n'est pas prononcé, et le souvenir va s'en perdre si vite, que, lorsqu'arriveront, à leur tour, les lettres de Vespuce, c'est celui-ci qui recueillera indûment la gloire de donner son nom au nouveau continent. Il ne faut pas trop s'étonner de cet oubli; la lettre de Colomb ne parlait que d'îles nouvellement découvertes dans les Indes, dans une région vague, il est vrai, mais dont le nom n'était pas inconnu. Le titre en était modeste, et n'avait rien qui pût frapper l'imagination. Enfin on n'avait encore aucune carte où fussent représentées les terres nouvelles. Lorsqu'on connut un peu plus tard les lettres de Vespuce, l'émotion fut bien plus vive. Elles semblaient écrites, celles-ci, pour le

1. La lettre a un post-scriptum du 14 mars.

2. On compte quatre éditions romaines, trois parisiennes, une anversoise. Cf. Harrisse, *Christophe Colomb*, t. II, ch. IV.; Major, *The bibliography of the first letter of Columbus*; Ruelens, *La première relation de Ch. Colomb*, *Bull. de la Soc. belge de géog.*, 1884. p. 676. C'est M. Harrisse qui a démontré que l'édition illustrée qu'on croyait romaine est bien de Bâle. Il y a deux tirages différents de cette édition, l'un d'eux est annexé au drame sur la prise de Grenade de Verardus.

public, et non pour la cour d'Espagne; des cartes marines arrivèrent presque en même temps. Alors commença véritablement en Allemagne pour la géographie une période nouvelle. De science morte qu'elle avait été jusque-là, elle devient une science vivante. Les premiers artisans de cette renaissance ont été les Alsaciens et les Lorrains; et c'est ainsi, entre la France et l'Allemagne, que s'alluma ce foyer qui rayonna sur les deux pays.

Riche par son sol, en relations faciles avec la France, l'Allemagne et l'Italie, l'Alsace, vrai pays de passage, comptait à la fin du xve et au commencement du xvie siècle beaucoup d'esprits indépendants et ouverts. Elle n'avait pas d'université, mais celles de Bâle, de Fribourg, de Heidelberg étaient proches. Beaucoup d'Alsaciens allaient étudier plus loin encore, en Allemagne, à Paris, en Italie, et s'ils rapportaient de ces lointains voyages des idées nouvelles et surtout le culte de l'antiquité, ils conservaient ces fortes qualités de l'esprit alsacien, qui manque peut-être d'éclat, mais non de sérieux et de bon sens. Pourquoi ces humanistes alsaciens prirent-ils goût à la géographie? Uniquement parce qu'ils étaient curieux de savoir, et que tout les intéressait. Peut-être aussi, sur ce domaine, comme sur celui de l'histoire, se sentaient-ils plus libres de penser. Mais il fallait des aliments à la curiosité de ces apprentis géographes : ce furent les Lorrains qui les fournirent. Le duc René II de Lorraine, petit-fils du bon roi René, avait hérité de son aïeul le goût de la littérature et de la géographie. Vainqueur de Charles le Téméraire et possesseur tranquille de son duché, il entretint autour de lui une activité littéraire qui ne fut pas sans mérite. Ce fut lui qui encouragea, qui patronna les travaux de l'École alsacienne, et s'il mourut avant que l'œuvre eût été terminée, ce n'en est pas moins à lui qu'il faut en rapporter l'honneur. Parmi les membres de cette École, deux Alsaciens, Ringmann et Waldseemüller [1], un

1. Ringmann est connu aussi sous le nom latin qu'il se donna de *Philesius* et

Lorrain, Gauthier Lud, méritent surtout d'être connus.

C'est une des plus aimables figures parmi les humanistes alsaciens, que celle de Ringmann. Il était né en 1482 dans les Vosges, dans une verte vallée, dit-il, près des hautes cimes, peut-être dans ce joli val d'Orbey où se trouvait l'abbaye de Pæris. Très jeune, suivant la coutume, il vint à l'Université de Heidelberg. Il y eut pour maître Wimpheling[1] qui devait être en Alsace le chef incontesté de l'humanisme, et probablement pour condisciple Grégoire Reisch, l'auteur de la *Margarita Philosophica*. Il vint achever ses études à Paris, et il y fut l'élève de Lefèvre d'Étaples, le rénovateur des études mathématiques en France. Lefèvre enseignait la cosmographie, et par conséquent les quelques notions de géographie qu'on considérait alors comme l'appendice de cette science. Revenu à Strasbourg, auprès de Wimpheling et de ses amis, Ringmann fit partie de cette société d'hommes intelligents dont Érasme se plaisait un peu plus tard à vanter le charme. Obligé pour vivre de se faire maître d'école à Colmar, puis à Strasbourg, et correcteur d'imprimerie, il ne perdait point le goût des lettres; les nombreuses pièces de vers adressées à ses amis et publiées en tête de leurs œuvres, suffiraient à le prouver. Mais la géographie avait gardé ses préférences : en 1505, il publiait chez Hupfuff, à Strasbourg, une édition d'une lettre de Vespuce.

Cette lettre est le récit du troisième voyage de Vespuce, accompli du 13 mai 1501 au 7 septembre 1502. Elle avait été adressée par le navigateur à son compatriote Pierre-François de Médicis. Le dominicain Giocondo de Vérone la traduisit en latin. Ce Giocondo séjourna précisément à Paris vers cette époque; il y dirigeait la construction du pont Notre-Dame et du Petit-Pont. Ce fut lui sans doute qui donna sa traduction

Waldseemüller sous celui d'*Hylacomylus*. D'Avezac écrit sans raison sérieuse Waltzeemüller, l'orthographe Waldseemüller est plus régulière, Cf. Schmidt *op. cit.*, t. II, p. 113.

1. Sur Wimpheling, voir l'étude de M. Schmidt, *op. cit.*, t. I, pp. 1. sqq.

à Jean Lambert, l'imprimeur parisien [1]. Cette première édition parisienne fut immédiatement reproduite en France, en Italie et en Allemagne. Jean Otmar d'Augsbourg imprimait cette lettre en 1504, avant que Ringmann ne l'eût donnée à Hupfuff. Elle fut également traduite en allemand sur l'édition venue de Paris, et l'on ne compte pas moins de sept de ces éditions allemandes, les seules datées étant de 1507 et de 1508, et imprimées à Nuremberg, à Strasbourg, à Leipzig. Nous signalerons plus tard des recueils où elle prit encore place. On l'avait traduite en français, retraduite en italien d'après le texte latin. Ce fut de tous les documents géographiques de cette époque le plus universellement répandu [2].

Parmi toutes ces éditions, celle de Ringmann est la plus intéressante, Les autres sont surtout l'œuvre d'imprimeurs désireux de répandre rapidement un opuscule d'un débit assuré. Ringmann est un savant. Et d'abord il change le titre : au lieu de *Mundus novus*, il intitule cette plaquette : *De Ora antarctica per regem Portugalliæ pridem inventa* [3]. En effet, ce qui l'a frappé surtout, c'est qu'on a trouvé des terres habitables dans l'hémisphère austral. Ringmann a comparé avec soin le récit de Vespuce avec Ptolémée, et voici qu'un monde nouveau, dont n'a pas parlé le géographe grec, apparaît sous le pôle antarctique. « Notre Virgile a chanté dans son *Énéide* qu'au delà des astres que suit le soleil dans sa route annuelle, s'étend une terre où Atlas supporte sur son épaule l'axe du monde aux brillantes étoiles. Si quelqu'un en a douté jusqu'à présent, il cessera de le faire en lisant attentivement ce qu'*Albéric* Vespuce, homme d'un grand esprit et de non moins d'expérience, a raconté sans fiction d'un peuple habitant vers le Sud, et presque sous le pôle antarctique. » Il revient sur cette idée dans un petit poème que lui

1. Cf. D'Avezac, *op. cit.*, pp. 85 sqq.
2. Sur ces différentes éditions, Cf. D'Avezac, *op. cit.*, pp. 74 sqq.
3. A la fin : *impressum Argentinæ per Mathiam Hupffuf*, M. V^c. V.

inspire cette lecture : « Au delà de l'Éthiopie, et de la maritime Bassa, s'étend une terre que n'indiquent point tes cartes, ô Ptolémée..... Au loin sous le pôle antarctique est une région qu'habite un peuple d'hommes nus. Ce pays, le roi qui gouverne maintenant l'illustre Portugal, l'a découvert, en envoyant une flotte au travers des écueils de la mer. »

Quelques mois après, Ringmann partait pour l'Italie. Il était chargé, par un de ses amis, Thomas Wolf, d'aller réclamer à Pic de la Mirandole un manuscrit de ses œuvres qu'on devait faire imprimer à Strasbourg. Il passa par Fribourg en Brisgau, où il fut accueilli avec honneur. Mais au sortir de la ville il eut une aventure fâcheuse, qui jette un jour singulier sur les mœurs des savants de ce temps. Wimpheling était alors en controverse avec un humaniste de Fribourg, Jacques Locher ; on avait échangé de formidables épigrammes. Locher voulut se venger de Wimpheling sur son élève. Il s'embusqua avec quelques étudiants sur la route du malheureux voyageur et le roua de coups. Ringmann fut philosophe et se contenta de dénoncer en vers badins l'attentat dont il avait été victime [1]. Revenu à Strasbourg, après avoir réussi dans son ambassade, il traduit Jules César; mais, avant que l'édition n'eût paru, il était passé en Lorraine, et se trouvait à Saint-Dié.

Comment y fut-il amené? On ne sait. Il avait eu sans doute avec les Lorrains des rapports antérieurs. Il n'y a pas loin du val d'Orbey à la petite ville vosgienne. Il est probable que ce fut son renom de géographe qui l'y fit appeler.

La ville de Saint-Dié, qui s'était formée autour d'un monastère bâti au VIIe siècle par saint Déodat, avait un gouvernement ecclésiastique ne relevant que du Saint-Siège et de l'Empire. Mais les avoués chargés de la défense des intérêts temporels du chapitre étaient les ducs de Lorraine, devenus,

1. Cf. sur cette aventure Schmidt, t. II. p. 97.

en fait, les véritables souverains de la petite ville. A la fin du xve siècle, le chapitre comptait quelques hommes intelligents et amis des lettres : le chanoine Jean Basin de Sandacourt, Gauthier Lud, chapelain et secrétaire de René II, et d'autres encore. Ils fondèrent, à l'imitation des sociétés littéraires allemandes, un *gymnase*, et établirent une imprimerie. Le duc patronnait leurs travaux.

De toutes les occupations auxquelles se livra le gymnase vosgien, la géographie fut la plus suivie. René II aimait cette science; il était lui-même expert en cosmographie. Les savants vosgiens résolurent d'illustrer leur nom et celui de leur protecteur par une œuvre géographique importante, la plus importante de toutes celles qu'on pût se proposer alors : une édition de Ptolémée. Ringmann avait étudié Ptolémée, son édition de la lettre de Vespuce et sa préface à son ami Braun [1] en font foi. Ce fut probablement comme collaborateur qu'il fut mandé.

Il trouva là, attiré sans doute par les mêmes motifs un jeune savant natif de Fribourg, mais qui a passé presque toute sa vie en Alsace, et qui fait véritablement partie du groupe alsacien, Martin Waldseemüller. S'étaient-ils connus auparavant, on ne sait; l'histoire des premières années de Waldseemüller est obscure. Mais ils étaient à peu près du même âge et dès lors il furent amis.

On se mit probablement à l'œuvre. Mais, tandis qu'on travaillait au grand projet, d'autres préoccupations en retardaient l'achèvement. Le duc René II venait de recevoir une relation française, traduite de l'italien, des quatre voyages de Vespuce, c'est-à-dire un résumé de toutes ses explorations. A la prière de Gauthier Lud, il la confia à Jean Basin de Sandacourt pour la traduire en latin [2], et on se prépara à

1. Préface du *De Ora antarctica*.

2. Quorum etiam regionum descriptionem ex Portugallia ad te illustrissime rex Renate, gallico sermone missam, Joannes Basinus Sendacurius insignis poeta, a me exoratus, qua pollet elegantia latine interpretavit. Gauthier Lud, *Speculi orbis declaratio*. f^{o} iij. Cf. d'Avezac, *op. cit.*, p. 65.

la publier. En même temps étaient arrivées à Saint-Dié une ou plusieurs cartes marines indiquant les nouvelles découvertes; on se proposa également de les faire connaître en attendant qu'on pût les insérer dans l'édition de Ptolémée. Autant pour servir de texte à ces cartes que d'introduction à la future édition de Ptolémée, Waldseemüller écrivit un petit traité de cosmographie ou de géographie à la suite duquel furent imprimés les quatre voyages [1]. C'est la *Cosmographiæ Introductio*, qui parut à Saint-Dié en 1507, et qui a une si grande importance dans l'histoire de la géographie. De son côté, Gauthier Lud, qui depuis longtemps préparait un petit traité, avec une figure de son invention, où la terre était représentée sur un disque mobile, tournant sur un autre disque qui marquait les heures, fit paraître son livre, en se contentant d'une allusion aux nouvelles et aux cartes qui venaient d'arriver, et en renvoyant le lecteur à la prochaine édition de Ptolémée [2].

Comment les quatre voyages de Vespuce étaient-ils arrivés à la cour du duc de Lorraine? Quelles étaient les cartes marines qu'avaient entre les mains les savants de Saint-Dié, et comment leur étaient-elles parvenues?

La traduction latine des quatre voyages, œuvre de Basin de Sandacourt, qui fut insérée à la suite de la *Cosmographiæ Introductio*, est précédée d'une dédicace et d'une épître de Vespuce au roi René. Est-ce à dire que Vespuce ait envoyé lui-même au duc de Lorraine le récit de ses quatre voyages? Rien n'empêcherait de l'admettre *à priori*. Mais il faut bien remarquer que les lettres arrivèrent en français entre les mains du duc de Lorraine. Il serait bien étrange que Vespuce les eût écrites dans cette langue qu'il ignorait très pro-

1. *Cosmographiæ Introductio cum quibusdam geometriæ ac astronomiæ principiis ad eam rem necessariis, insuper quatuor Americi Vespucii navigationes*. Sur les différentes éditions de ce livre cf. d'Avezac, *op. cit.*

2. *Speculi orbis succintiss. sed neque pœnitenda neque inelegans declaratio et canon*. A la fin... *diligenter paratum et industria Johannis Grüningeri Argentini impressum*. Il n'existe qu'un exemplaire de ce livre, il est conservé au British Museum. Cf. d'Avezac, pp. 60 sqq.

blablement, ou qu'il les eût fait traduire [1]. En réalité ces lettres ne venaient pas de Lisbonne; rédigées d'abord en italien, puis traduites en français, c'est de Paris, probablement, qu'elles furent envoyées au duc, et ce n'est pas à lui que Vespuce les avait adressées, mais à un gonfalonier de Florence, Pierre Soderini. M. d'Avezac a émis en effet cette hypothèse très ingénieuse qu'il n'y a pas à tenir compte de la dédicace au roi René. D'après lui, c'est le traducteur qui, par une petite supercherie de courtisan, a substitué le nom de son maître à celui de Soderini [2]. Telle est la vraie solution du problème. Le texte italien des quatre lettres avec la préface adressée à Soderini existe; il a été publié. Les deux dédicaces sont identiques, elles ne diffèrent que par le titre donné au destinataire. Or, par une étonnante maladresse, le traducteur a laissé subsister des passages qui s'appliquent parfaitement à Soderini, mais ne peuvent se rapporter au duc. Le plus frappant de tous est celui où Vespuce rappelle à son correspondant l'amitié qui les liait pendant leur jeunesse, au temps où ils étudiaient ensemble les rudiments de la grammaire sous son oncle Georges-Antoine Vespuce. On connait l'histoire de la jeunesse de René II; il ne peut pas être question de lui dans ce passage [3].

1. Major pense que la trad. française fut faite en Portugal, mais sans la participation de Vespuce et qu'elle dut être apportée d'Italie par Ringmann. Major, *The life of Prince Henry of Portugal surnamed the navigator*. Londres, 1868, p. 382.

2. D'Avezac, *op. cit.*, pp. 44 sqq.

3. Un érudit lorrain, M. Lepage, a combattu l'opinion de d'Avezac. Lepage, *Le duc René II et Améric Vespuce, Bulletin de la Société d'Archéologie lorraine* (avril 1875). Il reproduit surtout les arguments de Beaupré : *Recherches historiques et bibliographiques sur les commencements de l'imprimerie en Lorraine, et sur ses progrès jusqu'à la fin du* XVIIe *siècle*. Tous deux admettent l'authenticité de la lettre de Vespuce. M. Beaupré ne voit pas d'inconvénient à ce que René, malgré sa jeunesse, ait accompagné en Italie son père Ferry de Vaudémont, soit en 1460, soit en 1463. Ce n'est qu'une conjecture et il est peu probable au contraire que Ferry, partant en guerre, ait emmené avec lui un enfant de neuf à douze ans. Nous savons de plus par un contemporain, Ricci, quels furent les plus illustres élèves d'Antoine Vespuce : « Antoine Vespuce, dit-il, donnait des leçons de grammaire à des jeunes gens de la noblesse et entre autres à Pietro Misser Thomas Soderini et à Améric Vespuce ». N'eût-il pas cité, quoi qu'en puisse dire M. Beaupré, un élève aussi illustre que le fils du duc de Lorraine?

Quant aux cartes marines, la question reste plus obscure. Elles sont perdues. Nous ne pourrons que chercher à déterminer, à l'aide des cartes qu'elles ont servi à dresser, ce qu'elles étaient, et d'où elles pouvaient provenir.

Ce qui a rendu si célèbre le livre de la *Cosmographiæ Introductio*, c'est qu'il est l'origine et la cause bien involontaire de cette injustice qui a fait donner au nouveau monde le nom de Vespuce, au lieu de celui de Colomb. Waldseemüller cherchant, en effet, quel nom on pourrait donner aux terres nouvelles, propose celui d'Amérique, en l'honneur d'Améric Vespuce. Voici ce passage qui porte en marge le nom *America* :

> Nunc vero et hæ partes sunt latius lustratæ, et alia quarta pars per Americum Vesputium (ut in sequentibus audietur) inventa est, quam non video cur quis jure vetet ab Americo inventore, sagacis ingenii viro, Amerigen, quasi Americi terram, sive Americam dicendam [1].

Au moment où il écrivait ce traité, Waldseemüller ne connaissait pas le nom de Colomb ; bientôt après, mieux informé, il cherchait à réparer son erreur, et écrivait sur ses cartes : cette terre a été découverte par Colomb [2]. Mais il était trop tard, et le nom proposé avait déjà fait fortune. Certes il eût été préférable de donner au nouveau continent le nom de Colomb. Mais on peut dire, pour ceux qui croient devoir encore déplorer cette injustice, qu'elle a été amplement réparée, et qu'elle n'a gêné en rien les progrès de la science géographique.

En même temps que la *Cosmographiæ Introductio*, devaient paraître deux cartes dont il est plusieurs fois question dans ce livre. Elles représentaient le monde entier, l'une sur un

1. *Cosmog. Intr.*, 1re édit. fo 15 verso.
2. La carte d' « Amérique » du Ptolémée de 1513 ne porte plus le nom America, qui se trouve sur le petit globe en fuseaux imprimé probablement à la même époque que la *Cosmog. Introd.* On y lit seulement, sur la partie méridionale, cette inscription : *hec terra cum adjacentibus insulis inventa est per Columbum Januensem ex mandato regis Castelle.*

plan, *in plano*, l'autre sur une sphère, *in solido* [1]. Le globe était de plus petites dimensions que la carte, il était par conséquent moins complet. Sur la carte au contraire les différentes régions étaient distinguées, et les armoiries des principaux souverains dessinées [2]. Waldseemüller nous dit encore que sur la carte plane il avait surtout pris Ptolémée comme guide, et, sur le globe, les documents fournis par Améric Vespuce. Ces cartes furent offertes au duc de Lorraine qui les accueillit avec faveur [3].

La carte plane est perdue. Mais il existe un exemplaire des fuseaux d'un petit globe, conservé aujourd'hui dans la collection du prince de Liechtenstein, à Vienne [4], qui, sans

1. La *Cosmog. Intr.* porte en sous titre : *Universalis cosmographiæ descriptio tam in solido quam plano*. Cf. également dans le texte : Hinc factum est ut me libros Ptholomæi ad exemplar græcum quorumdam ope pro virili recognoscente, et quatuor Americi Vespucii navigationum lustrationes adjiciente totius orbis typum (velut præviam quandam ysagogen) pro communi studiosorum utilitate paraverim. *Épit. dédic.*

2. Propositum est hoc libello quandam Cosmographiæ introductionem scribere, quam nos tam in solido quam plano depinximus. In solido quidem spatio exclusi strictissime, sed latius in plano, sicut agrestes signare assueverunt et partiri limite campum, ita orbis terrarum regiones præcipuas dominorum insigniis notare studuimus... Verso de la planche jointe à la *Cosmog. Introd.*

3. Et ita quidem temporavimus rem ut in plano circa novas terras et alia quæpiam Ptholomæum, in solido vero, quod plano additur, descriptionem Americi subsequentem sectati fuerimus. *Cosmog. Intr.*, f° 19. — Neque obliti sumus qua aurium clementia, quam hilari vultu et quam grato animo generalem orbis descriptionem ac alia etiam litterarii laboris nostri monumenta sibi oblata a nobis susceperit. Préface de Waldseemüller au duc Antoine de Lorraine, fils de René II, en tête de l'*Introductio manuductionem præstans*.

4. Une petite photographie de cette mappemonde en fuseaux, qui appartenait alors au baron de Hauslab, fut exposée en 1871 au Congrès géographique d'Anvers. Elle fut signalée alors par d'Avezac à la Société de Géog. de Paris, *Bullet. Soc. Géog.*, 1872, p. 16. Ce document, qui depuis n'avait pas attiré l'attention, appartient aujourd'hui à la belle collection du prince de Liechtenstein. Cf. Pl. II. — D'Avezac, dans la note trop brève qu'il consacre à cette carte, lui donne la date de 1509. Il suppose évidemment qu'elle doit correspondre à la description qui en fut publiée en 1509, à Strasbourg, chez Grüninger, sous ce titre : *Globus Mundi declaratio sive descriptio mundi et totius orbis terrarum globulo rotundo comparati ut sphæra solida qua cuivis etiam mediocriter docto ad oculum videre licet antipodes esse, quorum pedes nostris oppositi sunt.....* (14 feuillets). Il est évidemment question dans ce livre du petit globe, déjà annoncé dans la *Cosmographiæ Introductio* de Waldseemüller. Il y est même fait allusion, au chapitre XII, à la carte plane qui devait paraître en même temps que le globe : *Si vero id ipsum scire volueris, mappam majorem considerabis cosmographiæ planæ in qua certius et verius apprehendes secundum longum et latum extensos.* Il y eut

aucun doute est celui de Waldseemüller. Il reproduit en effet, comme le dit le texte, le tracé des cartes marines, et un détail très particulier signalé dans la *Cosmographiæ Introductio* y trouve son explication. « J'ai remarqué, dit Waldseemüller, que, sur les cartes marines, pour les régions nouvelles, l'équateur est placé autrement que dans Ptolémée [3]. »

donc, très probablement, en 1509 un tirage du petit globe que ce texte devait accompagner. Mais ce tirage fut-il le premier? La *Cosmographiæ Introductio* annonce aussi explicitement le globe que le *Globus Mundi*. Il faut donc admettre qu'il parut en 1507 en même temps que celle-ci, sans quoi les passages en question ne s'expliqueraient pas. Il n'a certainement pas fallu deux ans pour graver une planche aussi simple, et, comme il est toujours arrivé à cette époque, la même planche a dû servir à plusieurs tirages. D'ailleurs deux témoignages directs nous permettent d'affirmer que le globe parut en 1507. C'est d'abord une lettre de Tritheim, abbé de Wurtzbourg, du 12 août 1507 où on lit : *Orbem terræ marisque et insularum quem pulchre depictum in Wormatia scribis esse venalem, me quidem consequi posse optarem, sed quadraginta pro illo expendere florenos, nemo mihi facile persuadet. Comparavi autem mihi, ante paucos dies, pro ære modico sphæram orbis pulchram in quantitate parva, nuper Argentinæ impressam, simul et in magna dispositione globum terræ in plano expansum, cum insulis et regionibus noviter ab Americo Vesputio hispano inventis .... Ex Herbipoli duodecima die mensis augusti anno..... millesimo quingentesimo septimo.* Cf. D'Avezac, Waltzemüller, p. 37. Le petit globe et la carte plane dont parle ici Tritheim ne peuvent être que les deux documents de Waldseemüller. D'autre part, en février 1508, Waldseemüller adressant à son ami Ringmann une épitre dédicatoire placée en tête d'un petit traité de perspective, lui dit : *Cum his diebus Bachanalibus solatii causa qui mihi mos est in Germaniam venissem e Gallia : seu potius ex Vogesi oppido cui nomen sancto Deodato, ubi ut nosti, meo potissimum ductu labore, licet plerique alii falso sibi passim ascribant, cosmographiam universalem tam solidam quam planam non sine gloria et laude per orbem disseminatam nuper composuimus : depinximus : et impressimus.....* D'Avezac *op. cit.*, pp. 107 sqq Le mot *depinximus* montre bien qu'il s'agit ici des cartes et non pas seulement du livre.

Il y a une contradiction entre ces deux passages : Tritheim dit que les cartes furent imprimées à Strasbourg et Waldseemüller qu'elles le furent à Saint-Dié. C'est évidemment Waldseemüller qu'il faut croire. Tritheim avait sans doute acheté ou fait acheter ces cartes à Strasbourg, de là sa confusion. Le petit globe fut donc imprimé à Saint-Dié.

Le frontispice da *Globus Mundi* contient une vignette représentant un des hémisphères du globe. Le dessin correspond à celui du globe en fuseaux, une très petite portion du continent y est visible, elle porte l'inscription *nüw welt.* C'est qu'une édition allemande du *Globus Mundi*, probablement antérieure à l'édition latine avait paru en cette même année 1509 chez Grüninger, sous le titre : *Der Welt Kugel, Beschrybung der Welt und dess gatze erdreichs hie angezægt und vergleicht einer rotunden Kuglen.* Cf. Weller. *Repertorium typographicum.* La vignette fut gravée pour cette édition allemande. Elle est reproduite dans le *Fac-simile atlas* de Nordenskiöld. p. 40.

3. ..... Si te modo ammonuerimus prius, nos in depingendis tabulis typi gene-

Le fait est exact, et l'explication en est simple. Lorsque les Portugais tracèrent sur leurs portulans les côtes de l'Afrique, ils marquèrent naturellement la position de l'équateur. Il passait à l'Ouest, au sud de la Guinée. Or, si on appliquait le nouveau tracé sur la carte de Ptolémée, on constatait que sur la côte orientale la coïncidence était possible, parce que Ptolémée y place le cap Gardafui, à peu près à sa distance réelle de l'équateur, mais qu'elle ne l'était pas sur la côte occidentale, parce que Ptolémée ne connaissant pas le golfe de Guinée, l'équateur, sur sa carte, reste dans les terres jusqu'à l'extrémité du continent [1]. Il fallait donc, ou corriger l'erreur de Ptolémée, ou supposer que les marins s'étaient trompés et faire descendre la côte de Guinée jusqu'au dessous de l'équateur. Cette solution n'est naturellement pas celle des marins; c'est celle des savants. Waldseemüller l'a adoptée.

Nous avons encore une autre preuve, et celle-ci incontestable, que ces fuseaux sont bien ceux du globe de Waldseemüller. Il existe, de la *Cosmographiæ Introductio* une mauvaise édition sans date imprimée à Lyon, chez Jean de la Place, par les soins d'un certain Louis Boulonger ou Boulengier [2]. Or on a trouvé un exemplaire de ce livre muni d'une planche donnant les douze fuseaux d'un petit globe de même dimension à peu près que celui de Vienne et qui le reproduit presque exactement. Le nom d'*America* qui se trouve sur ces deux documents prouve leur parfaite ressemblance. Le

ralis non omni modo sequutos esse Ptholomæum, præsertim circa novas terras ubi in cartis marinis aliter animadvertimus æquatorem constitui quam Ptholomæus fecerit. Et proinde non debent nos statim culpare qui illud ipsum notaverint. Consulto enim fecimus quod hic Ptholomæum, alibi cartas marinas sequuti sumus. *Cosm. Intr.*, f° 19.

1. L'embarras des cartographes au sujet de la position à donner à l'équateur sur la carte d'Afrique apparaît très nettement sur un portulan publié par le Dr Hamy, *Bulletin de Géog. hist. et descript.* année 1886, n° 4. Dans la partie correspondant à l'Afrique sur ce portulan, l'équateur figure deux fois : à l'Orient il est tracé conformément à la mappemonde de Ptolémée, puis la ligne s'interrompt au milieu du continent africain et reprend environ 5 degrés plus bas pour aller passer au sud de la Guinée, conformément aux observations des marins. La date de ce portulan, suivant le Dr Hamy, doit être fixée à 1502.

2. Sur ce personnage, Cf. Marcel, *Bulletin de Géog. hist. et descrip. 1889.*

globe de Boulengier est annexé à la *Cosmographiæ Introductio*; il n'est qu'une copie du globe que nous étudions, celui-ci est donc bien le globe de Waldseemüller qui n'était, lui aussi, qu'une sorte d'appendice à la *Cosmographiæ Introductio* de Saint-Dié [1].

Quelle est la carte marine qui a servi de modèle aux géographes alsaciens-lorrains? Le globe en fuseaux est trop petit pour nous permettre de résoudre cette question, mais nous avons les cartes des régions nouvelles de l'édition de Ptolémée de 1513. Bien qu'elles ne portent pas le nom de Waldseemüller nous verrons qu'elles sont bien son œuvre. Elles furent d'ailleurs certainement gravées et répandues avant 1513. Elles sont donc contemporaines du petit globe, elles ont dû être dressées à l'aide des mêmes documents.

En tête des cartes modernes du Ptolémée de 1513, se trouve une carte marine portant les rhumbs de vents. Sur la gauche seulement ont été inscrits des chiffres de latitudes. Elle a pour titre : *Orbis typus universalis juxta hydrographorum traditionem*. C'est évidemment la copie d'une carte marine. Cette carte a d'ailleurs dù servir à tracer plusieurs cartes particulières, qui reproduisent des fragments de la première, mais à une plus grande échelle. Ce sont, d'abord : une carte d'Amérique, puis deux cartes d'Afrique, et enfin une carte de l'Inde.

1. Sur cette édition, cf. d'Avezac *op. cit.*, p. 116. Cette carte en fuseaux a été reproduite pour la première fois par le libraire Tross. On la trouve dans Stevens, *Geog. notes*, dans le *Fac-simile atlas* de Nordenskiöld et en partie dans Winsor, *Narr. and. Crit. Hist.* t. II. La disposition matérielle du globe de Lyon est identique à celle du globe de Waldseemüller. En bas de la carte, entre les fuseaux on lit cette légende : *Universalis Cosmographie descriptio tam in solido quam plano*. C'est une copie inintelligente du titre de la *Cosmog. Intr.* Il y a toutefois quelques différences entre les deux documents : sur le globe de Lyon la mer, surtout près de la côte occidentale d'Amérique, est semée d'îles placées absolument au hasard. Il en est de même sur la côte d'Afrique. C'est un embellissement de l'éditeur que nous savons être un ignorant. Une des îles du golfe du Mexique porte le nom Cod. Nous ne savons quel est le nom qui est ainsi déformé. Enfin l'Afrique du globe de Lyon contient un peu plus de noms que celle du globe de Waldseemüller. Mais tous ces noms se trouvent sur la carte d'Afrique du Ptolémée de 1513. Le nom même d'*Affrica*, écrit par deux *f* dans les deux documents, est une preuve de similititude de plus.

Or, le modèle qu'a eu sous les yeux Waldseemüller, nous le connaissons, c'est certainement une carte portugaise des premières années du XVIe siècle.

Il faut distinguer, en effet, dans l'histoire de la cartographie à l'époque des découvertes, plusieurs types de cartes. Lorsqu'un navigateur découvrait des îles ou des côtes, il en dressait le portulan. C'est ce qui a toujours eu lieu pour les expéditions officielles. Il assignait en même temps aux différents accidents de ces côtes, des noms tirés de leur aspect physique, ou des noms de saints du calendrier, le plus souvent de celui dont la fête coïncidait avec le jour de la découverte, ou encore celui d'un souverain, d'un compagnon, d'un personnage quelconque. Ces cartes, ainsi dressées par les découvreurs, devaient rester le secret des gouvernements pour lesquels elles étaient construites. Nous savons que, sous peine de mort, en Portugal, il était défendu de communiquer ce secret [1]. Il était donc officiellement impossible que les cartes d'un pays fussent connues dans le pays voisin. Aussi pouvait-il arriver, et arriva-t-il en effet, que les mêmes régions fussent découvertes par des marins naviguant sous des pavillons différents, et qu'elles reçussent des noms différents. Chaque pays aurait donc dû avoir son type particulier de cartes. Mais les princes avaient trop d'intérêt à connaître les découvertes faites par leurs voisins, pour ne pas avoir cherché à se procurer à prix d'or ces précieux documents. D'autre part les navigateurs, Italiens pour la plupart, passant du service d'un pays à celui d'un autre, apportaient certainement avec eux des cartes; leur amour propre leur faisait d'ailleurs souvent communiquer aux princes étrangers les résultats de leurs découvertes. C'est ainsi que les cartes particulières à un pays purent s'enrichir de données venues du dehors. Les Portugais purent inscrire sur leurs portulans les découvertes des Espagnols et récipro-

1. Cf. Humboldt, *Ex. crit.*, t. IV, p. 70, et Major, *Early voyages to Australia*, Hakluyt collection. V. 6.

quement. Mais s'ils connaissent bien leurs propres découvertes, celles de leurs voisins leur sont moins parfaitement connues. Ils raccordent souvent mal entre eux les différents éléments de leurs cartes d'ensemble; enfin, ils ont intérêt quelquefois à fausser la carte pour placer certaines terres dans le lot que le pape leur a assigné. Il y a donc pour les cartes contemporaines des types différents, et c'est ce qui explique la difficulté de ces études cartographiques. Ce n'est que lorsqu'on aura réuni et reproduit un assez grand nombre de portulans — et certainement les dépôts publics et les collections privées en recèlent encore, — qu'on pourra les classer exactement par familles et par types, et déterminer l'origine de chacun de leurs éléments.

Mais on peut d'une façon générale affirmer que, dans les premières années du XVIe siècle, il existe deux types principaux de portulans : le type espagnol et le type portugais. La plus connue parmi les cartes du type espagnol est celle de Juan de la Cosa, le pilote de Christophe Colomb; encore n'est-elle pas purement espagnole puisqu'on y trouve, au sud du continent américain, les découvertes portugaises de Cabral, et au nord celle des Cabot [1]. Quand au type portugais il est bien représenté par la belle carte qu'Alberto Cantino fit copier pour le duc de Ferrare [2]; mais sur ce document figurent également des éléments étrangers, comme par exemple une portion de côte correspondant à la Floride, découverte certainement par les Espagnols, et qui se rapproche au nord-est des terres découvertes par les Corte Real [3].

C'est une carte de ce type qu'ont eue entre les mains les géographes de Saint-Dié. Toutefois le portulan de Cantino, carte de luxe, et qui, pour l'Amérique du Sud, contient moins de noms que la carte de Waldseemüller [4], ne suffirait

1. Reproduite dans l'*Atlas* de Jomard. pl. XVI, XVII.
2. Publiée par M. Harrisse, dans son livre sur les *Corte Real*.
3. C'est l'opinion de M. Harrisse. *Corte Real*. p. 151, Cf. également, Stevens et Coote *J. Schœner*, p. XXXII.
4. Cf. Harrisse, *Corte Real*. p. 126.

pas pour cette raison à rendre compte de cette carte. Mais il existe du même type un portulan beaucoup plus riche en noms. Il est signé Nicolas de Canerio, de Gênes [1]. Bien qu'il ne porte pas de date, on peut lui assigner celle de 1502 environ. Ce beau portulan correspond exactement pour le tracé aux cartes de Waldseemüller. Leur nomenclature s'y retrouve en entier. C'est donc bien un portulan identique à celui de Canerio qui parvint à Saint-Dié.

Comment y était-il parvenu? En l'absence de toute donnée, toute hypothèse serait sans valeur. Ce qui semble probable, c'est que, comme les quatre voyages de Vespuce, il avait été envoyé au duc René. D'où venait-il? D'Italie, peut-être, ou même simplement de Paris où les Portugais étaient nombreux à cette époque.

Il nous reste à rechercher dans quelle mesure Waldseemüller a modifié la carte marine qu'il avait sous les yeux. Nous savons déjà que, sur son petit globe de 1507, il n'a pas suivi pour l'Afrique le tracé des portulans, mais qu'il a fait descendre la Guinée au-dessous de l'équateur. Il n'a pas non plus, pour l'Asie, accepté sur ce globe les données de la carte marine, mais il leur a substitué celles du globe de Béhaim qui avaient l'avantage de s'écarter beaucoup moins de Ptolémée. Waldseemüller avait-il entre les mains une reproduction du globe de Béhaim, on peut l'admettre ; il serait assez étrange que les Alsaciens n'aient pas connu, ce document. Mais ne l'eussent-ils pas connu, ce type de carte était assez répandu à la fin du XVe siècle pour qu'ils aient pu se le procurer. Pour le nouveau continent, la carte marine seule pouvait servir de modèle. Or, leur carte portugaise, certainement conforme aux types que nous connaissons, ne donnait encore pour l'Amérique que deux fragments de côtes : l'un pour l'Amérique du Nord, l'autre pour l'Amérique du Sud,

1. J'ai trouvé ce précieux document aux Archives du service hydrographique de la marine. Il porte dans le coin, en bas à gauche, l'indication : Opus Nicolay de Canerio Januensis. Voir appendice VII.

séparés par une lacune. Elle laissait d'ailleurs indéterminées les limites du continent à l'Ouest. Waldseemüller, sur son globe, est obligé de fixer une limite, au moins provisoire à ces terres nouvelles. Pour la partie nord, il évite cet inconvénient en masquant la limite du continent par son échelle des latitudes; mais, au Sud, il n'a pas la même ressource, et son tracé donne au continent la forme d'une île. C'est ainsi que, sans être dupe d'une erreur qu'il va propager, il divise l'Amérique en deux continents, et dessine entre les deux le détroit que cherchait Colomb. Pendant longtemps cette erreur va se perpétuer sur les globes. On remarquera que le continent sud porte le nom *America*. C'est incontestablement la première fois que ce nom se rencontre sur une carte.

Pour les cartes des régions nouvelles qui se trouvent dans l'édition de 1513, c'est la carte marine qui a servi de modèle. On ne peut relever que fort peu de différences. Sur la mappemonde, le continent sud de l'Amérique est seul indiqué, ainsi que les terres correspondant, au Nord, aux découvertes de Corte Real. C'est que le continent nord est en dehors des limites de la carte. Mais sur la carte spéciale d'Amérique de cette collection les deux continents figurent et cette fois réunis. C'est une hypothèse différente de celle que Waldseemüller avait adoptée pour le globe, mais ce n'est encore qu'une hypothèse. Pour l'Asie, les cartes spéciales suivent exactement la carte marine. Seule la péninsule de Malacca se prolonge un peu moins loin vers le Sud, probablement à cause des dimensions restreintes du cadre. Mais la carte générale, particulièrement pour l'Indo-Chine, revient au tracé de Béhaim [1].

1. On appelle quelquefois la carte ayant servi de prototype à Waldseemüller la carte de l'*Amiral*. Ce nom provient d'un passage de l'*Avis au lecteur*, que les éditeurs du Ptolémée de 1513, Œssler et Uebelin ont placé en tête des cartes modernes : « Quant à la carte marine, disent-ils, ou hydrographie, résultat des explorations très authentiques d'un amiral du Sérénissime roi du Portugal *Ferdinand*, et d'autres navigateurs, elle a été libéralement confiée aux graveurs par le ministère du duc René..... » Ce passage est très vague. De quel amiral s'agit-il? De

Quelques unes des cartes destinées à l'édition de Ptolémée, l'une d'elles au moins, la carte marine générale, durent être prêtes dès 1509 ou 1510. Mais bien des vicissitudes vinrent retarder l'achèvement de cette édition. D'abord des difficultés s'élevèrent entre les associés du Gymnase de Saint-Dié ; Lud semble avoir revendiqué pour lui seul le droit, contre lequel proteste Waldseemüller, de signer la *Cosmographiæ Introductio* [1]. La mort du duc, en 1508, dut avoir, d'autre part, pour conséquence de diminuer les ressources des Vosgiens. Quoi qu'il en soit, on voit, à partir de ce moment, l'entreprise se scinder en deux. Tandis qu'on y travaille encore à Saint-Dié, deux Strasbourgeois, Œssler et Uebelin sont associés à l'affaire, et finissent par en accaparer tout l'honneur. C'est à leurs frais que Ringmann fait un second voyage en Italie pour aller chercher un exemplaire grec de Ptolémée. D'ailleurs Waldseemüller et lui interrompent plusieurs fois leur

Vespuce? Mais s'ils parlent du roi de Portugal, Œssler et Uebelin l'appellent Ferdinand, ce qui est une preuve de l'insuffisance de leurs connaissances. Ils ne sont d'ailleurs que les éditeurs et leur témoignage ne peut être d'un grand poids. Peschel, *Gesch. d. Erdk.*, 2e édit. p. 260, note 1, a pensé que le prototype de Waldseemüller était bien une carte de Vespuce, carte dont parlerait Pierre Martyr (*De Orbe novo*, II, 10) « Charta navigatoria a Portugalensibus depicta, in quam manum dicitur imposuisse Americus Vesputius Florentinus, vir in hac parte peritus. » Son opinion s'appuie sur cette particularité que la carte d'Amérique du Ptolémée de 1513 porte sur le continent Sud-Américain : Abbatia omnium sanctorum, *abbaye* de tous les saints, traduction bizarre et fautive, pour *baie* de tous les saints. Or cette erreur se trouve dans le texte latin des quatre lettres de Vespuce publié dans la *Cosmographiæ Introductio*, et elle n'est pas le fait du traducteur de Saint-Dié puisque le texte italien des quatre lettres porte également *badia di tutti i santi*. Cette erreur répétée dans le texte et sur la carte, provient, suivant Peschel, de la même personne, et Giocondo de Vérone aurait joint à sa traduction une carte provenant de Vespuce. Cette carte, Jean Ruysch, l'auteur de la carte d'Amérique ajoutée à l'édition romaine de Ptolémée de 1508, l'aurait eue également sous les yeux, puisqu'il écrit lui aussi : *abbatia omnium sanctorum*. Ce problème a été élucidé par la publication qu'a faite M. Harrisse du portulan de Cantino, qui porte dans sa nomenclature *Abaia*, au lieu de *baia*. Il y avait donc des portulans où la faute était commise, ce qui explique comment elle a été reproduite sur un certain nombre de documents postérieurs et comment elle a passé dans le texte des quatre voyages. Cf. Harrisse, *Corte Real*, p. 119. Le portulan de Canerio donne : *baie de tuti li santi*. — Peschel cite encore un point commun qui serait, suivant lui, une erreur commune au texte des quatre voyages et à la carte : *Cananor* au lieu de *Cananea*. Cananor est la bonne leçon des portulans. Il est sur Canerio.

1. D'Avezac, *op. cit.*, pp. 54 sqq.

travail, s'il n'était pas toutefois achevé dès cette époque, pour s'occuper d'autres publications géographiques. En 1511, Waldseemüller fit paraître une carte itinéraire de l'Europe qui résumait probablement les cartes modernes correspondantes de l'édition de Ptolémée. Cette œuvre est perdue; mais nous avons une très courte description de l'Europe que Ringmann avait composée pour lui servir d'explication [1]. Ce petit livre est précédé d'une préface de Waldseemüller lui-même qui fournit des indications très précises sur ce document. C'était une carte itinéraire ; les grandes routes y étaient marquées par des lignes ponctuées, et l'intervalle de deux points correspondait à un certain nombre de milles. Comme les milles sont différents, suivant les différents pays, l'auteur fait observer que les points n'ont pas partout le même écartement. Cinq échelles différentes correspondant aux mesures de longueur des divers pays étaient placées au bas de la carte, et permettaient, à l'aide du compas, d'évaluer les distances [2]. Pour l'Allemagne, la France et l'Italie, dit encore Waldseemüller, les distances sont exactes, pour la Valachie, la Hongrie, la Pologne, l'Esclavonie et l'Espagne, elles ne sont qu'approchées [3]. Une boussole dessinée au bas de la carte indiquait la direction du Nord, et dans les marges se trouvaient les armoiries des différents souverains. Cette carte était coloriée [4]. La description donnée par Ringmann

1. Introductio manuductionem præstans in Cartam itinerariam Martini Hilacomili, cum luculentiori ipsius Europæ enarratione, a Ringmanno Philesio conscripta. — *A la fin :* Argentorati, ex officina Joannis Gruninger..... anno salutis MDXI.

2. Hoc in itineribus per puncta signatis perspicacissime dignosci poterit..... illud tamen summopere notandum magnum esse milliarium in protactione differentiam.... positæ sunt in inferiori carte loco quinque scalæ milliariorum. *Préface de Waldseemüller*, passim.

3. Sunt etiam positiones in quibusdam regionibus ad situm medium locate ut in Gualachia, Hungaria, Polonia, Schlavonia atque Hispania et non ad verum, situm, sicut in Germania, Gallia et Italia. *Ibid.*

4. On est frappé, en lisant la description de cette carte, de la ressemblance qu'elle offre avec une carte du même genre qui fut imprimée à Nuremberg par Georges Glogkendon en 1501. Cette carte routière a également des itinéraires ponctués, et dans la partie inférieure une boussole. Elle contient seulement l'Europe centrale. La section des cartes de la Bibliothèque nationale possède deux tirages différents d'une carte anonyme qui n'est pas autre chose qu'une copie de la

est très sommaire ; on remarquera qu'il donne les divisions modernes, au lieu des anciennes divisions de Ptolémée. S'il indique encore pour la France la division en Celtique, Aquitaine, Belgique, il indique aussi la division en provinces. Il y rattache la Lorraine, bien qu'elle soit « une des quatre colonnes de l'empire » parce qu'on y parle français. La fin de ce petit recueil est touchante, Ringmann prie le lecteur de l'excuser, si son latin manque d'élégance : c'est que la maladie lui a ôté ses forces [1]. Quelque temps après il mourait, à l'âge de vingt-huit ans, Waldseemüller ne dut lui survivre que d'une dizaine d'années : il était mort en 1522 [2].

L'œuvre à laquelle ils avaient consacré tant de soins ne parut qu'en 1513, chez l'éditeur Jean Schott, à Strasbourg, par les soins d'Œssler et d'Uebelin, mais, par une injustice révoltante, ni Lud, ni Waldseemüller ne sont nommés dans cette œuvre. Le nom de Ringmann n'y figure que dans une note. On pourrait ignorer que ce travail est celui des savants alsaciens, si un éditeur postérieur, Laurent Friess, n'avait rétabli la vérité et signalé Waldseemüller comme étant l'auteur des cartes

Cette belle édition résume les travaux de l'École alsacienne, et lui fait grand honneur. La traduction latine n'est pas nouvelle; Ringmann avait revu seulement la version d'Angelo. Les corrections portent surtout sur les chiffres. Il y a ajouté un index très complet. Les cartes, gravées sur bois, sont inférieures, comme netteté, aux cartes des éditions

carte de Glogkendon. Celle-ci porte le titre : Das sein dy lantstrassen durch das Romisch reych von einem Kunigreich zu dem andern dy an Teutsche land fassen von meilen zu meilen mit puncten verzeichnet... Il en existe un exemplaire dans la coll. du prince de Liechtenstein, et un autre au musée Germanique de Nuremberg. Voir Pl. 1.

1. Tu nobis ista sine elegantia et latina venustate scribentibus justam non negabis veniam, Martine, compositionis celeritatem et gravem morbi nostri infestationem attendens.

2. Et ne nobis decor alterius elationem inferre videatur has tabulas e novo à Martino Ilacomylo *pie defuncto* constructas, et in minorem quam prius unquam, fuere formam redactas notificamus... Laurent Friess, *Ad lectorem ante tabularum expositionem* de l'édit de Ptolémée de 1522.

italiennes, et particulièremenl de la belle édition romaine de 1507, elles sont cependant d'une bonne facture. L'ensemble comprend d'abord les vingt-sept cartes anciennes de Ptolémée, puis, groupées à la fin, vingt cartes modernes formant comme un atlas à part. Cette disposition n'est pas arbitraire : les éditeurs indiquent dans une note qu'ils ont tenu à séparer les cartes anciennes, comme un monument auquel on doit le respect ; mais qui ne correspond plus aux nécessités nouvelles.

Les vingt cartes modernes peuvent être divisées en trois groupes. Le premier comprendrait les cartes des régions nouvelles, qui ne sont qu'une copie très peu altérée du portulan portugais. Nous les avons précédemment étudiées, et nous n'y reviendrons pas. Un second groupe réunirait les cartes empruntées, avec ou sans modifications, à des documents existants, recueils antérieurs ou cartes marines. Nous rangerions enfin dans un troisième groupe celles où l'originalité de l'auteur est évidente, ce groupe se subdiviserait en deux : d'abord les cartes générales comme celles d'Allemagne ou de France, puis les cartes régionales, que Waldseemüller appelle chorographiques, comme celles qui représentent la Lorraine, une partie de la Suisse, les pays du Rhin. Ces dernières sont un essai de cartographie à grande échelle.

Toutes ces cartes ont un caractère commun : elles n'indiquent point les longitudes, mais seulement les latitudes. Pour les longitudes, l'auteur a la sagesse de déclarer qu'il est très difficile de les observer; quant aux latitudes, il semble prétendre qu'elles ont été astronomiquement déterminées [1]. Le procédé serait excellent, mais a-t-il toujours été suivi? Un examen rapide de ces cartes va nous montrer comment elles ont été dressées.

Un certain nombre des cartes d'Europe proviennent de la

1. Didiceris in his veram cœli latudinem observatam. Regionum quippe longitudinem scrutari laboriosum est valde. Hinc variam causat situationem dimensio quoque varia. *Ad lectorem*, en tête des cartes.

carte marine elle-même. Il en est ainsi pour l'Angleterre dont il n'existait pas encore de carte antérieurement publiée. Waldseemüller a pris pour ce pays le contour et la nomenclature de la carte marine, copiant même sur cette carte la côte voisine de l'Allemagne, qu'il aurait pu reproduire d'après d'autres documents. Il a ajouté dans l'intérieur quelques noms tirés de Ptolémée. Enfin, il a placé sur sa carte une graduation qui n'est pas celle de Ptolémée, et qui n'est pas d'accord avec la graduation correspondante du continent. Elle est d'ailleurs peu conforme à la réalité, et il est difficile de ne pas la considérer comme arbitraire.

C'est encore sur la carte marine qu'est copiée l'Italie moderne. Mais ici, l'auteur a hésité, et à la suite de l'Italie des portulans il a donné la carte d'Italie si malheureusement déformée par Dom Nicolas. L'inscription : *Differt situs novus Italiæ a situ quem posuit Ptholemeus*, indique bien l'embarras de Waldseemüller. Au moins faut-il lui savoir gré de n'avoir pas reproduit à l'aveugle les erreurs du bénédictin. Le portulan ne fournissant pas de détails pour l'intérieur, il n'a inscrit sur sa carte moderne que des noms de villes, sans fleuves ni montagnes.

La Grèce est également dessinée d'après le portulan, l'intérieur y est pauvre en noms.

C'est encore de cette source qu'est tirée la carte d'Asie mineure. Ainsi donc, quand il n'a pas d'autres documents modernes, Waldseemüller emprunte ceux des marins, de préférence à ceux de Ptolémée.

Dom Nicolas lui a fourni aussi des modèles, l'Espagne est copiée sur la carte moderne du Ptolémée de 1483, sans même que l'auteur ait songé à faire disparaître cette singulière méprise qui consiste à mettre les Açores à la place des îles Cassitérides de Ptolémée. Pour la graduation, il s'est contenté de placer la carte moderne à peu près dans le cadre de l'ancienne. Cette graduation d'ailleurs ne correspond point à celle de la France. La carte des régions du Nord, celles de Palestine et de Crète proviennent du même recueil.

Les cartes les plus intéressantes sont celles du dernier groupe. Lorsqu'on examine celles de France et d'Allemagne on est frappé de la supériorité qu'elles présentent sur les documents antérieurs. La première carte d'Allemagne imprimée se trouve dans la Chronique de Schedel, vaste recueil historique qui parut à Nuremberg en 1493, chez Koberger [1]. Les belles gravures de ce livre et probablement aussi les cartes sont de Wolgemut, le maître de Dürer, et de Pleydenwurff. Elle est dressée sur le modèle de la carte de Germanie de Ptolémée, autant toutefois qu'une carte aussi incomplète pouvait servir de modèle. Comme dans Ptolémée, le Rhin y coule directement du Sud au Nord, et le Danube de l'Ouest à l'Est. Cette carte fut reproduite, en partie, dans l'édition romaine de Ptolémée de 1508. Mais cette dernière, gravée sur cuivre, avec beaucoup plus de finesse que la précédente, contient une nomenclature plus riche ; ce qui nous permet d'affirmer que les deux cartes ne dérivent pas l'une de l'autre, mais d'un type commun, plus ou moins complètement reproduit, suivant les difficultés de la gravure [2]. Ce type commun est inspiré de Ptolémée, et ainsi l'Allemagne a commencé, elle aussi, par emprunter à la carte ancienne et a subi la loi commune. Mais elle abandonne bientôt ce premier modèle trop imparfait. La carte de Waldseemüller est d'une exactitude très supérieure à ce premier tracé. Toutefois, ce n'est point aux Alsaciens seulement qu'est dû ce progrès. Il apparaît très nettement déjà sur la carte routière imprimée en

1. Ce magnifique volume porte au frontispice : Registrum hujus operis libri cronicarum ac figuris et ymaginibus ab inicio mundi. Et à la fin : Adest nunc studiose lector finis libri cronicarum....... Ad intuitum autem et preces providorum civium Sebaldi Schreyer et Sebastiani Kamermaister hunc librum dominus Anthonius Koberger Nuremberge impressit. Adhibitis tamen viris mathematicis pingendique arte peritissimis Michaele Wolgemut et Wilhelmo Pleydenwurff. — Anno salutis nostræ 1493.

2. M. Nordenskiöld qui reproduit dans sa collection cette carte romaine pense qu'elle doit être la carte d'Allemagne de Nicolas de Cusa dont il est question dans le catalogue d'Ortel. Munster a donné une description très exacte de la carte de Nicolas de Cusa, elle ne concorde pas avec celle-ci. Voir cette description à l'appendice VIII.

1501 à Nuremberg par Georges Glogkendon et dont on ne connaît pas l'auteur [1]. Grossièrement gravée, cette carte itinéraire, plusieurs fois reproduite, a dû être d'un grand usage en Allemagne. On voit clairement comment elle a été faite; c'est une carte pratique, dressée pour les voyageurs, à l'aide des itinéraires existants, sans préoccupations, sans parti-pris scientifiques. C'est là ce qui en fait la supériorité. Waldseemüller, en dressant sa propre carte itinéraire de l'Europe centrale, avait, pour ainsi dire, vérifié ce travail; aussi est-ce le modèle qu'il adopte pour sa carte d'Allemagne. Mais il ne le copie pas servilement. La carte de Glogkendon était en un point fort incorrecte : la Havel et la Sprée y étaient représentées comme deux fleuves parallèles aboutissant dans la Baltique à l'Ouest de l'Oder. Waldseemüller corrige l'erreur pour la Havel, mais la laisse subsister pour la Sprée. Le pays de Brandebourg était évidemment encore fort mal connu.

Pour l'Europe orientale, nous savons, par Waldseemüller lui-même, combien les renseignements précis lui faisaient défaut [2], aussi n'a-t-il point cherché pour ces régions à innover : il a reproduit simplement le meilleur modèle qu'il y eût alors, la partie orientale de la carte d'Allemagne de l'édition romaine de Ptolémée précédemment citée; c'est-à-dire une carte analogue à celle de la Chronique de Schedel. Mais cette carte italienne est plus étendue vers l'Orient que la carte allemande; des documents italiens ont servi à la compléter. C'est ainsi que la nomenclature de la côte occidentale de la mer Noire est celle des portulans. Toutefois le type général reste ptoléméen. On remarquera que, pour les latitudes, cette carte ne correspond pas exactement avec la carte d'Allemagne. Il semble que Waldseemüller ait ainsi tenu toujours à distinguer les cartes qu'il empruntait à des travaux antérieurs de celles qui étaient son œuvre personnelle.

1. Voir plus haut, p. 57 n. 4.
2. Voir plus haut, p. 57.

La carte de France offre la même supériorité sur celle de Dom Nicolas. Ce n'est plus la France des portulans, telle que la reproduisait Berlinghieri, c'est encore moins celle de Ptolémée. Du premier coup, Waldseemüller obtient un tracé qui ne sera guère amélioré avant les mesures astronomiques entreprises au XVIIe siècle par l'Académie des sciences. A-t-il eu à sa disposition, comme pour l'Allemagne, un type déjà amélioré, nous l'ignorons, mais à coup sûr, comme pour l'Allemagne, c'est à l'aide d'itinéraires que cette carte a été redressée. On y prend sur le fait, entre Genève et Valence, l'emploi d'un routier. Toutes les stations, à défaut d'autre document plus précis, y sont placées sur une même ligne. Partout le progrès est donc dû à l'abandon du parti-pris scientifique et au retour à l'expérience.

Les cartes à grande échelle de Lorraine, d'Alsace, de Suisse sont toutes nouvelles. Elles portent une graduation en latitude, mais par degrés seulement, ce qui rend cette graduation illusoire. Ce sont des croquis assez exacts du pays, et leurs résultats sont entrés dans les cartes générales.

Malgré des imperfections inévitables, l'œuvre cartographique de Waldseemüller est bonne. Encore hésitant quelquefois et pour des régions lointaines, il est de moins en moins inféodé à Ptolémée. Ayant dressé lui-même des cartes sur le terrain, il sait s'entourer de documents sérieux. Il ne méconnaît pas l'importance des données astronomiques, mais dans l'impossibilité où il est d'en avoir de précises, il n'en use que très sobrement. Il est de la bonne école, de celle qui tient compte des faits et qui n'est point l'esclave de la tradition.

L'édition de 1513 dut se répandre très rapidement, car dès 1520 on la réimprimait sans changements importants, avec les mêmes cartes. Elle fut encore reproduite en 1522 et en 1525 à Strasbourg, en 1535 à Lyon, en 1541 à Vienne en Dauphiné [1]. Pendant plus de vingt-cinq ans, jusqu'à l'appa-

1. Voir pour les indications bibliographiques relatives aux éditions de Ptolémée, Winsor, *A bibliography of Ptolemy's geography*.

rition de l'édition nouvelle imprimée à Bâle par Munster en 1540, c'est dans l'œuvre des Alsaciens qu'on étudia Ptolémée, et leurs cartes furent les plus connues. Tandis que les premières éditions de Ptolémée étaient surtout italiennes, pas une édition italienne ne paraîtra entre 1511 et 1548. C'est un hommage rendu à Ringmann et à Waldseemüller. Toutefois les quatre dernières éditions signalées ne sont plus la reproduction exacte de celle de 1513.

L'édition de 1522 est l'œuvre de Laurent Friess, un Alsacien de Colmar, qui se fixa en 1519 à Strasbourg, et devint, vers 1524, médecin de la ville de Metz. Son édition est de format moindre que celles de 1513 et de 1520, et les cartes elles-mêmes ont été réduites et quelquefois déformées, comme la France qui n'est qu'une grossière imitation de celle de Waldseemüller [1]. Mais il ajoute aussi de nouvelles cartes : il a deux planches nouvelles pour l'Asie orientale, elles sont copiées sur le globe de Béhaim et ne s'accordent point avec les autres ; il a surtout une mappemonde marine qu'il place à la suite de la mappemonde de Waldseemüller. Cette carte, intitulée : *Orbis typus universalis juxta hydrographorum traditionem exactissime depicta*, est construite suivant les procédés des marins. Elle est grossièrement gravée, et très inférieure, comme exactitude, à la carte de Waldseemüller. L'Orient y a une forme bizarre, l'Indo-Chine y descend au dessous de l'équateur. Le nouveau continent porte le nom *America*. Friess a-t-il eu des documents nouveaux pour construire cette carte ? Il est certain qu'il a consulté autre chose que l'édition de 1513; les modifications qu'il apporte à la carte d'Afrique, la vignette qu'il dessine sur sa carte d'Amérique, et qui vient certainement d'un portulan, en

1. M. Wauters. (Cf. p. 66), reproduisant une opinion de Lelewell, *Géog. du moy.-âge*, II. 143, croit que les cartes de l'édition de 1522 sont un remaniement fait par Waldseemüller lui-même. Cette opinion ne peut pas se soutenir, même en admettant la lecture inexacte qu'a faite Lelewell du passage de l'*Ad lectorem*, f° 100 verso, sur lequel il s'appuie. Il cite ainsi ce passage : Has tabulas e novo a Martino Ilacomylo, pie defuncto, constructas, et in minorem quam prius unquam fuere formam redactas *esse* notificamus. Il n'y a pas dans le texte le mot *esse*.

sont la preuve. Il avait autre chose encore, lorsqu'en 1525 il préparait une grande carte marine en douze fragments, accompagnée d'une explication en allemand [1]. La seule portion de cette carte qui nous soit connue, contient des noms qui ne sont pas sur l'Amérique de 1513 ; le livre parle du Brésil et de la terre de Conterat (Cortereal) [2] inconnus à Waldseemüller. Ces deux derniers noms, il a pu les prendre dans des documents connus en Allemagne de son temps [3]. Quant aux cartes, s'il en a eu de nouvelles, elles ne différaient point du type qu'avait reproduit Waldseemüller [4]. Elles n'introduisaient point dans la cartographie un tracé nouveau. Friess ajoute aux cartes des Alsaciens, mais n'en modifie pas le contour ; et c'est là le point important.

La plus curieuse de ces additions est celle qu'il introduit sur sa carte d'Afrique. Au sud des montagnes de la Lune où le Nil prend sa source, Friess dessine un grand lac, le lac *Saphat,* où aboutissent trois fleuves qui se perdent dans les terres. Quelques noms de villes sont inscrits autour du lac : *Elesia, Megmedes, Carma, Sagaca, Mechiranca, Galilla.* Deux rois sont représentés assis sur leur trône. C'est la première fois qu'on voit figurer sur une carte imprimée ces fleuves et ces lacs de fantaisie qui, pendant deux siècles, vont remplir le continent africain et qui ont pu faire croire que dès le XVIe siècle tout l'intérieur de l'Afrique avait été re-

1. Uslegung der Mercarthen oder cartha marina Darin man sehen mag wo einer in der welt sey und wo ein yetlich landt wasser und stadt gelegen ist, das alles in dem büchlin zu finden. *A la fin :* Gedr. zu Strasburg von Johannes Grieninger und wollendet uff sant Erasimus tag im iar 1527 (26 feuillets). — (A la bibliothèque de Bâle). — Il en existe un exemplaire daté de 1530 à la bibl. de Vienne. Ni l'un ni l'autre de ces exemplaires ne contient la carte marine. Winsor, *Narr. and Crit. hist.*, en a reproduit une des sections, t. II, p. 127.

2. La première mention du nom de Cortereal en Allemagne se trouve dans la lettre de Pasqualigo insérée dans le Recueil de Ruchamer, traduction allemande des *Pæsi novamente ritrovati*, et qui parut en Allemagne en 1508.

3. Copia der Newen Zeitung auss Presillg landt. Cf. Wieser p. 29.

4. D'après Winsor, *Narrat. and Crit. hist.*, t. II, p. 128, Friess parlerait lui-même des cartes originales qu'il aurait eues entre les mains, mais sans les nommer. Il nous est impossible de trouver dans l'*Uslegung* aucun passage de ce genre.

connu par les Portugais. M. Wauters [1] a très heureusement montré d'où provenaient ce dessin et cette nomenclature. Le lac *Sahaf*, ou *Saph*, et les villes qui l'entourent figurent déjà, en 1459, sur la carte de Fra Mauro, qui les place, il est vrai, en Abyssinie. Il avait reçu, en effet, des informations par des moines abyssins, par ceux peut-être qui vinrent au Concile de Florence en 1444. « Tout ce dessin, dit-il dans une légende de sa mappemonde, je l'ai eu de personnes qui m'ont dessiné de leurs mains propres toutes ces provinces, et villes et fleuves et montagnes avec leurs noms et habitants, lesquelles personnes sont nées dans ces pays-là, et sont des religieux, mais je n'ai pu mettre toutes ces choses avec leur ordre convenable faute de place. » A mesure que la carte de l'Afrique se prolongea vers le Sud, ces données furent placées plus au sud également, et finirent par occuper l'Afrique australe. Il n'y a rien sur la carte très remplie de Béhaim qui ne se trouve déjà sur celle de Fra Mauro. Les documents italiens ayant passé en Portugal et en Espagne, l'erreur a pu être enregistrée sur quelque carte marine, et c'est peut-être sur une carte de ce genre que Friess l'a prise pour la reproduire. Quoi qu'il en soit de l'origine de cette erreur, on peut affirmer que le tracé qu'on voit figurer sur cette carte, dans l'Afrique australe, provient de l'Abyssinie. Sur la carte de Friess les fleuves qui aboutissent au

1. M. Wauters a consacré une série d'articles, dans le *Bulletin de la Société belge de géographie*, à la question de savoir si les indications des anciennes cartes, pour l'intérieur de l'Afrique, reposent sur des explorations contemporaines : *Le Zambèze, son histoire, son bassin, son cours, ses produits, son avenir. Bullet. soc. belge de géog.*, 1878-79; *L'Afrique centrale en 1522. Ibid.* 1879, pp. 94, 136 ; *Le Congo et les Portugais*, réponse au mémorandum publié par la *Société de géog. de Lisbonne*, *Ibid.* 1883. p. 235. La thèse opposée à celle de M. Wauters a été soutenue par les écrivains portugais, particulièrement par M. Lucien Cordeiro, *L'hydrographie africaine au* XVIe *siècle, d'après les premiers explorateurs portugais*, Lisbonne 1878. Le Père Brucker, tout en admettant les conclusions de M. Wauters relativement à la cartographie, croit cependant qu'il a pu y avoir des explorations faites. Père Brucker, *L'Afrique centrale des cartes du* XVIe *siècle. Nouvelles études sur les origines de la cartographie africaine. Études religieuses, philosophiques...par des pères de la Compagnie de Jésus.* Lyon 1880, t. V, p. 559.

lac Sahaf ne vont pas jusqu'à la mer. Mais sur les cartes postérieures on les prolongera et on aura ainsi des cours d'eau qu'on a pu prendre de nos jours pour le Congo, le Zambèze et même pour le Niger et le Sénégal. Nous saisissons donc là, sur le fait, l'origine d'une erreur qui se perpétuera jusqu'au XVIIIe siècle, lorsque Delisle, ne pouvant trouver de base scientifique à tout ce dessin conventionnel de l'intérieur de l'Afrique, se résoudra à l'effacer et à laisser en blanc sur la carte les régions inconnues.

Les cartes de l'édition de Friess servirent encore provisoirement à l'édition que donna en 1525 un savant de Nuremberg, Pirckeymer, auteur d'une traduction nouvelle très améliorée, et qui se proposait, lui aussi, de dresser de nouvelles cartes [1]. C'est cette édition de Pirckeymer, toujours avec les planches de Friess, que reproduit Michel Servet à Lyon en 1535, puis à Vienne en 1541. L'édition de Lyon est célèbre ; c'est dans une notice imprimée sur le verso d'une de ses cartes que se trouve le passage relatif à la Palestine où Servet déclare que ce pays n'est point la terre merveilleuse dont parle la Bible, mais une région aride et déserte, passage qui fut une des causes de sa condamnation à mort [2]. Et cependant cette phrase n'était point de Servet, mais bien de Laurent Friess, il eût été facile de le constater, puisqu'elle figure déjà dans les éditions de 1522 et de 1525. C'est encore Servet qui en quelques lignes ajoutées à la notice sur l'Amérique proteste le premier contre l'injustice faite à Colomb [3]. En bon Espagnol il ne voulait point qu'on pût attribuer aux Portugais l'honneur de la découverte.

1. Ego quidem, si deus permiserit novas aliquando tabulas edere constitui, meridianis equidistantibus, ut Ptolemæus jubet. *Préface de Pirckeymer.*

2. Scias tamen, lector optime, injuria aut jactantia pura, tantam huic terræ bonitatem fuisse ascriptam eo quod ipsa experientia mercatorum et peregre proficiscentium hanc incultam, sterilem, omni dulcedine carentem depromit. Le passage fut supprimé dans l'édition de 1541.

3. Toto itaque quod aiunt aberrant cœlo, qui hanc continentem Americam nuncupari contendunt, cum Americus multo post Columbum eandem terram adierit, nec cum Hispanis ille sed cum Portugallensibus ut suas merces commutaret se contulit.

Il faut rattacher encore à l'œuvre de Waldseemüller deux cartes qui en dérivent. L'une appartient à un recueil imprimé à Cracovie en 1512, et qui contient des descriptions de pays tirées d'Æneas Sylvius et d'Isidore de Séville. Dans ce livre se trouve une mappemonde très grossièrement gravée, et qui représente le nouveau monde d'après le tracé des Alsaciens. Bien qu'elle ait paru un an avant l'édition alsacienne de Ptolémée, elle est cependant inspirée de la mappemonde de Waldseemüller, ce qui nous prouve que la carte avait été répandue avant que le livre fût terminé. L'auteur, Jean de Stobnicza, donne déjà dans son livre le nom d'Amérique au continent nouveau [1]. Il emprunte donc visiblement à Waldseemüller.

Enfin la *Margarita Philosophica*, dans l'édition de 1515, contient une carte très grossière copiée, elle aussi, sur la carte alsacienne. On y remarque toutefois deux particularités curieuses : le continent sud y porte le nom de *Paria seu Prisilia*, et le continent nord celui de *Zoana Mela*. Le nom de Brésil est, en effet, déjà connu en Allemagne à cette époque, et nous verrons que celui de Paria repose sur une interprétation hasardée d'un passage des quatre lettres [2]. Quant à celui de Zoana Mela, qui pendant longtemps a dérouté toutes les recherches, un érudit, auquel l'histoire de la géographie allemande est redevable de quelques excellents travaux, M. Wieser, en a expliqué l'origine [3]. Il est emprunté à la traduction faite par Jobst Ruchamer du recueil italien intitulé *Pæsi novamente ritrovati*... Ce Zoana Mela est déjà dans le recueil italien et ce nom provient d'une mauvaise lecture du manuscrit primitif, Zoana n'étant autre chose que Johanna, le nom donné par Colomb à l'île de Cuba, et Mela, qui était écrit en deux mots *(Me la)*, le commencement

1. Stobnicza reproduit presque textuellement, verso du f° VII, le passage de la *Cosmographiæ Introductio* sur le nom d'Amérique.

2. Voir plus loin p. 89.

3. Franz Wieser, *Ein Beitrag zur Geschichte der Erdk. in den ersten decennien des* XVI *Jahr. Zeitsch. fur wissenschaftliche Geog.*, t. V. fasc. 1.

de la phrase suivante maladroitement considéré comme un nom propre [1]. En aucune manière la carte de la *Margarita Philosophica* n'est un progrès sur celle de 1513.

L'École alsacienne ne survécut point à Ringmann et à Waldseemüller. Non pas que l'Alsace se soit à partir de ce moment désintéressée de la géographie; plus d'une fois encore on imprimera à Strasbourg des œuvres géographiques; mais les circonstances qui avaient aidé au développement de cette école, et surtout l'appui du duc René II ne se retrouvèrent plus. Elle échappe en partie à l'influence allemande; ni Ringmann ni Waldseemüller ne sont des astronomes : mais elle a rendu aux Allemands l'inappréciable service de les mettre immédiatement au courant des grandes découvertes de Colomb, et par là de les détourner de la science traditionnelle des livres pour les amener à l'étude des faits, et à la réflexion personnelle [2].

1. Et in questa prima navigatione scopersono sei insule sole do delle quali de grandecia inaudita, una chiamò la Spagnola, l'altra la Zoanna. *Ma la* Zoanna non ebbe ben certo che la fussi insola. Ms. de Ferrare contenant la première décade de P. Martyr, cité par Wieser.

2. Je n'ai pas mentionné, dans ce chapitre, la théorie récemment émise par M. Jules Marcou (Bull. Soc. Géog. 1888, pp. 480, 630) sur l'origine du nom d'Amérique. En contradiction avec les faits précis énoncés dans les pages précédentes, elle ne peut pas résister à une critique sérieuse.

CHAPITRE V

L'ÉCOLE DE NUREMBERG

Jean Schœner et ses globes.[1]

L'École de Nuremberg et ses patrons : Peutinger et Pirckeymer. — Importance du grand commerce allemand au commencement du XVIe siècle. — Relations directes avec les Indes. — Tentatives allemandes d'établissement au Vénézuela. — Le *Fondaco* des Allemands à Venise. — Premiers recueils consacrés aux voyages de découvertes. — Le recueil de Vicence et sa traduction en allemand par Jobst Ruchamer. — Les globes de Schœner. — Progrès des idées de Schœner. — L'introduction sur les cartes d'un continent austral. — Quels documents a-t-il utilisés ? — Le globe de 1533 et la carte d'Oronce Finé. — Quel est l'original ? — Schœner renonce à construire des globes. — Pierre Apian et ses cartes.

L'héritage des Alsaciens fut recueilli par les Nurembergeois. Une fois le premier élan donné, l'impulsion se transmet de proche en proche et rayonne dans toute l'Allemagne du sud. Pendant la période qui suit l'apparition du Ptolémée de Strasbourg, la géographie est en grand honneur dans les pays du haut Danube, et le nombre des travailleurs explique la diversité des travaux. Les uns continuent à enregistrer les

1. Consulter sur Schœner : Doppelmayr, *Historische Nachricht*; Wieser, *Magalhaes Strasse und austral Continent*; Wieser, *der verschollene Globus des Johannes Schœner von 1523 wiederaufgefunden und kritisch gewürdigt. Sitzungsb. der Kais. Akademie der Wissenschaften in Wien, Phil-hist. classe*. Band. CXVII, Vienne 1888; Stevens et Coote, *Johann Schœner, professor of mathematics at Nuremberg, a reproduction of his globe of 1523, long lost*. Cet ouvrage contient la bibliographie des œuvres de Schœner. Un opuscule de M. de Varnhagen, *Jo. Schœner e P. Apianus (Benewitz) influencia de um e outro e de varios de seus contemporaneos na adopção do nome America*, Vienne 1872, n'est pas en librairie.

Sur Apian : Günther, *Peter und Philipp Apian, Zwei deutsche Mathematiker und Kartographen*.

découvertes, et à améliorer la carte d'Europe ; d'autres modifient les systèmes de projections pour les accommoder aux nécessités nouvelles ; d'autres enfin essaient de résoudre les problèmes cosmologiques, sur lesquels l'antiquité et le moyen âge avaient tant discuté. Cette école n'a donc point l'unité de l'école Alsacienne ; son champ de travail est plus vaste, mais c'est avec raison qu'on peut l'appeler l'École de Nuremberg. Cette ville est, en effet, pendant toute cette période, le centre des études géographiques en Allemagne et le souvenir de Régiomontan y reste présent à tous les esprits. C'est bien, en effet, le programme de Régiomontan que tous ces savants vont chercher à remplir. Quelle qu'ait été la nature de leurs travaux, ils sont avant tout des mathématiciens. Comme leur maître, c'est par l'astronomie qu'ils arrivent à la géographie.

Nuremberg et Augsbourg, qui auprès d'elle mérite une place à part dans l'histoire de cette École, étaient alors les plus brillantes, les plus florissantes parmi les villes de l'Allemagne du sud. C'étaient les deux grandes étapes de la route qui du nord de l'Allemagne menait en Italie ; c'étaient les deux grands entrepôts des marchandises venues par les cols des Alpes et qui de là se répandaient dans tout le pays. Maîtresses d'elles-mêmes, ces deux villes sœurs pouvaient traiter d'égal avec les républiques marchandes italiennes. Leur prospérité matérielle et leurs relations avec l'Italie y avaient fait naître le goût des arts. Patries de Dürer et d'Holbein, elles furent les deux capitales de la renaissance allemande. La géographie ne leur est pas moins redevable : les savants de cette école y trouvèrent leurs patrons comme les Alsaciens et les Lorrains avaient eu le leur en René II. Ce furent ces bourgeois grands seigneurs, dont les noms, à juste titre, sont restés populaires en Allemagne : Peutinger à Augsbourg, Pirckeymer à Nuremberg. Rien de plus semblable que l'histoire de ces deux hommes : tous deux appartiennent à d'anciennes familles enrichies par le grand commerce ; tous deux vont étudier en Italie et y prendre le goût des lettres et des arts ; tous deux occupent dans leur patrie de hautes situations politiques et deviennent conseillers de l'empereur. Peutinger est employé à des missions diplomatiques, Pirckeymer commande les contingents de sa ville natale dans une guerre contre les Suisses. Ils sont surtout les agents les plus actifs de la renaissance en Allemagne, réunissant autour d'eux les artistes et les savants, subvenant à leurs besoins, faisant éditer leurs ouvrages. Peutinger est bien connu des géographes. Il a eu la bonne fortune de donner son nom à une grande carte itinéraire du monde romain, l'un des plus précieux documents que l'antiquité nous ait transmis [1]. Son ami Conrad Celtès l'avait trouvée et achetée à Worms. Il la lui avait offerte, à condition qu'il la fît reproduire par la gravure. Ce travail interrompu par la mort de Peutinger fut achevé ensuite par les soins de ses héritiers. C'est donc par un hasard qui n'a rien d'injuste que le nom de Peutinger est resté attaché à cette carte. Il se tenait d'ailleurs parfaitement au courant des nouvelles géographiques, traduisait des journaux de route ou des récits de voyageurs [2]. Toutefois il fut surtout archéologue, et son rôle est moins important que celui de Pirckeymer.

Celui-ci a plus de curiosité d'esprit encore que Peutinger; il a touché dans ses écrits à plus de sujets, il a plus fait pour

1. Pour l'histoire de la carte de Peutinger, consulter Ersch et Gruber 3e sect. t. XX.; la préface de Mannert, *Tabula itineraria Peutingeriana*, Leipzig, 1824 f°. Cf. aussi d'Avezac, *Mémoire sur Ethicus*, *Mém. prés. à l'Acad. des Inscrip.*, t. II. M. E. Desjardins avait entrepris et a presque achevé un vaste commentaire de la carte de Peutinger.

2. Cf. R. Greiff, *Brief und Berichte über die frühesten Reisen nach Amerika und Ostindien aus den Jahren 1497 bis 1506, aus Dr Conrad Peutinger nachlass. XXVI Iahresbericht des hist. Kreis Vereins im Reg. Bez. von Schwaben und Neuburg, für das Iahr 1860.* Augsbourg 1861. On trouve parmi les documents indiqués dans cet article : *Brief von d. Portog. Meerfahrt (30 mars 1503) aus d. Longobard. im Deutsch. übersetz von Dr Conrad Peutinger und Christ. Welser sein Schwager; Handels Brief Anthoni Welsers (Augsb 10 dec. 1504) an Dr Conrad Peutinger und Auszug eines Briefes der Welser compa. in Antorff (18 nov. 1504); Ausz. ein. Brief. des Valentinus Moravus an Dr Conrad Peutinger auss Lissabon vom 16 aug. 1505.* Cf. aussi dans Schmeller, *Abhand. der I. Kl. d. K. Akad. der Wissensch. München*, IV. t. III. des extraits d'un autre récit adressé par un Allemand de Lisbonne à Peutinger. La bibl. de Munich possède un exemplaire unique de ce récit.

les savants et les artistes ; il a été l'ami de Dürer. On connaît son beau portrait gravé par le maître. Quelle bonhomie sur cette intelligente et puissante figure ! C'est bien le personnage que l'histoire nous représente, aimant à réunir ses amis à sa table, point ennemi parfois d'une plaisanterie à l'allemande, mais homme de goût et de savoir. Pirckeymer doit être compté parmi les véritables géographes. Outre sa description de l'Allemagne [1], il a donné une édition de Ptolémée, celle de 1525, qui n'est, nous l'avons vu, pour les cartes qu'un second tirage de celle de Friess, de 1522. Mais le texte en est entièrement modifié. Pirckeymer reprochait au premier traducteur Angelo d'avoir mieux su le grec que les mathématiques, et à un de ses compatriotes, Werner, dont l'œuvre est restée inachevée, d'avoir été meilleur helléniste que mathématicien. Il se proposa de remédier à ces deux défauts, et sa traduction est en fait, pour l'intelligence du texte et l'exactitude des chiffres, supérieure à celles de ses devanciers. C'est celle qu'a adoptée Mercator pour son édition de 1584. Pirckeymer a ajouté à son œuvre les notes de Régiomontan sur les erreurs commises par Angelo. Il se proposait de faire graver de nouvelles cartes et de revenir au système des projections rectangulaires abandonné par Dom Nicolas. Il voulait aussi réformer les cartes elles-mêmes, prendre pour points de repère les positions rectifiées de son temps par des observations directes, surtout pour les régions du Danube si défectueuses, dit-il, dans Ptolémée [2]. L'œuvre était difficile et peut-être prématurée ; mais le principe était excellent. Il sera souvent encore question de Pirckeymer dans cette étude. Son nom est mêlé à toute l'histoire de cette École de Nuremberg qu'il a, plus que tout autre, contribué à grouper.

1. Pirckeymer, préface de l'édit. de Ptolémée de 1525, fo 2. Dans un très curieux passage de cette préface, Pirckeymer explique comment, suivant lui, les erreurs de chiffres ont pu s'introduire dans les mss. C'est une remarque très judicieuse sur la critique des textes.

2. *Germaniæ ex variis scriptoribus perbrevis explicatio, authore Bilibaldo Pirckeymero consiliaro cæsareo.*

Ce fut surtout par l'intermédiaire du grand commerce allemand, que les nouvelles se répandirent dans ce milieu, par les Welser d'Augsbourg, parents de Peutinger, par les Fugger, les Hochstetter [3]. On aura une haute idée de l'intelligence et de l'activité commerciales de ces hommes, lorsqu'on saura que dès 1503 les Welser envoyaient à Lisbonne un agent chargé de traiter avec le roi de Portugal pour la formation d'une Compagnie de commerce allemande. Le roi autorisa cette création à condition que les vaisseaux de la Compagnie seraient construits en Portugal, et montés par des Portugais. Un second envoyé des Welser, qui séjourna, à Lisbonne de 1505 à 1508, équipa et chargea trois vaisseaux qui partirent en 1505 avec l'expédition de D'Alméida et rentrèrent en 1506. Deux Allemands d'Augsbourg, Balthazar Sprengel et Hans Mayr, furent même du voyage, et en donnèrent le récit. Celui de Sprengel fut publié en 1509, et Peutinger put écrire avec fierté dans une lettre : « C'est un grand honneur pour nous, Augsbourgeois, d'avoir été les premiers Allemands qui aient vu l'Inde. » Cette première expédition fut fructueuse, bien que le roi de Portugal eût prélevé 40 0/0 sur les bénéfices, et que toutes les opérations d'achat et de vente eussent été faites par l'intermédiaire des Portugais. Aussi de nouveaux navires furent-ils équipés par la Compagnie et firent-ils partie de l'expédition de Tristan d'Acunha en 1506. Mais deux d'entre eux coulèrent ; il y eut procès avec la couronne de Portugal. Les Allemands cessèrent de faire le commerce directement avec les Indes. Mais plus tard des tentatives du même genre furent reprises. Charles-Quint empereur, les Allemands devenaient sujets du roi d'Espagne.

1. Sur les voyages des Allemands aux Indes, voir Ruge, *Gesch. des Zeit. d. Entdeck.* pp. 148 sqq. ; Kunstmann, *die Fahrt der ersten Deutsch. nach dem portug. Indien*, Munich 1861. Winsor, *Narr. and Crit. hist.* t. II. pp. 577 et 584 ; V. Klœden. *Die Welser in Augsburg als Besitzer von Venezuela. Zeitsch. f. Allg. Erdkunde*, Berlin V[e] année 1855 p. 433. — Dans ses *Sermones convivales*, parus en 1504, Peutinger parle de ces expéditions : Speramusque propediem, auspicio invicti Cæsaris nostri et adsensu Lusitani regis, nostros Augustenses, navibus propriis atque mercibus Indiam petituros, res profecto admiranda,

Cette même maison des Welser obtint de lui, en 1528, l'autorisation d'établir une colonie au Vénézuela. On se proposait de découvrir cette fameuse ville d'or dont la renommée était parvenue jusqu'à la côte. Une première expédition conduite en 1530 par Ambroise de Alfinger échoua. Une autre partit en 1534 sous le commandement de Georges de Coro. Un des lieutenants de celui-ci, Federmann, arriva en 1539 jusque dans la plaine de Bogota. Un récit de cette expédition parut en 1551 à Haguenau. Enfin, en 1541, Philippe de Hutten partit encore à la recherche de la ville mystérieuse. Ce fut la dernière des tentatives des Allemands pour pénétrer dans l'Eldorado.

Les chefs des maisons de commerce allemandes suivaient donc avec intérêt les découvertes. Mais n'eussent-ils pas été renseignés directement de Lisbonne, les nouvelles leur seraient encore parvenues par la voie d'Italie. Les relations d'Augsbourg et de Nuremberg avec le nord de l'Italie, avec Venise surtout, étaient incessantes. Les Allemands avaient à Venise un entrepôt spécial, un *fondaco*, qui leur servait en même temps de Bourse de commerce et d'hôtellerie [1]. C'est de là surtout qu'ils tiraient leurs épices. Enfin la plupart des imprimeurs étaient Allemands, et leurs livres étaient apportés dans leur patrie. Jean Ruysch, l'auteur de la mappemonde moderne ajoutée à l'édition romaine du Ptolémée de 1508, était un Allemand et avait voyagé sur mer. Ainsi s'explique-t-on que par plus d'une voie les nouvelles des grands événements qui se passaient en Amérique et aux Indes aient pénétré jusqu'en Allemagne.

Dès 1504, on l'a vu, Jean Otmar d'Augsbourg, imprimait le *Mundus novus*, c'est-à-dire cette troisième lettre de Vespuce, la première qui ait été répandue, et que Ringmann publia bientôt après à Strasbourg. Elle fut insérée aussi dans un recueil qui a exercé une très grande influence sur le

1. Cf. Dr Henry Simonsfeld, *Der Fondaco dei Tedeschi in Venedig, und die Deutsch-Venetianischen Handelsbeziehungen*, Stuttgart, 1887.

développement rapide de la géographie en Allemagne.

Le premier de ces recueils consacrés aux voyages est peu connu. Il parut en Portugal en 1502. C'était l'œuvre de Valentin Fernandez. Il comprenait les voyages de Marco Polo, de Nicolo de Conti, de Canto Stephano. Les heureux résultats des voyages de Colomb et des Cabot y étaient mentionnés, ainsi que le retour attendu de la seconde expédition de Corte Real, retour qui n'eut jamais lieu. Ce recueil était en langue portugaise; il fut traduit en espagnol et publié à Séville en 1503[1].

Un an plus tard paraissait à Venise (10 avril 1504) en dialecte vénitien un recueil du même genre le *Libretto de tutta la navigazione dei Re de Spagna.* L'auteur en était Albertino Vercellese da Lisona. Il comprenait une traduction des sept premiers chapitres de la première décade de Pierre Martyr, encore inédite[2]. Cette traduction avait été faite par Angelo Trivigiano (Ange Trévisan) secrétaire de Domenico Pisani, secrétaire de la République de Venise en Espagne, qui l'avait envoyée au patricien Domenico Malipiero[3].

Ce petit opuscule prit place dans un recueil plus important, le fameux recueil de Vicence de 1507, les *Pæsi novamente retrovati et novo mondo da Alberico Vesputio florentino intitulato.* L'auteur rapprochait ainsi le nom de Vespuce de celui de *Nouveau Monde;* connaissait-il déjà le travail de Waldseemüller[4]? Il n'est pas nécessaire de l'admettre. Toujours est-il que ce titre dut contribuer certainement à faire adopter le nom d'Amérique. Ce recueil contenait six parties : les trois premières étaient consacrées aux navigations portugaises jusqu'à Calicut; la quatrième était le *Libretto de tutta la navigazione;* la cinquième une version italienne de la troisième lettre de Vespuce, déjà publiée en latin et en alle-

1. Stevens, *Historical and geogr. notes*, pp. 15. 16.
2. D'Avezac, *Waltzemuller*, p. 79.
3. Harrisse, *Ch. Colomb.* t. I. p. 88.
4. La *Cosmographiæ Introductio* parut en avril 1507 et les *Pæsi* en novembre seulement.

mand; enfin la sixième comprenait des lettres arrivées d'Espagne et de Portugal et relatives aux découvertes.

Ce recueil italien fut immédiatement traduit en français, en latin et en allemand[1]. Il parut dans cette dernière langue en 1508 à Nuremberg. La traduction était l'œuvre d'un ami de Pirckeymer, le médecin Jobst Ruchamer. Elle contient d'ailleurs de singulières méprises, et qui permettent de constater que les noms des découvreurs étaient encore peu familiers même aux savants. Christophe Colomb y devient *Christoffel Dawber*, (Taube, colombe); son titre, *admirante del mar*, est traduit par *ein wunderer des meres* (l'admirateur de la mer). Alonso Nino devient Alonso le Noir, *Alonsus Schwartzwe;* enfin de Lorenzo di Pier Francesco de Medici, Ruchamer fait un médecin de Florence, *Laurentius Petri artzte zu Florentia*[2]. Malgré ces imperfections, ce recueil est, avec la *Cosmographiæ Introductio* de Waldseemüller, la source principale où puisèrent les géographes allemands.

Le premier des Nurembergeois qui se préoccupa d'utiliser ces documents et de représenter sur des cartes ou des globes les nouvelles découvertes fut Jean Schœner. Son œuvre multiple tient une large place dans l'histoire de cette École. Il importe de remettre à son rang ce personnage trop peu connu.

Il était né en 1477 à Carlstadt, sur le Main. Il dut faire ses premières études à Nuremberg, puis fréquenta l'Université d'Erfurth où il étudia la théologie, la médecine et les mathématiques. En 1504, il rentrait à Nuremberg et s'y occupait, avec Bernard Walter, l'élève et l'ami de Régiomon-

1. Itinerarium Portugallensium e Lusitana in Indiam et inde in Occidentem et demum in Aquilonem. Milan 1508.

Newe unbekanthe Landte und eine newe Weldte in kurtz verganger Zeyth erfunden. Nuremberg 1508.

S'ensuyt le nouveau monde et navigations faites par Émeric de Vespuce... translaté de Italien en langue Françoyse par Mathurin du Redouer, licencié ès loix. Paris, s. a.

2. Wieser *Mag. Strasse.*, p. 18.

tan, d'observations astronomiques. Copernic cite de lui deux observations de la planète Mercure faites à cette époque. Il accepta, pour vivre, d'être attaché comme prêtre à l'église Saint-Jacques de Bamberg. Ce fut là qu'il commença, en 1515, à faire paraître ses travaux mathématiques et géographiques et particulièrement sa *Luculentissima terræ descriptio*[1]. Il construisait en même temps des instruments astronomiques, des globes célestes et terrestres. Tous ces mathématiciens de la Renaissance sont très préoccupés des applications pratiques de la science. Beaucoup sont d'habiles mécaniciens. Sentaient-ils que les progrès de l'astronomie dépendaient surtout du perfectionnement des moyens d'observation? L'histoire de Jean Schœner s'obscurcit à partir de 1520. Il paraît avoir subi une disgrâce à cause de son attachement aux doctrines de Luther. En 1523, il publie un nouvel opuscule géographique, le *De nuper sub Castiliæ ac Portugaliæ regibus repertis insulis*[2], et signe la préface de de cet ouvrage, préface dans laquelle il cherche à rentrer en faveur auprès de l'évêque de Bamberg, de *Timiripa,* qui ne peut être, suivant l'hypothèse de M. Coote, que la traduction d'Ehrenbach, un petit village aux environs de cette ville[3]. Une curieuse lettre écrite à Pirckeymer en 1525 nous apprend qu'il était luthérien et marié. L'amitié de Mélanchthon vint à son secours. Celui-ci le fit appeler en 1526 à Nuremberg, pour occuper la chaire de mathémathiques dans le nouveau collège que fondaient les magistrats de cette ville,

1. Luculentissima quædam terræ totius descriptio : cum multis utilissimis Cosmographiæ iniciis. Novaque et quæ ante fuit verior Europæ nostræ formatio. Præterea, Fluviorum : Montium : Provintiarum : Urbium : et Gentium quamplurimorum vetustissima nomina recentioribus admixta vocabulis. Multa etiam quæ diligens lector nova usuique futura inveniet. — Nuremberg 1515. (Bibl. Mazarine n° 16153).

2. De nuper sub Castiliæ ac Portugaliæ regibus serenissimis repertis Insulis ac Regionibus Joannis Schœner charolipolitani epistola et globus geographicus seriem navigationum annotantibus... Timiripæ, ann. Incarn. Div. 1523. Réimprimé en partie dans Wieser, *Magalhaés Strasse*, et entièrement dans Wieser, *Der Verschollene Globus des Johannes Schœner von 1523*, et dans Stevens et Coote, *Johannes Schœner*.

3. Stevens et Coote, *Johannes Schœner*, p. XIX.

moins encore pour suppléer à l'insuffisance des anciennes écoles, que pour répandre un enseignement nouveau. Aucun milieu ne pouvait convenir mieux à Schœner. Il recueillit pieusement quelques-uns des écrits de Régiomontan et les publia. Il continuait en même temps ses travaux, simplifiant la science pour la rendre accessible à ses élèves; il se tenait au courant des découvertes et construisait de nouveaux globes. Mais, il faut bien le dire, il s'adonnait surtout à l'astrologie, qui fut pour lui, comme pour la plupart de ses contemporains, l'étude suprême. Il lui consacra ses plus volumineux ouvrages. Il en entretenait ses élèves, leur parlait du pouvoir qu'exerçaient les astres non seulement sur les événements humains, mais encore sur la nature physique. Il voyait dans les astres, non pas des signes « comme autrefois les trophées étaient les signes de la victoire, mais des causes agissantes. » On peut regretter que toutes ces chimères aient fait perdre tant d'efforts aux savants de la Renaissance ; mais n'y avait-il pas au fond de leurs erreurs une idée confuse de l'universalité des lois de la nature et de leur fixité? Pendant vingt ans, jusqu'à sa mort en 1547, Schœner professa. C'était un rude travailleur. Son fils nous le représente jamais inoccupé; son cours fini, sauf les quelques instants de loisir qu'il accordait à ses amis, il observait, calculait ou travaillait à ses constructions [1]. Il eut des amitiés fidèles, comme celle de Mélanchthon, qui, après sa mort, publia ses œuvres complètes.

Trois des nombreux ouvrages de Schœner sont consacrés à la géographie :

La *Luculentissima terræ descriptio* (Bamberg, 1515).

Le *De nuper repertis insulis* (Timiripa, Ehrenbach, 1523).

L'*Opusculum geographicum* (Nuremberg, 1533) [2].

1. Opera mathematica Joannis Schoneri congesta et publice utilitati... dicata. Nuremberg, 1551. Préface.

2. Johannis Schoneri Carolostadii opusculum geographicum ex diversorum libris ac cartis summa cura et diligentia collectum, accomodatum ad recenter elaboratum ab eodem globum descriptionis terrenæ. Préface datée de Nuremberg 1533. (*Bibl. nat.* G. 7245 4°).

Le premier et le dernier sont de véritables traités de géographie, mais tous les trois étaient destinés, comme la *Cosmographiæ Introductio* de Waldseemüller et le *Globus mundi* de 1509, à servir d'explication à des globes terrestres.

On ne connaît aujourd'hui qu'un seul globe signé de Schœner. C'est un globe d'assez grandes dimensions, daté de 1520 et dessiné avec soin. Il est conservé à la bibliothèque de la ville de Nuremberg [1]. Mais il en existe d'autres qu'on peut incontestablement lui attribuer. Ce sont d'abord deux globes identiques conservés à Francfort-sur-le-Main et à Weimar, et qui correspondent exactement à la description de 1515; puis un autre globe conservé également à Weimar et correspondant à la description de 1533 [2].

Nous croyons pouvoir encore lui attribuer deux autres globes :

L'un a fait partie de la collection du baron de Hauslab, et appartient aujourd'hui à celle du prince de Liechtenstein, à Vienne. Il est sans signature et sans date, mais antérieur aux globes de 1515. Il n'y a pas, il est vrai, de description écrite correspondant à ce globe, mais il est fait allusion, dans la *Luculentissima descriptio*, à des globes construits antérieurement. La facture de celui-ci, le tracé des côtes, tout permet de croire qu'il est de Schœner [3].

L'autre appartient à la section des cartes de la Bibliothèque nationale de Paris. D'un dessin analogue à celui des précédents, il est, sauf des modifications dont rend compte la *Luculentissima descriptio*, semblable aux globes de 1515. On ne peut l'attribuer qu'à Schœner. Il se place, dans la

1. L'hémisphère correspondant à l'Amérique est reproduit dans Ghillany.

2. C'est M. Wieser, dans son livre très substantiel *(Magalh. Strasse)* qui a démontré que ces trois globes étaient de Schœner. Le globe de Francfort est à la bibliothèque de cette ville ; les globes de Weimar sont à la bibl. grand'ducale. Ils sont reproduits sommairement dans Wieser, *Mag. Str.* ainsi que dans Winsor, *Narr. and. critic. hist.* t. II. Jomard a donné dans son atlas, (pl. XVII) une copie peu exacte du globe de Francfort. Voir Pl. V.

3. M. J. Luksch a décrit ce globe et en a donné une reproduction partielle dans les *Mittheil. des K.K. geog., Gesells. in Wien*. 1886. p. 364. Voir Pl. III.

série, entre le globe de Vienne et les globes de 1515 [1].

Enfin on a récemment retrouvé une planche gravée donnant les fuseaux d'un globe qui correspond à la description de 1523 [2].

1. Voir, planche IV, une reproduction de l'hémisphère de ce globe correspondant à l'Amérique. Il faut signaler une particularité de ce document. La seule ville d'Allemagne qui y soit mentionnée est Cologne, alors que sur les autres globes c'est Bamberg ou Nuremberg. Je ne crois pas que cette différence doive empêcher de considérer le globe comme étant de Schœner. Il offre, en effet, par sa facture une analogie frappante avec les autres globes. Les faiseurs de cartes et de mappemondes, lorsqu'ils n'inscrivaient qu'un seul nom sur leurs cartes, y marquaient généralement la ville où ils résidaient. Mais rien n'empêche que Schœner ait dessiné ce globe à Cologne, ou plutôt encore qu'il l'ait dessiné pour l'envoyer à Cologne. Il ne faut pas oublier qu'il était, à proprement parler, un fabricant de globes, et qu'il a dû en vendre ou en donner un assez grand nombre. On pourrait supposer encore que le globe de la Bibliothèque nationale est une copie faite à Cologne d'un globe de Schœner. Mais la ressemblance entre ce globe et les autres est si frappante que je n'hésite pas à l'attribuer à Schœner. M. G. Marcel a fait, au Congrès de Géographie de Paris (1889), une description de ce globe.

2. Ces fuseaux ont été signalés et reproduits pour la première fois en 1885 par le libraire Rosenthal de Munich. M. Wieser à qui ils avaient été communiqués alors les avait, dès cette époque, attribués à Schœner (Cf. *Catalogue XLII* de la librairie ancienne de Ludwig Rosenthal à Munich, p. 24.) L'étude qu'il avait promise sur ce document, n'a paru qu'en 1888 dans les *Sitzungsberichte* de l'Acad. des sciences de Vienne. Dans l'intervalle MM. Stevens et Coote, *op. cit*, avaient reproduit la carte en l'accompagnant d'un travail de peu de valeur, et qui ne porte aucun préjudice à l'étude de M. Wieser. Malgré un texte formel de Munster qui semble contredire l'opinion de M. Wieser, je n'hésite cependant pas à m'y ranger. « Æddiderunt quidem de hac re optimos et utiles libros Schœnerus et Appianus, *sed qui nullam adjunctam habent regionum tabulam* » dit Munster (*Germaniæ atque aliarum regionum descriptio*. 1530. Épitre dédicatoire à Conrad Peutinger.) Et en effet, aucun exemplaire connu des ouvrages de Schœner ne contient de cartes. Mais si cette planche, qui est d'assez grandes dimensions, n'a jamais, comme cela paraît certain, été insérée dans le très court opuscule de Schœner, rien n'empêche qu'elle ait été gravée pour lui servir d'illustration. Malgré l'ambiguïté des termes dont se sert Schœner, il semble que le document dont il est question dans cet opuscule, et qui fut offert à un chanoine de Bamberg, soit un globe : « globum hunc, in orbis modum effingere studui, » dit-il, mais plus haut il dit plus clairement : « Cogitanti ergo mihi, ut promptius tuam benevolentiam assequi possem, mentem subiit, *versatus in manibus globus*, qui universi orbis rotunditatem complectitur, si tibi utpote patrono clementissimo, destinandus foret. » On remarquera d'ailleurs que ce serait un présent de bien peu de valeur qu'une planche gravée, dont il a dû certainement être tiré un assez grand nombre d'exemplaires. Je crois donc que le document offert par Schœner au chanoine était un véritable globe. Mais lorsqu'on imprima la lettre qui accompagnait cet envoi, on dut également reproduire le globe par la gravure. Le titre de l'opuscule indique nettement qu'un « globe géographique » accompagne cette publication : « De nuper sub Castiliæ ac Portugaliæ regibus... repertis insulis... epistola et globus geographicus... » Comme ces fuseaux ne portent pas le nom de Schœner, on s'explique qu'ils ne lui aient pas été attribués par ses contemporains. Outre le témoignage

On peut donc classer ainsi par ordre de dates les globes actuellement connus de Schœner :

1° Le globe de la collection du prince de Liechtenstein à Vienne ;

2° Le globe de la Bibliothèque nationale de Paris ;

3° Les globes de Francfort et de Weimar correspondant à la description de 1515 ;

4° Le globe signé et daté de 1520, conservé à Nuremberg.

5° Les fuseaux correspondant à l'opuscule de 1523 ;

6° Le globe de Weimar correspondant à l'opuscule de 1533.

Essayons de retrouver, à l'aide de ces documents, le progrès des connaissances de Schœner.

La *Luculentissima descriptio* contient deux petites vignettes, représentant, l'une un globe vu en perspective, l'autre un hémisphère de ce globe. Ces vignettes ne semblent pas avoir servi à un ouvrage antérieur; elles diffèrent de celles qui se trouvent dans la *Cosmographiæ Introductio* et dans le *Globus mundi* anonyme de 1509. La gravure en est très nette. Or, elles ne correspondent pas exactement à la description du monde donnée dans l'ouvrage. Les deux pôles y sont libres, tandis qu'ils devraient être, d'après le texte, occupés par

de Munster, qui d'ailleurs pouvait ignorer l'existence de cet opuscule, je citerai celui du moine François de Malines. (Sur ce personnage voir notre travail *De Orontio Finæo, gallico geographo*, Paris, Leroux 1890.) Celui-ci, qui certainement fait allusion à cette carte, paraît l'attribuer à Maximilien Transylvain « Omnium autem pulcherrimam sphæram videre contigit, præclari illius et famigerati Maximiliani Transylvani... » Franciscus monachus. *De orbis situ ac descriptione...* f° 7 verso. Malgré ce passage du moine François, je ne crois pas que Maximilien Transylvain ait dressé de cartes. Son livre ne permet pas de le supposer. D'ailleurs une des particularités de cette carte ne s'expliquerait point, si Maxim. Transylvain en était l'auteur : Mexico y figure sous le nom de *Senoterinus*. Or, dans son livre, Maximilien appelle cette ville *Tenostican*. On ne trouve cette forme Senotorinus dans aucun des documents relatifs à Cortez publiés en Allemagne à cette époque. Ce ne peut être qu'une très mauvaise lecture du nom qui devait se trouver sur le document dont s'est servi Schœner, et qu'il a pu confier à un graveur ignorant : cette carte espagnole adressée à un illustre personnage, qu'il nous dit expressément avoir reproduite : « Exemplar haud fallibile æmulatus, quod Hispaniarum solertia cuidam viro honore conspicuo transmisit. »

des continents. Il est difficile de ne pas admettre que les planches n'aient pas été gravées pour l'ouvrage de Schœner; mais elles ont dû l'être avant que ses idées ne soient devenues conformes au texte de 1515.

A ce premier état des connaissances de Schœner correspond précisément le globe de Vienne. Sur ce globe, les pôles sont libres, et les nouvelles terres se composent de trois tronçons séparés, en forme d'îles; au Nord une terre, *littus incognitum,* c'est le résultat des découvertes de Corte Real, dont Schœner ne sait pas encore le nom. Au centre, correspondant à l'Amérique du nord, une île avec le mot *par.....*, probablement *paria,* comme sur les globes postérieurs. Au Sud un continent portant le nom d'*America,* et sur la côte une nomenclature analogue à celle du Ptolémée de Strasbourg. L'ancien monde est dessiné comme sur le globe de Béhaim; l'Afrique seule est plus moderne. On retiendra ce détail que la Guinée y est traversée par l'équateur [1]. Nous verrons que ce premier globe est celui où Schœner s'écarte le moins des documents qu'il a entre les mains.

Deux modifications très importantes au type précédent apparaissent en 1515 dans la *Luculentissima descriptio :* 1° les deux pôles sont occupés par des continents ; 2° la forme de l'Afrique est modifiée, l'équateur n'y coupe plus la Guinée.

Ces deux modifications ne sont pas, suivant nous, contemporaines dans la pensée de Schœner. La première en date doit être l'introduction sur la carte de continents polaires.

L'idée d'un continent austral destiné à faire contre-poids au continent septentrional était fort ancienne et n'avait jamais cessé de trouver des partisans. Mais il faut distinguer entre les spéculations des philosophes et la réalité que prétend représenter Schœner. S'il a été amené, par des considérations *a priori,* à l'idée d'un continent austral, c'est comme un résultat des découvertes nouvelles qu'il le dessine sur son

1. S. A. le prince de Liechtenstein a bien voulu faire vérifier pour moi ce détail qui n'est pas signalé dans l'article de M. Luksch.

globe. M. Wieser a très heureusement montré par suite de quelle étrange confusion était née cette erreur, qui devait si longtemps figurer sur les cartes [1]. Il venait de paraître en Allemagne un petit opuscule de quelques pages, intitulé : *Copia der newen zeitung auss Presillg land*. C'était un de ces récits comme l'époque des découvertes en vit si souvent éclore, véritables journaux du temps, traduits et imprimés à la hâte, et destinés à renseigner l'Europe sur les grands événements qui s'accomplissaient. Ce petit livre, évidemment traduit de l'Italien, commençait ainsi [2] : « Apprenez que le douzième jour du mois d'octobre, il est revenu ici (probablement à Lisbonne) un navire du Brésil, à cause du manque de vivres. Ce navire avait été armé par Nono (Nuño) et Cristophe de Haro, en compagnie d'autres négociants. Il y a eu deux de ces vaisseaux destinés à décrire et à reconnaître le Brésil, avec la permission du roi de Portugal. Ils ont effectivement décrit une étendue de côtes de six à sept cent lieues, dont on n'a rien su auparavant. Ils sont arrivés au cap de Bonne Espérance *(ad capo de bona sperantza)* qui est une pointe prolongée dans l'Océan très semblable au *Nort Assril* [3] *(das ist ein spitz oder ort so in das meer get, gleich der nort Assril)*. Étant venus à 40° de hauteur (latitude australe), ils ont trouvé le Brésil [terminé] par une pointe qui se prolonge dans la mer, et ils ont navigué autour de cette pointe et trouvé la position des lieux, comme dans le midi de l'Europe, le tout dirigé de l'Est à l'Ouest. C'est comme si l'on passait le détroit de Gibraltar pour aller au levant, le long de la côte de Barbarie. Lorsqu'ils ont eu fait

1. Wieser. *Mag. Strasse*. pp. 59 sqq.

2. J'emprunte la trad. donnée par Humboldt. *Examen critique de la Géog. du nouv. continent*, t. V, pp. 240 sqq.

3. Sur ce mot incompréhensible, M. Wieser a émis une hypothèse très satisfaisante. Il y voit une mauvaise lecture de *Nort ao sul* qui devait se trouver dans l'original portugais. C'était une expression employée par les marins et analogue au *Ponente Levante* des Italiens. Il faudrait alors comprendre ainsi : lorsqu'ils eurent navigué dans la direction N.-S. jusqu'à la hauteur du cap de Bonne Espérance et encore un peu plus loin au Sud jusqu'au 40e degré de latitude... Wieser, *op. cit.* p. 100 note 2.

près de soixante lieues pour tourner le cap, ils ont retrouvé la terre ferme de l'autre côté et se sont dirigés vers le Nord-Ouest; mais la tempête est devenue tellement forte, qu'ils n'ont pu avancer. Poussés par la tramontane, ou le vent du Nord, ils ont rebroussé chemin et sont retournés vers le pays de Presill..... » On a discuté beaucoup pour savoir à quel voyage cet écrit faisait allusion, et de quelles contrées il était question [1]. Les termes en sont trop vagues pour qu'on puisse rien affirmer de précis à cet égard. Peut-être le détroit dont il s'agit ici est-il l'embouchure de la Plata. Ce ne fut pas l'opinion de Schœner. Trompé par le mot de Cap de Bonne Espérance, il imagina que ce pays de Presill devait être une grande terre australe, et la preuve de cette confusion, c'est que, sur ce continent austral, dont son imagination lui fournit le dessin, il écrit *Brasilie regio,* et qu'il emprunte précisément des passages de la *Copia auss Presillg landt* pour décrire cette région [2].

Est-ce par analogie qu'il place également des terres au pôle nord? Elles ne portent aucune indication qui puisse mettre sur la voie. Ces terres ne forment d'ailleurs pas un continent séparé. Elles se rattachent par un isthme au nord de l'Europe. Il semble que Schœner ait simplement reproduit le dessin de Béhaim, en laissant toutefois largement ouverte la mer intérieure que Béhaim place au nord de l'Asie. Il n'y a, dans tous les cas, aucun rapport entre la presqu'île qui s'avance vers l'Amérique et le Groënland.

Le globe de Paris correspond à cet état des connaissances de Schœner : il a les deux continents polaires, comme les globes postérieurs, mais conserve encore l'ancienne forme pour l'Afrique.

On voit pour ainsi dire naître cette modification apportée au contour de l'Afrique dans la *Luculentissima descriptio* et

1. Humbolt. *Op. cit.* t. V. pp. 245 sqq.; Ruge, IV und V *Iahresb. des Vereins für Erdk. zu Dresden*; Wieser *op. cit.* pp. 85 sqq.
2. Wieser. *op. cit.* pp. 28. sqq.

sur les globes de 1515. Après avoir, dans son livre, décrit l'Afrique ancienne, Schœner ajoute, pour la côte d'Afrique, une liste de latitudes correspondant aux navigations nouvelles. Il l'intitule : liste des latitudes observées vers les années 1508 et 1513 [1]. Cette liste est exactement conforme au tracé des portulans portugais et à la carte du Ptolémée de 1513. A quelles observations fait-il allusion? Les Portugais avaient relevé les positions de la côte antérieurement à 1508. Cette date et celle de 1513 ne doivent être, tout simplement, que celles des documents que Schœner connaît le mieux à cette époque et où il puise : le recueil de Ruchamer et l'édition de Ptolémée de 1513.

Cette nouvelle forme est celle que prend l'Afrique sur les globes de 1515. Toutefois, il est intéressant de constater que sur le globe de Francfort l'ancien tracé de la côte figure encore à côté du nouveau, comme si Schœner eût été surpris au milieu de son travail par les données nouvelles, ou comme s'il lui restait encore quelque scrupule.

Le globe de 1520, de beaucoup le plus important de tous, et par ses dimensions, et par les légendes qu'on y lit, celui auquel Schœner a mis le plus de soin, ne diffère pas essentiellement des types précédents. La nomenclature en est plus riche, les côtes y sont mieux dessinées. C'est l'exécution plus parfaite d'une œuvre dont les globes précédents ne sont que des ébauches. C'est également une œuvre revue et corrigée, car, à certains changements, on surprend de nouvelles hésitations dans la pensée de l'auteur.

Ces premiers travaux correspondent à une première phase des connaissances de Schœner. Le type adopté à l'origine se développe et se complète plus ou moins heureusement, mais il ne subit pas de modifications essentielles. On pourra nous objecter que la logique de ce développement peut

1. Novæ navigationis et terræ ad austrum inventæ graduum latitud. annotatio circa annos 1508 et 1513 observatæ, hic apprime notandum venit quod nova navigatio a Lisibona Portugaliæ ad Chalicutiam et Melacham Indiæ juxta observationes novissimas inventa.

être parfois prise en défaut, que certains détails disparaissent à un moment pour reparaître ensuite. C'est ainsi que, sur le globe de Paris, l'île qui correspond à l'Amérique du nord présente une nomenclature que n'ont plus les globes de 1515 et qui se retrouve amplifiée sur celui de 1520. C'est ainsi encore que le nom d'Amérique, inscrit une fois seulement sur le globe de Vienne, figure à cinq endroits différents sur celui de Paris, et ne revient qu'une fois sur chacun des globes postérieurs. Nous croyons que ce défaut de logique ne doit point empêcher d'attribuer à Schœner une série de documents qui présentent entre eux tant d'analogies. Le globe de 1520, étant de dimensions plus considérables, on ne doit pas s'étonner qu'il contienne plus de détails. Et quant aux incohérences, qu'on ne constate d'ailleurs que sur des points où l'hésitation était possible, elles peuvent s'expliquer précisément par les incertitudes de Schœner. Il y a des différences plus considérables entre le petit globe et la carte plane de Waldseemüller. Niera-t-on qu'ils soient du même auteur? D'ailleurs ces globes ont été construits pour être donnés ou vendus. Le nombre de ceux qui ont été conservés, la répétition exacte des mêmes types, prouvent qu'ils étaient assez nombreux. Objets de commerce, au moins certains d'entre eux, ils n'ont pas eu, dans la pensée de Schœner, la valeur de documents scientifiques. Les hommes de la Renaissance, il ne faut pas l'oublier quand on les étudie, sont des esprits jeunes. Avides de savoir, ils ne prennent pas le temps d'assurer et d'ordonner leurs connaissances. Le champ qui s'ouvre devant eux est si vaste, qu'ils ne se résignent point à n'y avancer que pas à pas. Leur demander la précision scientifique est un anachronisme.

Tous les globes de Schœner procèdent pour l'Amérique d'un même type, celui des portulans portugais, le plus répandu alors, et qui avait déjà servi à Waldseemüller. Mais l'influence de l'École alsacienne y est également très sensible. Outre le mot *America* qui est emprunté aux documents alsaciens, la division du continent en un certain nombre d'îles vient du petit globe de Waldseemüller. La ressemblance entre les globes que nous étudions et la carte plane du Ptolémée de 1513 est même assez grande pour qu'on soit tenté d'admettre que Schœner n'avait pas d'autres documents entre les mains que ceux qu'avaient publiés les Alsaciens. Mais, à un examen plus attentif, on est obligé de reconnaître que ces documents ne suffisent pas. La nomenclature de la côte américaine est plus riche sur le globe de 1520, que sur la carte de 1513. Les deux dessins non plus, ne concordent pas exactement. La côte de l'Amérique du sud est plus découpée chez Schœner et se rapproche davantage du type des portulans. Au large de cette côte, on voit également un archipel, appellé tantôt *Insule delle pulcelle* (globe de Vienne), tantôt *septem formose Insule*, tantôt *Insule 7 delle pulcelle* (globe de 1520), qui n'est point sur les cartes de Waldseemüller [1]. Pour l'ancien monde, c'est d'abord le tracé du petit globe alsacien qu'il adopte, ou, si l'on veut, le tracé de Béhaim modifié seulement pour l'Afrique qui est plus moderne. Mais la nomenclature de Schœner n'est point conforme à celle de Béhaim. En 1515, il admet pour l'Afrique le tracé du Ptolémée de Strasbourg qui a la valeur d'un véritable portulan, mais, chose singulière, il ne modifie pas l'Inde qui conserve toujours sur ses globes la forme qu'elle a sur celui de Béhaim.

Il faut donc admettre que Schœner, s'il connaît les travaux de Waldseemüller, a, lui aussi, des documents nouveaux. Prend-il un portulan unique pour modèle? Il est impossible de l'admettre. Les éléments qui composeraient cette carte ne seraient pas, en effet, contemporains. L'Amérique est celle d'un portulan analogue à celui de Canerio; l'ancien monde appartient à un document très antérieur, ou plus exactement, à deux documents qui ne sont pas, non plus, contemporains.

1. Ces différences doivent provenir d'une mauvaise lecture. Dans la *Luculentissima descriptio* au lieu de *septem formosæ insulæ*, il y a *septem insulæ pulchræ*. C'est ce *pulchræ* qui a dû être lu *pulcellæ* sur les portulans. Ces confusions sont fréquentes, ainsi *ins. acores* est très souvent écrit *Vusandres*. Ces *septem formosæ insulæ* sont des îles imaginaires qu'on continua à indiquer sur les portulans comme l'île de Brasil ou celle de Saint-Brandan.

Les Indes proviennent d'un prototype analogue à celui qui a inspiré Béhaim, et qui est antérieur à la découverte de l'Amérique ; l'Afrique, dans son tracé primitif, est déjà postérieure au voyage de Vasco de Gama. Cet assemblage paraît bien être l'œuvre de Schœner. S'il a pris le petit globe de Waldseemüller comme cadre, il s'est occupé de le remplir avec des documents de diverses provenances. Il s'est même, pour le continent austral, abandonné à son imagination. L'absence complète de renseignements sur ce point empêche de pousser plus loin toute hypothèse.

Quant aux documents écrits dont il dispose, il est facile de les énumérer. C'est d'abord la *Cosmographiæ Introductio* et les quatre voyages de Vespuce qui l'accompagnent; c'est ensuite la *Copia auss Presillg landt* où il puise l'idée du continent austral ; c'est surtout le recueil de son ami Jobst Ruchamer. Les noms qu'il donne aux régions nouvelles sont empruntés à ces documents. Ayant à nommer l'Amérique du nord, il l'appelle d'abord *Parias*, nom qui lui est fourni par la relation du premier voyage de Vespuce [1]. En 1520, tout en conservant le nom de *Parias* à la partie méridionale de cette terre, il l'appelle *Cuba*, trompé qu'il est par un passage de Ruchamer [2]. Sur le même globe, il inscrit encore *Parias* sur l'Amérique du sud. C'est un souvenir du troisième voyage de Colomb [3]. C'est encore au recueil de Ruchamer qu'il em-

1. Et provincia ipsa Parias ab ipsis nuncupata est, *et quelques lignes plus haut :* hæcce tellus in torrida zona sita est directe sub parallelo qui cancri tropicum describit, unde polus horizontis ejusdem se viginti tribus gradibus elevat in fine climatis secundi. — Schœner identifie donc l'Amérique du nord avec ces terres, et la description qu'il en donne dans la *Lucul. descript.* est tout entière tirée de ce premier voyage.

2. Ipse vero (admirans) cum liburnicis tribus profectus est peregre novas etiam quærens regiones et in primis eas quas jam eminus conspicati fuerant *nam continentem credidit esse* licet compertum habuerit insulam esse quæ miliaribus LXX abest ab ea insula quam appellarunt Hispaniam. *Regio Cuba dicitur.* — *Enchiridion* de P. Martyr traduit et inséré dans Ruchamer, ch. 98. Schœner commet là une erreur analogue à celle que commettait l'auteur de la carte insérée en 1515 dans la *Margarita Philosophica*, quand il donnait à l'Amérique du nord le nom de Zoana Mela.

3. Regionem nuncupari Pariam. 3e voy. de Colomb traduit dans Ruchamer ch. 105.

prunte le nom de terre de *Corterat* [1], qu'il attribue au *littus incognitum*. Les descriptions de la *Luculentissima descriptio* et les légendes du globe de 1520 proviennent exclusivement des mêmes sources. Tout ce qu'il dit du continent austral est tiré, nous l'avons vu, de la *Copia;* la description de l'Amérique du sud est empruntée au premier voyage de Vespuce, celle de l'Amérique du nord au deuxième voyage et aussi au recueil de Ruchamer, d'où provient encore la description d'Hispaniola.

En 1523, Schœner publiait un petit opuscule, *De nuper sub Castiliæ et Portugaliæ.... regibus repertis insulis, epistola et globus geographicus*. Cette date est importante, elle marque le commencement d'une seconde phase dans l'histoire des idées de Schœner et de l'arrivée des découvertes. De grandes nouvelles étaient parvenues jusqu'en Allemagne : celles du voyage de Magellan et des conquêtes de Cortez. Deux opuscules les avaient immédiatement répandues : la lettre de Maximilien Transylvain adressée de Valladolid au cardinal archevêque de Salzbourg, le 24 octobre 1522, et imprimée à Cologne en janvier 1523. Cette lettre est le récit du voyage de Magellan [2]. Une allusion au voyage de Cortez se trouvait déjà dans un petit livre paru à Nuremberg en 1520 [3]. Mais on préparait une édition latine du récit de Cortez lui-même, avec la carte du golfe du Mexique qui devait paraître à Nuremberg en 1524 [4]. Ajoutons qu'on avait publié à Bâle en 1521 une

1. La légende du globe de 1520 porte : hæc terra inventa est ex mandato regis Portugalliæ per capitaneum Gaspar *Corterat* anno Christi 1501. Or la lettre de Pasqualigo qui se trouve en allemand dans Ruchamer et en latin dans le Novus orbis de Grynæus donne précisément cette forme Corterat, étrangère à celle que donnent les cartes marines. Pasqualigo donne très exactement la position de ces terres, l'identification était donc facile.

2. *De Moluccis insulis, itemque aliis pluribus mirandis quæ novissima castellanorum navigatio serenissimo Imperatoris Caroli V auspicio suscepta nuper invénit. Maximiliani Transylvani ad Reverendiss. Cardinalem Saltzburgensem epistola...* Cologne 1523, reproduite en entier dans Stevens et Coote, *Johann. Schœner*.

3. *Ein auszug ettlicher Sendbriéff...* Nuremberg, mars 1520. Harrisse, *Biblioth. Americ. vetust.* 179. Winsor, *Narr. and crit. hist.* t. II. p. 403.

4. *Præclara Ferdinandi Cortesii de nova maris Oceani hyspania narratio...* Nuremberg, 1524.

autre partie de l'œuvre de Pierre Martyr, l'*Enchiridion*, qui n'est qu'un résumé de la quatrième décade [1]. Enfin Schœner avait reçu communication d'une carte envoyée d'Espagne à un homme « d'une haute situation. »

Toutes ses idées antérieures se trouvaient modifiées. Son beau globe de 1520 était démodé. Il dut en construire un nouveau auquel l'opuscule de 1523 devait servir de texte. Ce globe est perdu, mais les fuseaux récemment retrouvés correspondent à cette description [2]. Est-ce la représentation d'un globe de plus grandes dimensions analogue aux autres? Est-ce simplement un croquis en donnant un résumé? Tout ce qu'on constate, c'est que ce document est directement inspiré de la carte venue d'Espagne et qui appartient à un type connu, celui des portulans de Battista Agnese [3]. Il n'a plus, en effet, aucun rapport avec les globes précédents; l'Amérique y forme un continent unique, séparé de l'Asie par un simple canal. l'Inde et l'Indo-Chine y ont leur forme moderne. Ceylan est à sa place, et Taprobane est identifiée avec Sumatra. Les Moluques sont dessinées comme sur les portulans espagnols. Enfin le périple de Magellan est indiqué par un trait continu. Il n'y a plus ni continent austral ni continent septentrional; quelques îles seulement apparaissent au pôle sud. C'est la carte Espagnole elle-même qu'a dû reproduire Schœner, comme un document nouveau, en désaccord avec ses idées antérieures, et sans prendre parti.

Les connaissances géographiques se répandaient de plus en plus. En 1533 Schœner publiait une description nouvelle, l'*Opusculum geographicum*, destinée à accompagner un nouveau globe. Cette mappemonde est conservée à Weimar. Bien qu'elle ne porte ni titre, ni signature, sa parfaite concordance

1. *De nuper sub D. Carolo repertis insulis simulque incolarum moribus R. Petri Martyris Enchriridion*, Bâle, 1521.
2. Voir plus haut p. 81, n. 2.
3. Cf. Wieser, *der Verschollene globus des J. Schœner*, p. 14 du tirage à part, note 2.

avec la description imprimée, et sa facture nous permettent d'affirmer qu'elle est encore de Schœner. Ce qu'il y a de plus frappant sur ce globe, très différent des précédents, c'est d'abord ce fait que l'Amérique y est soudée à l'Asie. Schœner donne dans son livre une curieuse explication de cette nouvelle forme : « Améric Vespuce qui découvrit les rivages de l'*Inde supérieure* en naviguant de l'Espagne vers l'Orient crut que cette terre était une île, qu'on a appelée de son nom. Mais d'autres hydrographes récents ont reconnu qu'elle faisait partie du continent asiatique, car ils ont pu pénétrer ainsi jusqu'aux Moluques, îles de l'*Inde supérieure*[1]. » La raison est singulière, et rien dans le voyage de Magellan ne pouvait conduire à cette conclusion. Un autre détail important, c'est la réapparition du continent austral, mais sous une forme toute différente.

Nous n'insisterons pas plus longtemps sur ce globe : il se trouve, en effet, qu'il est la reproduction exacte d'une carte du géographe français Oronce Finé, publiée à Paris au mois de juillet 1531. M. Wieser avait déjà remarqué la ressemblance parfaite de ces deux documents. Elle est, en effet, indéniable[2]. Dès lors, une première question se pose; quel est le document original? Il semble, tout d'abord, qu'il ne puisse pas y avoir de contestation. Le globe de Schœner correspond exactement à un opuscule daté de 1533 ; la carte de Finé est de 1531. M. Wieser a cependant, et avec beaucoup

1. *Opusculum geog.* 2e partie, ch. 1.

2. Les seules différences qu'on puisse relever entre le globe de Schœner et la carte de Finé sont les suivantes : *Syloli* sur la carte de Finé est écrit *Siloli* chez Schœner, mais *Syloli* dans l'opuscule de 1533. Quelques mots abrégés chez Finé sont reproduits en entier chez Schœner, comme *Railman, Tebeq* écrits *Raylmana, Tebeque; Catay vel Culman, Cathay et Culmana; Temiscumata, Temiscanata.* Les deux différences les plus importantes sont *Bachalaos* au lieu de *Baccalar*, et *Accores* au lieu de *Vasandres.* Il y a ici une véritable correction, mais qui s'explique par ce fait que *Baccalaos* et *Accores* se trouvent sur les fuseaux du globe de 1523. On ne peut s'arrêter aux différences d'orthographe, puisque ces différences existent également entre le globe et le texte de Schœner, par exemple *Chulmana* et *Culmana, Raylmana* et *Raylmanna. Tebequi et Tebeque.* Schœner ajoute quelquefois une variante dans son texte, comme *Syloly vel Solor, Accores vel Azeres.* D'où viennent ces formes? sans doute de quelque lecture fautive.

de raison, émis des doutes [1]. Il fait observer que la carte de Finé porte, sur le continent austral, *Brasielie regio* [2]. Une pareille coïncidence dans l'erreur serait étrange, si Finé n'avait pas eu connaissance des travaux de Schœner. En second lieu, le livre de Schœner explique comment le globe a été construit : « J'ai eu entre les mains, dit-il, des cartes marines écrites en excellents caractères, et nouvelles, de grande valeur, dont j'ai fait concorder, autant que possible, les positions avec les données astronomiques. » [3]. S'il a simplement copié Finé, comment ces passages peuvent-ils s'expliquer? Enfin on suit dans ses différentes œuvres le progrès et les modifications de la pensée de Schœner, et rien n'empêche d'admettre que le globe correspondant à la description de 1533 ait été dessiné déjà en 1531. Les arguments de M. Wieser sont d'autant plus sérieux qu'on ne connaissait pas, au moment où il les a produits, les fuseaux de 1523, et qu'il était alors possible d'admettre que le globe auquel il est fait allusion à cette date, devait être un acheminement vers le type de 1533. Nous sommes, pour les raisons que nous allons dire, d'un avis différent. Nous admettons, comme incontestable, que le mot *Brasielie regio,* placé sur le continent austral par Finé, vient de Schœner. Mais il suffit, pour que Finé l'ait inscrit sur son globe, qu'il ait eu connaissance d'un document venu d'Allemagne et inspiré de Schœner ; il suffit même qu'il l'ait lu dans la *Luculentissima descriptio* ou qu'il ait reçu un renseignement oral. Finé n'est pas sans relations avec les Allemands. Sa carte de 1531 se trouve jointe à l'édition parisienne d'un recueil publié la même année à

1. Dans une note de son article sur le globe de 1523, *Der verschollene Globus des Johannes Schœner* (page 10 du tirage à part, note 1), M. Wieser a fort loyalement depuis reconnu son erreur. Ces pages étaient écrites lorsque j'ai eu connaissance de cet article. Je ne crois pas devoir les modifier. La thèse de M. Wieser est assez solide pour mériter un sérieux examen. Il voudra bien ne voir dans cette discussion qu'un hommage rendu à la valeur de ses arguments.

2. Wieser, *Mag. Str.*, p. 79.

3. Nam ad manus fuere chartæ marinariæ optimis characteribus conscriptæ, et novæ magni valoris et pretii quarum etiam loca metheoroscopiis quantum potuimus concorditer locavimus. *Opus geog.* première partie, ch. IX.

Bâle. Son imprimeur, Christian Wechel, est un Allemand. Comment se fait-il, en outre, que la forme donnée par Finé à son continent austral soit absolument différente de celle qu'adopte Schœner? La terre australe, chez Finé, est un véritable continent, et non plus une sorte d'anneau interrompu, laissant libre le pôle, et, précisément à l'endroit où Schœner place un détroit et un passage libre, Finé dessine une grande presqu'île, s'avançant vers l'Inde et portant le nom de *regio patalis* [1]. Pourquoi eût-il modifié à ce point son continent austral? On remarquera, d'ailleurs, que le mot *Brasielie regio*, seul emprunt que Finé fasse à Schœner, disparaît en 1536 d'une seconde édition améliorée de sa carte. L'idée d'un continent austral n'appartient pas en propre à Schœner. Ce qui lui appartient, c'est l'étrange confusion, dont nous savons l'origine, de cette terre imaginaire avec le Brésil. Finé a été dupe pendant un temps de cette erreur, mais il n'y a pas persisté.

Un passage de Schœner lui-même va nous permettre de préciser davantage. Dans ses œuvres complètes, éditées après sa mort par son propre fils et par Mélanchthon, se trouve, après l'*Opusculum geographicum*, un très court traité intitulé *Globi terrestris descriptio*. L'auteur y indique le moyen de construire des globes géographiques. La sphère solide une fois construite, on y trace des parallèles et des méridiens, puis on marque les différents points à l'aide d'une table de longitudes et de latitudes. Quant aux fleuves, aux montagnes et aux rivières, on les dessinera sur le globe d'après les descriptions géographiques; « pour ce genre d'ouvrages, nous accorderons surtout des éloges aux très savants hommes suivants : *Oronce Finé, dauphinois,* Pierre Appian, pour sa carte en forme de cœur, Gemma Frison pour son globe. Nous avons préféré renvoyer à ces auteurs plutôt que d'ennuyer les gens studieux par une énumération

1. Sur la forme que Finé donne à son continent austral, voir notre travail : *De Orontio Finæo gallico geographo*. Paris, Leroux, 1890, ch. III.

fastidieuse [1] ». Ce petit traité paraît avoir été publié là pour la première fois. On ne peut douter qu'il ne soit de Schœner. Il est trop naturel qu'ayant construit tant de globes, il ait indiqué une fois le moyen de les construire. Or, si Finé a reproduit sa carte, n'est-il pas étrange qu'il en parle comme d'un très savant homme et y renvoie comme à une autorité?

Dira-t-on que nous suivons les progrès de la pensée de Schœner, tandis que l'œuvre de Finé nous apparaît tout d'un coup, sans autre essai préalable? Mais la carte de Finé n'est pas d'un débutant, et nous avons sur ce point son propre témoignage. Dans la légende qui accompagne la seconde édition de sa mappemonde parue en 1536 [2], il dit, en s'adressant au lecteur : « Voici environ quinze ans que j'ai, pour la première fois, dessiné cette mappemonde en forme de cœur humain. Je l'ai faite pour le très chrétien et très puissant roi de France, François Ier, mon très bienveillant protecteur. Comme elle plut à ce roi savant en histoire, et versé également dans les choses géographiques, ainsi qu'à d'autres,

1. Hac autem in parte summas tribuemus doctissimis viris D. Orontio Fineo Delphinati et D. Petro Appiano in descriptione cordis cosmographici, D. vero. Gemmæ Frisio in globoso corpore, quos in hac re consulendos potius duximus, quam quod fastidiosa prolixitate libri animos studiosorum obstreperemus. *Opera mathematica Joannis Schoneri*. Nuremberg 1551, *globi terrestris seu geographici descriptio*. Ce passage a été cité par Breusing dès 1883, Cf. Breusing, *Leitfaden durch das Wiegenalter der Kartographie*. On trouve également à la page LXXIX cette appréciation de Finé : « Est etiam vir apud Lutetiam in Galliis Orontius, homo multe et diligentis lectionis. » Il sera question plus loin de la carte d'Apian. Quant au globe de Gemma le Frison (Gemma Frisius) il est perdu. Il doit être question du globe que Gemma décrit ainsi dans l'ouvrage suivant qu'il publia en 1530 : *Gemma Phrysius de principiis astronomiæ et cosmographiæ deque usu globi ab eodem editi, item de orbis divisione et insulis rebusque nuper repertis*. Anvers, 1530. « Principio itaque tale corpus sphæricum quale summa diligentia nec minori artificio nuper construximus omnes circillos sphæræ habet, alios tamen ut æquatorem, tropicos parallelos, etc....., in ipsa superficie convexa globi... Præterea ut ampliori usui foret, stellas imposuimus non quidem omnes sed tantum potiores. Porro juxta primum meridianorum qui per insulas fortunatas ducitur adsignavimus gradus latitudinum ad polos usque juxta eosdem vero gradus in parte septentrionali climata et parallelos secundum suas ab æquatore distantias... In australi vero parte ejusdem meridiani adjecta sunt miliaria italica. ch. II.

2. Je ne connais de cette carte qu'un exemplaire conservé à la section cartographique des archives du Ministère des affaires étrangères (Port. I, 64). Elle a été reproduite plusieurs fois postérieurement, en Italie, avec ou sans le nom de Finé. Voir la reproduction de ce document dans notre travail : *De Orontio Finæo*...

même étrangers, j'ai désiré la communiquer à tous les amis des mathématiques. Après bien des empêchements, je me suis décidé à la publier à mes risques et périls. Aussi, après l'avoir corrigée et augmentée d'après les nombreuses observations des hydrographes récents, nous te l'offrons, lecteur studieux, ainsi qu'à tous les hommes de bonne volonté... »[1]. Dès 1520, Finé avait donc dressé déjà sa carte cordiforme. Il la donne, dans ce passage, comme une première édition, parce qu'elle est construite suivant un mode de projections autre que celle de 1531 qui est doublement cordiforme, mais les deux cartes sont les mêmes, sauf les corrections apportées en 1536, et notamment la suppression du nom de Brésil sur le continent austral.

Comment expliquer alors les passages où Schœner parle des documents qu'il a utilisés : « J'ai eu entre les mains des cartes marines écrites en excellents caractères, et nouvelles, de grande valeur, dont j'ai fait concorder, autant que possible, les positions avec les données astronomiques? » Faut-il admettre qu'il se vante un peu? Peut-être l'expression de carte marine ne doit-elle pas être prise à la lettre. Pour les géographes de la Renaissance, une carte marine est surtout une carte qui diffère de celles de Ptolémée. Dès lors, Schœner pourrait désigner de ce nom la carte même de Finé écrite, en effet, en caractères excellents. Quant aux données astronomiques, à quelles observations fait-il allusion? Il est impossible de répondre.

1. Orontius F. Delph. Regius mathematicarum interpres, studioso lectori S. P. D. Decimus quintus circiter agitur annus, candide lector, quo universam orbis terrarum designationem in hanc humani cordis effigiem primum redegimus : idque in gratiam christianissimi ac potentissimi Francisci Francorum regis, mœcenatis nostri clementissimi. Quam dum videremus ipsi Regi, polyhistori ac non vulgari geographo valde placere ab omnibus quoque (etiam exteris) laudari plurimum desiderabam eamdem orbis descriptionem universis mathematicorum studiosis aliquando communicare. Quod post varia fortunæ ac studii nostri (quæ hactenus nobis impedimento fuere) discrimina tandem nostro effecimus periculo. Itaque plurimis recentium hydrographorum observationibus auctam et emendatam ipsius geographici cordis imaginem, tibi, studiose lector, cunctisque bonæ voluntatis hominibus cordato ac liberali præsentamus animo..... vale. Luteciæ Parisiorum. *Légende de la mappemonde de 1536.*

Il résulte de cette étude sur les travaux cartographiques de Schœner, qu'il a cherché d'abord à interpréter, à l'aide des récits de voyages, les documents qu'il avait entre les mains et qu'il a montré souvent, dans cette interprétation, une hardiesse assez aventureuse. L'arrivée de documents nouveaux le rend plus circonspect et plus réservé. Après son globe de 1520, il ne fait plus de travail original; il se contente de reproduire, sans en contrôler la valeur, les cartes qu'il reçoit. A partir de 1533, il cesse de publier des travaux géographiques.

Schœner a eu un imitateur dans Pierre Apian, dont la renommée a fort injustement obscurci la sienne. Bien qu'il ait peu résidé à Nuremberg, c'est cependant à cette École qu'Apian se rattache. Il s'appelait Pierre Bienewitz ou Benewitz, nom qu'il traduisit en celui d'*Apianus*, ou, en allemand, d'*Apian*. Il était né en 1495, à Leisnig, en Saxe, à moitié chemin entre Leipzig et Dresde. C'est à Leipzig qu'il fit ses premières études et qu'il commença probablement à apprendre les mathématiques. Il vint ensuite à Vienne, où des noms célèbres l'attiraient, et se lia particulièrement avec Tannstetter ou Collimitius, dont il resta toujours l'ami. Il fut son collaborateur plutôt que son élève, car il publiait, dès 1520, chez Lucas Alantse, le grand imprimeur viennois, une carte du monde où figuraient les nouvelles découvertes[1]. Apian ne resta pas longtemps à Vienne; il gagna bientôt la Bavière qu'il ne quitta plus, et qui devint sa véritable patrie. En 1522, il est à Ratisbonne, où il publie une *Declaratio et usus typi cosmographici;* en 1524, à Landshut, il fait paraître une *Isagoge in typum cosmographicum, seu mappam mundi*, et surtout son *Cosmographicus liber*, manuel célèbre, qui a fait sa gloire[2]. Cependant il fallait vivre; il n'y avait, pour

1. *Tipus orbis universalis juxta Ptolomei cosmographi traditionem et Americi Vespucii aliorumque lustrationes a Petro Apiano Leysnico elucubrata Ann. Do.* MDXX. Cette carte a été insérée dans le commentaire de Solin par Camers, et dans celui de Pomponius Mela par Vadianus.

2. *Isagoge in typum cosmographicum seu mappam mundi (ut vocant)*

un savant qui n'était pas d'église, d'autre choix que l'Université. Apian tourna ses vues du côté d'Ingolstadt. Il y installa même, avec l'aide de son frère, une imprimerie qui publia ses livres. En 1527, on lui confiait enfin la chaire de mathématiques. Ce n'était pas pour lui la fortune. Le sénat d'Ingolstadt lui avait fait des prêts pour l'aider à publier ses ouvrages. Il lui fallait se libérer sur son traitement annuel et contracter de nouvelles dettes. On le voit une fois, allant probablement en vacances dans son pays, emprunter vingt florins sur sa route à son ami Aventinus, qui consigne soigneusement le fait sur son livre de dépenses journalières. Il faut dire qu'Apian s'était marié à Landshut et qu'il eut neuf fils et cinq filles. Cependant la fortune et les honneurs lui arrivèrent. Son grand ouvrage, l'*Astronomicon Cæsareum*, lui valut de l'empereur un présent de trois cents goulden d'or. Désormais la faveur de Charles-Quint lui est assurée. Il est comblé d'honneurs et de profits ; il est même anobli ainsi que sa famille. Le secret de cette grande faveur, c'est qu'il était resté bon catholique ; l'exemple était trop rare dans les Universités pour que l'empereur et le pape ne lui en aient pas témoigné leur gratitude.

Apian avait publié un assez grand nombre d'ouvrages. Ils sont presque tous relatifs à l'Astronomie et à la Géographie. Il en est un cependant dont le contenu est tout différent, et qui fait grand honneur aux presses d'Apian lui-même, d'où il est sorti. C'est un recueil d'inscriptions, le premier de ce genre qui ait été imprimé, œuvre remarquable pour l'époque,

quam Apianus sub illustrissimi Saxoniæ ducis auspiciis prælo nuper demandari curavit, Landshut, 1524. — *Cosmographicus liber Petri Apiani mathematici studiose collectus*, Landshut 1524. Ce livre fut revu par Gemma le Frison (Gemma Frisius), né en 1508, à Doccum en Frise, et mort en 1555. Il ne faut pas le confondre, comme on l'a fait quelquefois, avec Laurent Friess (Laurentius Frisius). Gemma fut un mathématicien et un géographe de valeur. Il a construit des globes et des cartes. Un opuscule de 1530 décrit un de ces globes : *Gemma Phrysius de principiis astronomiæ et cosmographiæ deque usu globi ab eodem editi*..... Anvers, 1530. Ce globe qui est perdu était un globe géographique sur lequel étaient également fixées les positions des étoiles. Voir plus haut, p. 95, note 1.

et qui témoigne du goût pour l'érudition qui règne dans ce milieu nurembergeois [1].

Apian dressa des cartes et construisit des globes. Il n'est malheureusement pas d'œuvre géographique qui nous soit parvenue plus mutilée que la sienne. On ne peut lui attribuer, d'une manière certaine, que sa mappemonde de Vienne. Cette carte est célèbre. On a cru pendant longtemps qu'elle était la première sur laquelle on ait pu lire le nom d'Amérique. Elle n'a, en réalité, d'autre intérêt que son mode de projection en forme de cœur. Sa nomenclature est assez pauvre. L'auteur a dû s'inspirer d'un des premiers types de Schœner. Il n'y a pas de continent austral, l'Asie y est dessinée à la façon de Béhaim, et l'Afrique a son ancienne forme, celle où l'équateur traverse la Guinée. L'Amérique se compose, comme chez Schœner, de deux grandes îles, au nord *Parias*, au sud *America*. Une légende curieuse se lit au-dessous d'Hispaniola : « Dans cette île se trouve le bois de Gaïac. » L'auteur a tiré ce renseignement d'un livre d'Ulrich de Hutten qui avait paru en 1519 et qui est intitulé : *De admiranda Guaia medicina et morbi gallici curatione.* Apian n'a pas eu pour cette carte, très inférieure au globe contemporain de Schœner, de documents originaux.

En 1522, il publiait à Landshut une petite plaquette de huit pages où était décrite une carte [2]. En 1524, l'*Isagoge in typum cosmographicum* en décrivait également une. On n'a conservé ni l'une ni l'autre de ces cartes qui étaient peut-être identiques. La description de 1524 est assez précise pour qu'on puisse se représenter comment était construite la mappemonde qui s'y rapporte. Elle devait être de forme ellipsoïdale, c'est-à-dire dressée suivant cette projec-

1. *Inscriptiones sacro sanctæ vetustatis non illæ quidem Romanæ sed totius fere orbis summo studio ac maximis impensis terra marique conquisitæ feliciter incipit.* Ingolstadt, 1533. En tête se trouve une lettre de Mélanchthon à Amantius, collaborateur d'Apian, qui loue cette publication.

2. La *Declaratio et usus typi cosmographici.* Je n'ai pu me procurer cette plaquette, que M. Günther n'a pas pu avoir non plus à sa disposition. Elle est décrite dans Harrisse, *Bibl. Americ. Vetust.*, p. 82.

tion qu'Apian, dans son *Cosmographicus liber*, paru cette même année, recommandait comme étant la plus commode. Les méridiens s'arrondissaient de part et d'autre des deux pôles, les parallèles étaient des lignes droites. Les signes du zodiaque étaient représentés sur une ligne à double courbure, comme sur une des vignettes de la Cosmographie. Une des particularités de cette carte, c'est qu'elle avait le nord en bas et le sud en haut. Apian trouve ce procédé plus commode. Enfin, un grand cercle indiquait « l'horizon de l'Allemagne » par rapport à Vienne pris comme pôle.

Dans un privilège accordé à Apian par l'empereur en 1532, et qui est inséré dans l'*Astronomicon cæsareum*, il est encore question de mappemondes et de cartes locales [1]. Aucune de ces mappemondes ne nous est parvenue. Enfin, un catalogue de la Bibliothèque de l'Escurial signale, comme étant conservés à cette Bibliothèque, des globes et des plans [2]. Ces documents ne se retrouvent plus.

Nous croyons cependant qu'on doit attribuer à Apian les fuseaux d'un petit globe récemment signalé par M. Nordenskiöld [3]. Le seul nom de ville qui s'y trouve est, avec Saint-Jacques de Compostelle, celui d'Ingolstadt, où Apian a résidé pendant la plus grande partie de sa vie. Ce petit globe reproduit une légende relative à la découverte de l'Amérique en 1497, qui se trouve déjà sur la mappemonde de 1520, et

1. Tabulas seu mappas ut universi terrarum orbis generales aut etiam quarumdam Regionum seu provinciarum particulares. Indépendamment de ses propres travaux, Apian a imprimé des cartes, comme celle de Hongrie par Cuspinianus, comme la carte de Franconie de Sébastien Rotenhan. Voir ch. XIII.

2. Hic sphærarum, globorum tabularum atque instrumentorum mathematicorum haud vulgarium magnus numerus. Est unum inter reliqua a Petro Apiano ejus autore, oblatum Carolo V imperatori, locorum sitibus, altitudinibus, intervallis et amplitudinibus explorandis percommodum, cujus usui cognoscendo quatuor grandes tomos scripsit, quorum alii editi sunt in lucem, alii, manuscripti cum eodem instrumento hic asservantur. Clemens, *Descript. Bibliothecæ Escurialis* cap. IV. Cité par Günther *op. cit.*, p. 47.

3. Om en mærklig Globkarta fran bœrjan af Sextonde seklet af A. E. Nordenskiöld, *Ymer Tidskrift utgiven af svenska sællskapet Fœr Antropologi och geografi*, 1884. Ces fuseaux se trouvent également à la Bibl. nationale, et dans la collection du prince de Liechtenstein.

celle qui concerne le bois de gaïac. Cette carte, dont les contours sont meilleurs que ceux de la carte de 1520, surtout pour l'Afrique, procède encore du même type. Elle ne révèle pas plus que celle-ci l'emploi de documents nouveaux.

Sur ces mappemondes et sur ces globes, sauf sur les derniers de Schœner, c'est, en somme, le dessin général du petit globe de Waldseemüller qui toujours est reproduit. Plusieurs fois encore, même quand l'Allemagne possédera de meilleures cartes, c'est lui qui servira de modèle. C'est ainsi qu'on le retrouve en 1532 sur une mappemonde de Sébastien Munster [1]; en 1534, au frontispice d'un petit manuel de géographie, publié à Zurich par Vadianus [2], et dans le livre de Honter, intitulé *Rudimentorum cosmographiæ libri duo*, paru la même année à Bâle et à Cracovie [3]. Il reparaît encore sur une petite mappemonde gravée à Zurich en 1546, et qui sert de frontispice à un atlas de Stumpf [4]. Cette même planche a été utilisée pour les éditions successives du livre de Honter à partir de cette année 1546. On la retrouve encore en 1583 [5].

1. Cette mappemonde se trouve en tête du *Novus Orbis de Grynæus*. Voir plus loin, ch. XIII. Elle est reproduite dans le *Fac-simile Atlas* de Nordenskiöld, pl. XLII.

2. *Epitome trium terræ partium, Asiæ, Africæ et Europæ, Compendiariam locorum descriptionem continens, præcipue autem quorum in actis Lucas passim autem Evangelistæ et apostoli meminere*. Zurich, 1534.

3. J. Honter Coronensis, *Rudimentorum cosmographiæ libri duo*, Bâle, 1534 M. Wieser a signalé cette édition de Cracovie 1534. *Magalh. Strass.*, p. 22, note 1.

4. Sur cet atlas, voir plus loin ch. XIII. La planche est reproduite dans le *Fac-simile Atlas* de Nordenskiöld, n° XLIV.

5. On retrouve encore le même type de carte dans l'*Isolario* de Benedetto Bordone, paru à Venise en 1528.

CHAPITRE VI

L'ÉCOLE DE NUREMBERG

Tables de longitudes et de latitudes[1].

Les petits traités de Géographie de Schœner et d'Apian. — Grand succès du livre d'Apian. — C'est un vulgarisateur. — Jean Stœffler, sa vie et ses travaux. — Stœffler astrologue. — Son opinion sur les tables de Ptolémée. — Longitudes et latitudes de Stœffler. — Il s'inspire de Ptolémée. — Les tables de Schœner. — Comment elles ont été construites. — Apian reproduit surtout Schœner. — Valeur de ces différentes tables. — Petit nombre des déterminations astronomiques. — Ce sont des tables empiriques.

Les opuscules géographiques de Schœner et d'Apian ne sont pas seulement des textes explicatifs de leurs globes et de leurs cartes; il en est qui sont de véritables traités de Géographie, comme la *Luculentissima descriptio* de Schœner[2], et le *Cosmographicus liber* d'Apian. Le type de ces ouvrages est toujours le même : leur modèle c'est la *Cosmographiæ introductio* de Waldseemüller. Ils débutent par les notions de géométrie et de cosmographie nécessaires aux géographes; la géographie véritable ne vient qu'en appendice. Elle n'avait d'ailleurs, à cette époque, qu'à gagner à

1. Pour Schœner et Apian, voir le ch. précédent. — Pour Stœffler, consulter : L. F. Heyd, *Melanchthon und Tübingen*, 1512-1518, *ein Beitrag zu der Gelehrten und Reformations-Geschichte des 16ten Jahr.* Tubingue, 1839; Moll, *Johannes Stœffler von Justingen ein Charakter Bild aus dem ersten halbjahr. der Univ. Tübingen*, Lindau, 1877; Günther, *Gesch. des Math. Unterrichts im deutschen Mittelalter bis zum Jahre 1525*. Berlin 1887, pp. 267 sqq.

2. L'*Opusculum geographicum* de Schœner peut aussi être considéré comme un traité de Géographie. Toutefois, comme il n'est qu'une description du globe de 1533, c'est-à-dire de la carte de Finé, nous n'y insisterons pas.

cette dépendance. La *Luculentissima descriptio* de Schœner est une œuvre très étudiée et très complète ; le *Cosmographicus liber* d'Apian n'est guère, comme nous le verrons, qu'un abrégé du premier. Et cependant l'opuscule de Schœner n'a eu qu'une édition et a passé presque inaperçu, tandis que celui d'Apian, partout répandu, traduit en plusieurs langues, a eu jusqu'à la fin du siècle un nombre considérable d'éditions [1]. C'est qu'Apian est surtout un vulgarisateur. Il écrit une arithmétique à l'usage des marchands [2], et leur apprend à compter sur leurs doigts ; mais c'est en astronomie surtout qu'il s'applique à simplifier. Il en arrive à supprimer la science elle-même, et à la remplacer par des représentations graphiques. Il a des constructions pour trouver l'heure pendant le jour et la nuit ; il en a pour expliquer la marche des planètes. Dans son *Astronomicon Cæsareum*, chaque page est une construction mécanique ingénieusement agencée, avec des cercles en papier tournant les uns autour des autres, sur des pivots en ficelle. Il serait vraiment étrange de voir un savant se contenter d'à peu près aussi ingénieux, si la science avait eu alors aussi nettement qu'aujourd'hui conscience de ses devoirs. Il semble que les mathématiciens de la Renaissance ne fassent pas le départ entre ce qui est et ce qui n'est pas rigoureusement démontré. Emancipés depuis peu, ils ont en eux une confiance qui nous déconcerte. De là l'immense succès de la science facile d'Apian. Il s'adressait aux yeux plutôt qu'aux esprits ; ses livres convenaient à merveille au goût de ses contemporains.

Les descriptions géographiques de Schœner ne sont pour l'ancien monde, comme on l'a vu déjà pour le nouveau, que

1. Il a été traduit en français, en hollandais, en espagnol. L'édition primitive, ou celle qui fut revue par Gemma (voir p. 98), ont été reproduites à Ingolstadt, Venise, Anvers 1533, Venise 1535, Anvers (en hollandais) 1537, Anvers 1539, 1540, Venise, Nuremberg 1541, Anvers (en français) 1544, Anvers 1545, Anvers (en espagnol) 1548, Anvers 1550, Paris, Venise 1551, Anvers 1553, Anvers 1561, Cologne, Anvers 1574, Anvers 1584, Amsterdam 1598.

2. *Ein neue und wolgegründte Underweisung aller Kauffmanns Rechnung.* Francfort-sur-le-Mein 1537.

des compilations. Il prend aux écrivains anciens comme aux modernes, à Pline et à Solin comme à Marco Polo. Quelques détails intéressants sont empruntés à des contemporains. Parlant de la Sarmatie asiatique, c'est-à-dire de la Russie au delà du Don, il raconte, d'après Æneas Sylvius, que les marchands allemands n'y pénètrent qu'à grand'peine et qu'on y trouve des pelleteries et de l'argent [1]. Il a sur l'Islande des renseignements très précis : « C'est la première île de l'Europe du côté du nord; Ptolémée ne l'a pas connue. Sur ses confins les plus éloignés elle est couverte d'une glace éternelle. On y trouve du cristal. Il y a des ours blancs, dont les habitants utilisent les fourrures, ainsi que celles d'autres animaux, pour se défendre du froid. Ils n'ont pas d'autres vêtements, à ma connaissance, sauf ceux qu'on leur apporte du dehors. Ils sont blancs. Ils ont aussi des salines célèbres d'où on tire d'excellent sel qu'on exporte dans les pays voisins. C'est là qu'on pêche les morues en quantités presque aussi considérables que les esturgeons. On les sale et on nous les envoie [2]. » Il parle, d'après Claudius Clavus, de pygmées qui habitent le Nord. A sa description, il est facile de reconnaître les Lapons, dont l'imagination de l'écrivain a diminué la taille. « Claudius Clavus a vu des pygmées, petits hommes hauts d'une coudée. Ils avaient été pris en mer sur de petites barques de cuir qui sont conservées encore aujourd'hui dans l'Eglise cathédrale de Trondhjem. Là se trouve également un long bateau de cuir qui fut pris autrefois avec ces pygmées [3]. »

Apian ne consacre à la géographie que quelques pages; son livre est plutôt un sommaire qu'une véritable description.

Ce qu'il y a de plus digne d'attention, dans ces deux ou-

1. Ad hanc theutonici mercatores maximo labore et periculis perveniunt. Ibi argentum et pelles preciosæ. Asia, f° 45 verso. Cf. Æneas Sylvius, p. 419 de l'éditon de Bâle.
2. F° 17 verso.
3. F° 31 verso.

vrages, c'est la tentative qu'on y trouve pour dresser une table très complète de longitudes et de latitudes. L'entreprise n'est d'ailleurs pas isolée. Il convient de la rapprocher d'une tentative analogue faite par un autre savant qui appartient lui aussi à l'École de Nuremberg, Jean Stœffler.

Stœffler était un Allemand du sud. Il était né à Blaubeuren près d'Ulm, en 1452. Il fréquenta l'Université d'Ingolstadt, y suivit les cours de théologie, de philosophie, et surtout de mathématiques. A vingt-cinq ans, il obtient la cure de Justingen et se consacre tout entier à ses études favorites. Pendant trente-trois ans il fut curé de Justingen ; ses revenus étaient considérables pour l'époque, sa tranquillité parfaite. Il faisait de petits voyages, visitant ses amis, allant installer à Constance l'horloge de la Cathédrale qui s'y trouve encore, ou offrir à l'évêque de Worms un globe céleste qu'il avait construit de ses mains. Sa renommée s'était répandue autour de lui. On venait voir ses travaux. L'empereur Maximilien lui-même, étant en 1507 à la diète de Constance, voulut le connaître et vint lui faire visite. Il serait resté là toute sa vie, si le duc de Wurtemberg n'eût voulu créer à l'Université nouvelle de Tubingue une chaire de mathématiques, et ne l'y eût appelé. Il y vint avec regret. « On ne se dérobe pas sans peine au désir des grands, écrit-il à un ami. » Il avait cinquante-neuf ans. On le vit cependant animé pour ses nouvelles fonctions d'une ardeur toute juvénile. Devenu recteur de l'Université, il n'en faisait pas moins chaque jour sa leçon de mathématiques. Son influence fut grande. Parmi ses élèves on compte Munster [1]. La fin de sa vie fut moins heureuse. En 1519, le duc de Wurtemberg était détrôné; la ville était prise d'assaut [2]. Stœffler perdait du même coup et son protecteur et les revenus de sa cure de Justingen qu'il avait

1. Olim præceptor meus fidelissimus. Munster, *Cosmographia*. édit. 1550, p. 596.

2. Le duc Ulric de Wurtemberg avait été mis au ban de l'Empire, et battu par le fameux Franz de Sickingen. Tubingue fut prise l'année suivante par les troupes impériales.

conservés en partie. Il s'adressa à l'empereur dont la bienveillance était plus grande que les ressources. Pour comble de malheur, la peste s'abattit en 1530 sur le Wurtemberg. L'Université dut fuir. La Faculté de philosophie se divisa en deux camps, les nominalistes allèrent à Neuenburg et les réalistes à Blaubeuren. Ce fut là, dans son pays natal, que Stœffler succomba, atteint par le fléau, le 16 février 1531. Il avait soixante-dix-huit ans.

Il eut un moment de grande célébrité en Europe, mais ce ne fut pas aux mathématiques qu'il le dut. Il était astrologue, c'est dire qu'il était de son temps. Or il avait prédit dans ses Éphémérides un nouveau déluge pour le mois de février de l'année 1524. L'alarme fut universelle. En Allemagne, en France, en Italie, en Espagne, les savants se prononçaient pour ou contre la prédiction. Les princes inquiets consultaient leurs philosophes et leurs astronomes. Stœffler ne répondit qu'à un seul de ses contradicteurs, l'illustre Tannstetter de Vienne. Il distinguait habilement les causes premières des causes secondes, réservant toujours l'intervention divine, ce qui affaiblissait singulièrement la théorie. Ce mois de février fut particulièrement sec, mais la confiance de Stœffler dans l'astrologie n'en fut pas ébranlée. Il avait prédit, raconte un de ses biographes, qu'il mourrait un certain jour par la chute d'un objet pesant. Pendant toute cette journée il resta à l'abri dans sa maison, causant avec ses amis. Mais une discussion s'étant élevée, il oublia la fatale prédiction et voulut prendre sur une tablette un gros in-folio qui lui tomba sur la tête et le tua. Cette légende fut la vengeance de ceux qu'il avait tant effrayés [1].

1. Voir sur cet épisode les détails donnés par Bayle. *Dict. crit.* Édit. d'Amsterdam 1734. T. V, pp. 245, sqq. et Moll., *op. cit.* Albertus Pighius publia en 1518, à Paris, une *Astrologiæ defensio adversus prognosticorum vulgus*; Augustus Niphus, en 1519, à Naples, un *De falsa diluvii prognosticatione*; Tannstetter (Collimitius) à Vienne, en 1523, un *Libellus consolatorion*. Le grand chancelier de Charles-Quint consulta Pierre Martyr, qui répondit que le mal ne serait peut-être pas aussi funeste qu'on le craignait, mais que les conjonctions des planètes annonçaient des désordres. Quand l'époque marquée arriva, la terreur

Il avait consacré ses longs loisirs de Justingen à continuer jusqu'à l'année 1531 les Ephémérides de Régiomontan. Il les avait publiées à Ulm à la suite d'un almanach fait en collaboration avec son ami Pflaum [1]. Il avait fait paraître ensuite à Tubingue des tables astronomiques, puis à Oppenheim un livre sur la construction et l'usage de l'astrolabe [2]. En 1518, il donnait, à Oppenheim également, son *Calendarium magnum*, dédié à l'empereur Maximilien, qui est, en réalité, un savant traité sur la réforme du calendrier [3]. Il ne publia plus lui-même que son *Expurgatio adversus divinationem*, en 1523 [4]. Après sa mort seulement on imprima une partie de ses cours, son vaste commentaire de la sphère de Proclus [5]. On promettait son commentaire sur la cosmographie de Ptolémée. En 1534, un incendie détruisit les bâtiments de l'Université où se conservaient les manuscrits et les instruments du maître. Une partie seulement de ce commentaire put être sauvée, et se conserve aujourd'hui encore à Tubingue.

C'est dans le *Calendarium magnum* que se trouve la longue liste de longitudes et de latitudes de Stœffler, ce qu'il appelle l'*Abacus regionum*. Bien que ce livre n'ait été publié qu'en 1518, c'est-à-dire trois ans après la *Luculentissima descriptio* de Schœner, il est le résultat d'un travail antérieur, et ne lui a rien emprunté. Il doit être étudié d'abord.

redoubla. Ceux qui habitaient sur les bords de la mer ou des fleuves abandonnaient leurs demeures ou préparaient des barques. On montait en foule sur les montagnes. Les épisodes gais ne manquèrent pas. On racontait que le bourgmestre de Wittenberg avait fait porter sur son toit une provision de bière, afin de ne pas mourir de soif pendant l'inondation.

1 *Almanach nova plurimis annis venturis inservientia per Joannem Stœfflerinum Justingensem et Jacobum Pflaumen Ulmensem.... Opera arteque impressionis... Joannis Reger... anno 1499*. Ce livre fut imprimé plusieurs fois à Venise et à Paris.

2. *Joannes Stœffleri Tabulæ astronomicæ*. Tubingue, 1500; *Elucidatio fabricæ ususque astrolabii a Joanne Stœfflerino*, Oppenheim, 1513.

3. *Calendarium Romanum magnum*, *Cæsaree majestati dicatum. D. Joanne Stœffler Justingensi mathematico auctore*, Oppenheim, 1518.

4. *Expurgatio adversus divinationem a Joanne Stœfflero*, Tubingue, 1523.

5. *Joannis Stœffleri Justingensis math. erudit..... in Procli Diadochi... Sphæram mundi... commentarium*. Tubingue, 1524.

Depuis longtemps déjà, Stœffler avait été frappé de l'insuffisance et de l'inexactitude des tables de Ptolémée pour l'Allemagne. Dans la *Composition de l'astrolabe*, parue en 1513, il faisait déjà cette remarque pleine de sagesse : « Il est certain que pour l'Allemagne, plus d'une position donnée par Ptolémée est inexacte. Nous conserverons cependant les données de Ptolémée, tant que nous n'aurons pas une description plus complète de l'Allemagne [1]. » Dans le même ouvrage il raconte qu'il profita de l'éclipse du 29 février 1504, pour prendre la longitude d'Ulm par rapport à celle de Tolède. Il trouva 20° 30′ pour cette distance, au lieu de 13° 58′45″qui est la distance véritable. L'erreur est considérable. Mais il s'était servi, il nous le dit lui-même, pour avoir l'heure de l'apparition du phénomène à Tolède, des tables alphonsines, le *somnium alphonsinum* de Régiomontan.

Dans le *Calendarium magnum*, il revient sur les mêmes idées. La préface adressée à l'empereur Maximilien par l'auteur et l'éditeur contient cet important passage : « A peine pouvons-nous dire combien l'Allemagne est inconnue, à cause des nombreux changements de villes, de nations, de noms survenus depuis Ptolémée. Les noms sont tout différents et nous ne pouvons plus nous y reconnaître. Le livre qui nous décrit la Germanie est plus volumineux que savant. Quant à nos nouveaux géographes, peu soucieux du précepte d'Horace, ils nous donnent des chiffres de longitudes et de latitudes, sans avoir aucune autorité pour se prononcer ainsi. Leurs erreurs ne leur causent aucune honte ; mais la témérité est compagne de l'ignorance ; elle l'a toujours été et le sera toujours. Nos ancêtres s'en plaignaient déjà, nous nous en plaignons, nos descendants s'en plaindront encore [2].. » Il ajoute, dans le corps de l'ouvrage : « Quant à la

1. Verum per Germaniam in opere Ptolemæi plures locorum latitudines et longitudines debitos numeros minime habere satis compertum est ; stabimus tamen cum Ptolomæo, dum emendatior Germaniæ prodibit descriptio.

2. *Calendar. mag.* Préface adressée à l'empereur par Stœffler et Jacques Kœbel, typographe.

Cosmographie de Ptolémée, souvent reproduite et répandue par l'art admirable de l'imprimerie, nous la trouvons pleine de fautes et d'erreurs, non seulement dans les longitudes mais encore dans les latitudes, et cela, particulièrement pour l'Europe. Et nous ne parlons pas des erreurs provenant du changement de nomenclature. Ajoutez à cela que nous, géographes modernes, nous mutilons et nous gâtons tellement les longitudes des villes qu'il n'en restera bientôt plus rien. Pour tout dire en un mot, nous souillons l'œuvre du grand mathématicien. Vraiment, je ne puis que rire de moi et des autres, quand commettant l'erreur *non causa pro causa*, nous avons l'audace de corriger des longitudes que nous trouvons parfaitement écrites dans les manuscrits grecs de Ptolémée, faisant plutôt en cela œuvre de corrupteurs que de correcteurs. Je pourrais citer des exemples sans nombre, quelques-uns suffiront à prouver ce que j'avance. Strasbourg, l'ancienne Argentoratum a, d'après Ptolémée, 28 degrés environ de longitude, et d'après nous 24 et quelques minutes; Cologne, la métropole fameuse, a dans Ptolémée 28 degrés environ et pour nous 23 à peu près. Casurgi, qui répond à Prague, la ville de Bohême, a 39 degrés dans Ptolémée et 32 pour nous [1]. Nous craignons vraiment que les causes de ces changement ne soient bien futiles et que le serpent ne se cache sous l'herbe. C'est pourquoi notre tableau, divin Maximilien, a surtout pour cause de t'exhorter à demander aux illustres mathématiciens qui t'entourent de faire de nouvelles observations, de nous donner une description et des cartes exactes de l'Europe, de ses différentes régions, de ses provinces, îles, villes, fleuves, lacs et autres accidents remarquables [2]. »

Stœffler avait, une première fois, dans ses Ephémérides, introduit une table construite sur le modèle de celle de Ré-

1. A quelle table Stœffler fait-il allusion? Ces chiffres ne correspondent ni à la sienne, ni aux autres tables connues.
2. *Calendar. mag. De causis conscripti abaci regionum*, f° 20.

giomontan. Il n'y ajoute, en effet, que trois noms : Bâle, Tubingue et Ferrare. Les latitudes, données en degrés seulement, sont pour la plupart identiques à celles de la table de Régiomontan. Il y a cependant quelques corrections, les unes heureuses comme pour Cologne (51° au lieu de 52°, exactement 50°56'); Ratisbonne (49° au lieu de 48°, exactement 49°); d'autres mauvaises, comme pour Strasbourg (47° au lieu de 49°, exactement 48° 35'); Ulm (47° au lieu de 48°, exactement 48° 24'). Il en est de même pour les longitudes rapportées au méridien d'Ulm, et données en heures et minutes. D'après Régiomontan il y a entre Ulm et Tolède une différence d'heures de 1^h24^m. Stœffler a, comme nous l'avons vu, déterminé par une observation personnelle cette distance qu'il a trouvée égale à $1^h\,22^m$. C'est pour cette raison sans doute qu'il rapproche de deux minutes environ toutes les villes situées à l'ouest d'Ulm [1]. Le procédé est assez arbitraire, car l'erreur faite sur la longitude de Tolède peut être indépendante des autres longitudes. Une modification plus importante est la rectification du cours du Rhin entraînant des changements de longitudes pour les villes riveraines. L'influence de la carte de Glogkendon est ici évidente. Cette première liste n'a d'ailleurs qu'un intérêt minime à côté de celle qu'il publia dans le *Calendarium magnum*. Celle-ci contient plus de quatre cents noms appartenant tous à l'Europe. Encore a-t-il passé sous silence les régions orientales. La raison de cette omission est singulière : « C'est afin, dit-il, de ne pas fournir de armes aux ennemis du Christ et de la religion ». Le plus grand nombre de noms appartient à l'Allemagne et particulièrement à la Souabe. Le méridien initial est celui de Tubingue; les distances à ce méridien sont données en heures et minutes, les latitudes en degrés seulement.

Si, comme nous l'avons fait pour le table de Régiomonton, nous transformons en degrés et minutes les heures et les minutes de Stœffler, et si nous rapportons les longitudes

1. Quelquefois une ou trois.

ainsi obtenues au méridien initial de Ptolémée, nous constaterons pour beaucoup de points une concordance parfaite entre les deux tables. Certaines différences proviennent d'ailleurs des différentes leçons des manuscrits et des éditions [1]; mais, pour l'Allemagne surtout, les corrections aux chiffres donnés par Ptolémée sont nombreuses. C'est ainsi que Stœffler donne pour latitude à Vienne 48° au lieu de 46° (latitude exacte 48° 13'). C'est ainsi encore qu'il rectifie, comme dans sa première liste, les longitudes des villes du Rhin. Quelques-unes des erreurs de cette première liste disparaissent de la seconde : Strasbourg reprend sa latitude de 49° et Ulm celle de 48°. Est-ce à dire que ces changements proviennent de déterminations astronomiques nouvelles? Evidemment Stœffler a tenu compte des observations dont il a pu connaître les résultats. La nouvelle latitude de Vienne paraît bien provenir d'une mesure directe. Mais ses déclarations répétées prouvent que ce ne peut être là qu'une exception. Elles disent clairement qu'il ne se fait pas d'illusion sur la valeur de sa table; et l'approximation dont il se contente ôte toute valeur précise à ses résultats. C'est à l'aide de cartes ou d'itinéraires qu'il a dû corriger Ptolémée, c'est également par la comparaison des documents existants qu'il a dû introduire dans sa liste les nombreuses positions qu'il ne trouvait pas dans le livre du maître. Ainsi, pour l'Irlande, Stœffler donne trois noms : Reba, Ganaphorda et Lamericca (Limerick). Le premier est dans Ptolémée; il lui conserve ses coordonnées, les deux autres sont sur la carte moderne de 1513. La graduation de Reba sert de point de repère, Ganaphorda et Lamerrica ont été placées par comparaison.

Schœner se montre beaucoup moins réservé que Stœffler. « Presque pour toute l'Europe, dit-il, les chiffres de Ptolémée sont inexacts; aussi ai-je ajouté une nouvelle table pour l'Europe. Je l'ai obtenue par une étude attentive des obser-

1. Voir appendice II.

vations de mes prédécesseurs et des itinéraires [1]. » Mais dans quelle proportion ces deux éléments ont-ils été employés, c'est ce qu'il est important de déterminer.

La liste de la *Luculentissima descriptio* est très complète. Elle comprend non seulement l'Europe occidentale, mais encore l'Europe orientale, l'Asie, l'Afrique et même les îles nouvellement découvertes. Les longitudes et les latitudes y sont données cette fois en degrés et minutes. On constate, d'après la table que le méridien initial passe à *Porto-Sancto*, l'une des Canaries. Pourquoi Schœner a-t-il choisi cette origine, il ne le dit pas. Elle ne coïncide pas avec celle de Ptolémée, puisqu'il ne conserve pas pour Tolède la longitude traditionnelle de 10°. Quelle raison aurait-il, en effet, de modifier la position de Tolède ? Il ne tient pas compte de la détermination faite par Stœffler et ne semble pas la connaître.

Ce n'est plus avec la table de Ptolémée qu'il faut comparer celle de Schœner. Un simple examen de ces deux listes, montre qu'elles ne dérivent plus l'une de l'autre et ne concordent plus que par hasard. C'est de la liste des longitudes et latitudes exactes que nous la rapprocherons, et nous prendrons comme méridien initial celui qui passe par la ville de Nuremberg où résidait Schœner, et qui a dû servir de centre à ses opérations [2].

Si l'on compare les longitudes ainsi obtenues aux longitudes vraies rapportées à ce même méridien, on trouve, le plus souvent, des différences assez considérables. Ou les observations sur lesquelles s'appuie Schœner sont défectueuses, ou ces longitudes ne sont données que par approximation. Cette seconde hypothèse, si l'on tient compte de la

1. Quia pene per totam Europam in Ptholemæi libro radices longitudinum et latitudinum regionum et civitatum veros numeros minime habere comperimus, ideo tabulam novam Europæ juxta observationes superiorum ac itinerum peragrationes, diligenti adjunxi examine. *Lucul. Descript.*, préface. Il est assez étrange que cette importante liste de longitudes et de latitudes donnée par Schœner ait passé jusqu'à présent inaperçue.

2. Voir appendice III.

difficulté qu'offraient alors les déterminations de longitudes, est la plus vraisemblable. Ayant à citer, dans sa *Luculentissima descriptio*, deux villes situées sur le même méridien, Schœner choisit Bamberg et Schleswig. Ces longitudes sont, en effet, conformes à sa table, mais l'écart réel est de 1° 18'[1]. Il est probable qu'il n'a pris pour exemple que les chiffres qui lui paraissent le plus certains. On voit combien ses longitudes sont encore défectueuses.

Ses latitudes sont meilleures ; il en est même de très exactes pour l'époque, celles de Nuremberg (49° 24' au lieu de 49° 27'), de Bamberg (49° 56' au lieu de 49° 53'), d'Ulm (48° 22' au lieu de 48 24'), d'Ingolstadt (48° 48' au lieu de 48° 46'), de Dresde (51° au lieu de 51° 2'). Ces nombres, qui sont tous empruntés à l'Allemagne, reposent évidemment sur des déterminations directes très précises. Ils ont fourni d'excellents points de repère, et ont permis de placer les autres villes sans trop d'écart. Mais lorsqu'on s'éloigne de l'Allemagne, toute précision disparaît. Schœner n'a pu le plus souvent se servir que des cartes, encore ne les suit-il pas exactement. Pour l'Espagne, par exemple, il semble bien qu'il prenne pour base la carte moderne de 1483 ou sa reproduction de 1513. Séville, Grenade, Cordoue ont, en effet, dans sa table, des longitudes et des latitudes qui correspondent à leur position sur cette carte ; mais il ne fixe que 30' d'intervalle entre Pampelune et Saragosse, alors que sur la carte, comme dans la réalité, cette distance est beaucoup plus considérable. Burgos et Saragosse, Gérone et Barcelone, qui ont la même latitude sur la carte, ne l'ont plus dans la table. Il en est de même pour la France ; la carte moderne de 1513 n'est pas suivie exactement. Marseille et Montpellier, placées à des latitudes très différentes sur la carte, sont rapprochées dans la table. Schœner a, sans doute, subi pour cette modification l'influence de Ptolémée. La Rochelle, dont la longitude est plus occidentale sur la carte que celles de

1. *Lucul. Descript.*, f° 5.

Bordeaux et de Nantes est, dans la table, à peu près rétablie à sa place. Ici Schœner a corrigé Ptolémée. Toutes ces positions, pour les régions de l'Europe extérieures à l'Allemagne, ne peuvent être que le résultat d'un travail critique fait sur des cartes et des itinéraires, mais dont il est impossible de déterminer les éléments.

Nous insisterons moins sur les positions fournies pour les autres continents. Ici Schœner copie Ptolémée, et, quand Ptolémée lui fait défaut, c'est dans les cartes ou les récits de voyages qu'il puise ses documents. Pour l'Afrique, par exemple, c'est par un résumé de Ptolémée qu'il commence; à la fin seulement, sous le titre d'Éthiopie intérieure, il introduit une liste de treize noms : *Hiere*, *Facuma*, *Gamma*, *Sceva*, *Phazagar*, *Zara*, *Vala*, *Adra*, *Zenia*, *Abia*, *Ganane*, *Marchosa*, *Dedel*. Ces noms inconnus ne peuvent provenir que de quelque document italien relatif à l'Abyssinie, analogue à celui qui a servi pour le globe de Béhaim, où l'on retrouve : Zenia, Abja, Gamma, Focuma...

Schœner reconnut-il dans la suite qu'un essai comme celui qu'il avait tenté était encore prématuré? Fut-il rendu plus prudent par les documents nouveaux qui lui parvinrent? Toujours est-il qu'il ne reproduisit plus sa liste. En 1533, dans son *Opusculum geographicum*, il se rallie à l'opinion de Stœffler : « A peine peut-on dire combien notre Allemagne est inconnue à cause des changements survenus dans les villes, les peuples et les noms. Les princes Allemands ne pourraient pas travailler plus utilement à la grandeur de leur pays, qu'en faisant déterminer pour l'Allemagne et même pour l'Europe entière les longitudes et les latitudes. Certes, il serait difficile d'avoir une description exacte et précise du monde entier; mais chaque prince pourrait facilement faire déterminer astronomiquement les positions de son propre pays, en employant à ce travail des hommes expérimentés [1]. »

1. Et possent profecto principes Germani nulla re magis nomini Germanico consulere, quam si huc publice universi et privatim singuli animum adjicerent

La liste d'Apian est la plus complète, mais c'est la moins originale de toutes. Il faut y distinguer deux parties : l'Allemagne et les régions extérieures à l'Allemagne. Pour ces dernières, Apian copie la table de Schœner toutes les fois qu'elle lui fournit les noms qu'il cherche. Quand Schœner lui manque, c'est à Ptolémée qu'il emprunte, sans se demander si Schœner et Ptolémée ont exactement le même méridien initial. Il y a enfin, dans sa liste, des noms qui n'appartiennent à aucune des tables précédentes, et qui ne peuvent provenir que des cartes. Leurs positions ont dû être fixées par comparaison [1].

Pour l'Allemagne, il n'emprunte plus à Ptolémée, mais seulement à Schœner. Toutefois, il modifie très souvent les chiffres des minutes [2]. Est-ce pour ne pas reproduire servilement les chiffres de Schœner? Est-ce par suite d'une recherche plus scrupuleuse de la précision? Nous constaterons simplement que ces corrections, si elles sont bonnes quelquefois, particulièrement pour les longitudes, sont le plus souvent, pour les latitudes surtout, assez mauvaises. D'autre part, comment les déterminations astronomiques, comment les documents qu'il avait entre les mains pouvaient-ils lui permettre d'apprécier de si petites différences? Comme Stœffler pour la Souabe et Schœner pour la Franconie, Apian donne pour la Saxe un très grand nombre de positions suffisamment exactes, et qui pouvaient fournir les éléments d'une bonne carte. Mais, dans l'ensemble, il est impossible de voir dans sa table un progrès sur celle de Schœner.

Ces listes de longitudes et de latitudes ne sont donc que des listes d'attente. Mais l'essai n'était pas sans mérite. Elles

ut, quam fieri posset diligentissime observarent cum longitudinis tum latitudinis Germaniæ gradus vel etiam Europæ totius, universi enim orbis descriptionem justissimam ac novam tradere difficillimum fuerit : atqui patriæ suæ quisque facillime longitudinis et latitudinis deprehendere poterit gradus ubi harum rerum doctos sibi adhibuerit viros. *Opusc. geog.*, ch. IX.

1. Voir appendice IV.
2. Voir appendice V.

reposent, pour l'Allemagne, sur un certain nombre d'observations astronomiques qu'il était bon de réunir. Mais on n'avait guère déterminé astronomiquement que des latitudes et ces observations étaient encore peu nombreuses. Ce sont les cartes, ce sont les itinéraires qui ont fourni le plus de noms. Malgré leur apparence de précision scientifique, ces tables sont donc plutôt empiriques. Elles empruntent précisément aux cartes qu'elles eussent dû servir à dresser. Il eût été préférable d'indiquer seulement les positions exactement relevées. Donner des listes aussi complètes à cette époque était une entreprise illusoire et prématurée.

CHAPITRE VII

L'ÉCOLE DE NUREMBERG

Détermination des longitudes et des latitudes. Systèmes de projections. Jean Wernèr [1].

Jean Werner de Nuremberg. — Méthodes pour dresser les cartes. — Distinction entre les procédés de l'astronome et ceux de l'arpenteur. — Détermination des latitudes. — Détermination des longitudes à l'aide des éclipses; par les distances lunaires. — Tentatives de déterminations à l'aide de la boussole. — L'emploi des horloges portatives. — Les quatre modes de projection de Werner. — Jean Stabius. — Autres modes en usage. — Procédés d'Apian et de Glareanus, — Mappemonde de François de Malines.

La difficulté d'établir ces listes de longitudes et de latitudes imposait impérieusement aux savants la nécessité de rechercher des procédés pratiques pour faire ces déterminations astronomiques, et d'une façon plus générale, pour fixer exactement les positions sur la carte. Une fois ces données fondamentales obtenues, il fallait encore se préoccuper de trouver pour les cartes des modes de projections satisfaisants. De là tout un ordre de problèmes qui appartiennent

1. Voir sur Werner : Doppelmayr, *Historiche Nachricht.*; S. Günther, *Studien zur Gesch. der Mathem. und Physik. Geographie*, fasc. 5. Johann Werner aus Nürnberg... Sur Stabius : Steinhauser, *Stabius redivivus, eine Reliquie aus dem 16 Jahr. Zeitsch. f. Wissensch. Geog.*, t. V, fasc. 5, 6; Aschbach, *Gesch. d. Wiener Universitæt.*, t. II, pp. 363 sqq.; Sotzmann, *Stabius Weltkarte vom Jahre 1515, Verhandlungen der Gesellsch. f. Erdk. zu Berlin*, neue folge, t. V, 1848.

Sur les projections : les excellents articles de d'Avezac : *Coup d'œil historique sur la projection des cartes de géographie. Bulletin de la Soc. de Géog*, 5ᵉ série, t. V, 1863.

proprement à la géographie mathématique et que l'École allemande était bien préparée à traiter. Schœner et Apian, dans leurs manuels, signalent sommairement ces questions; mais c'est un autre Nurembergeois, Jean Werner, qui s'en est le plus exclusivement occupé. Werner est le véritable mathématicien de l'École. C'est lui qui conserve le mieux la tradition de Régiomontan.

On sait peu de choses de sa vie; entre toutes ces existences si calmes des savants allemands, la sienne paraît avoir été particulièrement tranquille. Il naît en 1468 à Nuremberg, étudie, comme tous ses contemporains, la théologie, puis va en Italie et y passe plusieurs années à étudier l'astronomie et à faire des observations. Il revient à Nuremberg et y reste jusqu'à sa mort, en 1528, occupant tour à tour diverses fonctions ecclésiastiques. Adhéra-t-il à la Réforme comme ses patrons, on ne sait. Bien qu'il ait été chapelain de l'empereur, il fut toute sa vie fort besogneux. Ses épîtres dédicatoires, dont le style ampoulé cache mal l'embarras, en témoignent assez.

Les ouvrages de Werner qui intéressent particulièrement la géographie peuvent être divisés en deux séries : la première comprend la traduction et le commentaire du premier et de la fin du septième livre de Ptolémée, et un commentaire de la géographie d'Amirucius. C'est là qu'on trouvera les théories de Werner sur les questions de longitudes et de latitudes. La seconde se compose d'un opuscule spécial sur les systèmes de projections [1].

1. Tous ces travaux parurent à Nuremberg en 1514 dans un recueil intitulé : In hoc opere continentur, nova translatio primi libri Geographiæ Cl. Ptolomæi... Joanne Vernero Nurembergensi interprete. In eumdem primum librum Geographiæ Cl. Ptholomæi, argumenta, paraphrases... et annotationes ejusdem Joannis Verneri. Libellus de quatuor terrarum orbis in plano figurationibus ab eodem Joanne Vernero novissime compertis et enarratis. Ex fine septimi libri ejusdem Geographiæ Cl. Ptolomæi... locus quidam nova translatione paraphrasi et annotationibus explicatus... De his quæ geographiæ adesse debent, Georgii Amirucii Verneri Norimbergensis appendices... Georges Amirucius était un Grec de Trébizonde qui quitta sa patrie en 1461 pour venir en Occident.

Werner appartient au premier âge des savants allemands de la Renaissance. Comme Stœffler son contemporain, il est peu sensible au beau langage. Il écrit en un fort mauvais latin et mérite le reproche que lui adressait Pirckeymer d'avoir trop peu su le grec. Sa pensée est le plus souvent enveloppée du lourd vêtement scolastique. Il semble qu'il n'ose pas marcher sans appui. Son commentaire de Ptolémée n'échappe à aucun de ces défauts. Ce long travail a toutes les apparences d'un écrit du moyen âge. Werner se propose, nous dit-il, d'expliquer les passages trop concis de l'auteur. Ce reproche de concision nous étonnerait, si nous ne tenions compte de l'insuffisance des connaissances scientifiques de l'époque. Ce n'est point la phrase précise de Ptolémée, mais les longues périodes enchevêtrées de Werner, qui auraient aujourd'hui besoin d'un commentaire. Il donne d'abord pour chaque chapitre un sommaire qui en présente le tableau méthodique; puis vient le commentaire lui-même, on pourrait dire la paraphrase. Werner explique, en reprenant souvent les mêmes termes, ce qu'a voulu dire Ptolémée ; il s'attarde à critiquer à son tour Marin de Tyr. On s'attend à trouver à chaque ligne le mot qui rendrait inutiles toutes ces longueurs : c'est que, depuis Marin et Ptolémée, Marco Polo a fourni de nouveaux détails sur l'étendue de l'Asie; c'est que les Portugais viennent précisément par leurs voyages d'élucider la plupart de ces problèmes; mais en vain. Et cependant Werner a sous les yeux le globe de Béhaim. Il vit dans un milieu où l'on n'ignore pas les découvertes. Il y a là un phénomène qui ne peut s'expliquer que par la difficulté de rompre avec les vieilles habitudes de l'esprit. Toutes ces données nouvelles, qui ne sont pas venues par les livres, n'ont point pour lui le prestige de l'antiquité ; elles peuvent être objet de curiosité, elles ne sont pas objet de science. Et cependant Werner n'est pas un esprit étroit, Ptolémée n'est pas pour lui une idole. Dans les notes qui accompagnent la paraphrase, lorsqu'il parle pour son propre compte, son style devient plus net. Tantôt il démontre une suite de théorèmes que sous-entend Ptolémée, tantôt il expose les méthodes nouvelles et décrit les instruments en usage de son temps. Ces notes ne sont pour lui qu'un accessoire ; elles sont pour nous le tout du livre. Il serait facile d'en tirer un véritable traité de géographie scientifique. Werner n'a pas su s'élever jusqu'à cette conception. Aussi ne suffit-il pas de le comprendre, il faut surtout l'interpréter.

Suivant pas à pas Ptolémée, il commence par la distinction traditionnelle entre la géographie et la chorographie. Mais c'est surtout à la construction des cartes qu'il pense, et cette distinction devenue banale en cache une autre plus intéressante. Le géographe est, pour Werner, celui qui détermine astronomiquement les positions des villes. Certes, il s'occupe aussi de la forme de la terre, du dessin général des continents, de leur position les uns par rapport aux autres. Mais son véritable rôle est de fixer par des observations les coordonnées des différents points du globe. Le chorographe, au contraire, lève le plan et le dessin exact des pays, il n'a besoin d'aucune connaissance mathématique. On pourrait objecter à Werner que pour lever un plan il faut avoir au moins des notions de géométrie. Pour lui c'est un art inférieur, et qui ne mérite pas le nom de science. Il distingue de même entre la « géométrie », nous dirions l'arpentage ou le lever des plans, qui ne mesure que de courtes distances, et la « météoroscopie » qui fixe les positions et détermine les distances par des observations astronomiques. La « géométrie » ne peut donner que des résultats approchés; la « météoroscopie » est infaillible. Cette affirmation pourrait paraître exagérée, mais Werner s'explique : « Pour mesurer, dit-il, les courtes distances, nous n'avons pas toujours à notre disposition des routes droites, et il est difficile, aussi bien sur terre que sur mer, de compenser les détours du chemin suivi. Cet inconvénient n'existe pas lorsqu'on fait des déterminations astronomiques. » C'est la première fois qu'on voit distinguer aussi nettement les procédés de l'arpenteur de ceux de l'astronome.

Werner est ainsi amené à décrire les moyens employés pour déterminer la latitude et la longitude d'un lieu. Pour les latitudes, il indique la méthode ordinaire. La latitude d'un lieu, comme on le démontre très simplement, étant égale à la hauteur du pôle au-dessus de l'horizon de ce lieu, il suffira de mesurer la hauteur du soleil au-dessus de l'horizon, au moment où il passe au méridien. Connaissant la distance du soleil au pôle, le jour de l'observation, qui est fournie par les tables [1], on aura, à l'aide de ces deux quantités, la distance du pôle au-dessus de l'horizon. La nuit, on observera une étoile dont la déclinaison est connue, ou mieux encore l'étoile polaire elle-même. Pour mesurer la hauteur du soleil au-dessus de l'horizon, on emploiera le gnomon. Il rapporte, comme exemple, qu'étant à Rome en 1493, il a pris, à l'aide du gnomon, la latitude de cette ville, et l'a trouvée égale à 41° 50' au lieu de 41° 40' que donnait Ptolémée (latitude exacte 41° 54'). Il fait remarquer que ces chiffres diffèrent peu entre eux.

Pour les longitudes, il décrit d'abord la méthode ordinaire, à l'aide des éclipses, et cite également l'observation d'une éclipse de lune qu'il a faite à Rome, le 18 janvier 1497. La fin de cette éclipse eut lieu à 5 h. 24, tandis que le même phénomène se produisit à 4 h. 52 à Nuremberg. Il en conclut que la différence de longitude entre les deux villes est de 8°. Régiomontan avait donné 9°. La distance réelle est de 1° 22'. L'erreur devait provenir de ce qu'il avait pris l'heure de l'éclipse, pour Nuremberg, dans les Éphémérides [2].

Grâce à ces deux observations, Werner pouvait se proposer de calculer la distance de Rome à Nuremberg sur la sphère terrestre. Il trouva comme résultat 135 milles alle-

1. Werner cite celles de Peurbach et d'un astronome italien, Domenico Maria de Bologne.

2. Peschel, *Gesch. der Erdk*, p. 401, dit que l'erreur de Werner provenait de ce qu'il n'avait pas fait d'observations personnelles et de ce qu'il s'était servi des nombres fournis par Régiomontan. Le texte de Werner est formel, il a fait une observation à Rome à l'aide du gnomon.

mands, tandis que les itinéraires donnaient 150 milles. Mais il fait observer qu'on peut retrancher de ce nombre un septième, pour les détours du chemin, ce qui donne à peu près 135. Werner s'était beaucoup appliqué à ces problèmes de distances sphériques. Dans un autre de ses commentaires, celui de la géographie d'Amirucius, il y a des calculs du même genre. Nuremberg et Augsbourg, dit-il, sont considérés par les géographes modernes comme étant sur le même méridien. Or, la latitude de Nuremberg, observée par moi et par d'autres de mes contemporains, est de 49° 24', celle d'Augsbourg est d'environ 48° 12' (latitudes réelles 49° 27' et 48° 22'). Si l'on admet que 15 milles d'Allemagne correspondent au degré, on aura pour la distance d'Augsbourg à Nuremberg 18 milles [1].

On remarquera que toutes ces mesures reposent sur la connaissance du nombre de lieues allemandes comprises dans un degré. Comment Werner accepte-t-il sans contrôle ce nombre de quinze? Comment l'idée ne lui vient-elle pas de tenter au moins une vérification approchée de la mesure de la circonférence terrestre faite par Eratosthène? Il connaît cette méthode, il lui suffirait à la rigueur de mesurer, approximativement, la distance comprise entre Augsbourg et Nuremberg. Il ne le fait pas. Ce sera l'honneur du géographe français Fernel d'avoir essayé de vérifier, à cette époque, cette mesure fondamentale.

Attendre qu'une éclipse se produise pour déterminer une longitude est un procédé peu commode. Aussi les savants et les marins surtout se préoccupèrent-ils souvent, à l'époque de la Renaissance, d'en trouver de plus pratiques. Werner indique une seconde méthode qui pendant longtemps est restée en usage, c'est la méthode des distances lunaires. Il suffit, en effet, pour déterminer la longitude de deux lieux, de savoir quelle heure précise il est dans chacun de ces lieux, lorsqu'un phénomène céleste quelconque se produit, qui puisse servir de

1. *Comment. de Ptolémée*, Problème I. propos. VII.

signal. Or, si l'on détermine à une heure précise, en un lieu, la distance qui sépare la lune d'une étoile peu éloignée de l'écliptique, c'est-à-dire d'une étoile que la lune puisse rencontrer dans son cours, connaissant d'autre part la vitesse de la marche de la lune, on pourra en déduire l'heure précise à laquelle l'astre a rencontré l'étoile. Si on a des tables donnant l'heure de ces occultations pour un autre lieu déterminé, on pourra savoir la différence des longitudes entre ce point initial et celui où on a fait l'observation. Cette méthode n'était pas nouvelle : Hipparque l'avait déjà indiquée. Mais elle était restée toute théorique. Ce furent probablement les marins qui commencèrent à l'appliquer; Vespuce paraît s'en être servi dès 1498 [1]. Pigafetta, le pilote de Magellan, en parle également dans son traité de navigation, postérieur il est vrai, et qui resta manuscrit [2]. Werner fut le premier qui la décrivit. Schœner et Apian surtout, en la signalant dans leurs recueils, la firent partout connaître.

Pour mesurer la distance de la lune à l'étoile, Werner recommande l'usage de l'arbalestrille et indique le moyen de graduer cet instrument de façon à pouvoir se passer d'une table de tangentes. Apian, suivant son habitude, a donné un moyen graphique pour faire cette graduation.

Le procédé des distances lunaires était encore assez compliqué. Il nécessitait l'emploi de tables calculées à l'avance. Pendant longtemps les marins cherchèrent, pour déterminer les longitudes, à utiliser la boussole. Pigafetta, dans son traité de navigation, donne même la solution du problème [3]. Elle est malheureusement fausse, comme le principe sur lequel elle repose. Comme beaucoup de ses contemporains, Pigafetta croyait que la déclinaison de l'aiguille aimantée

1. Peschel, *Gesch. der. Erdk.*. 2e edit. p. 404, note 2.
2. *Premier voyage autour du monde, par le chevalier Pigafetta... suivi de l'extrait du traité de navigation du même auteur, traduit pour la première fois en italien sur un ms. de la Bibl. Ambroisienne de Milan par Charles Amoretti et puis en français par le même,* Paris, an IX. pp. 271 sqq.
3. *Op. cit.* ibid.

variait avec les longitudes. On avait observé, en effet, à cette époque, qu'en plusieurs points du globe, et notamment aux Canaries, les degrés de déclinaison de l'aiguille correspondaient aux degrés de longitudes; ce qui n'était qu'un hasard avait été trop hâtivement généralisé. Si cette loi eût été vraie, il eût suffi pour trouver la longitude d'un lieu de connaître la valeur de la déclinaison magnétique en ce lieu, c'est-à-dire de mesurer l'angle formé par le méridien vrai, astronomiquement déterminé, avec le méridien magnétique donné par la boussole. C'est précisément le moyen qu'indiquait Pigafetta. Werner ne parle pas de ces tentatives. Schœner seul signale l'emploi de la boussole comme un procédé commode pour s'assurer si deux points sont sur le même méridien. Mais il paraît ignorer la variation de l'aiguille aimantée [1].

Toutes ces déterminations astronomiques supposaient la connaissance exacte de l'heure à laquelle était faite l'observation. Trouver l'heure, le jour ou la nuit, était un problème que résolvaient tous les traités d'astronomie et de cosmographie. Mais il fallait la conserver. Or, l'ancien procédé du sablier offrait très peu de précision. On voit, au commencement du XVIe siècle, l'art de l'horlogerie faire de très grands progrès. Les savants allemands ne dédaignent pas de construire des horloges. Stœffler, nous l'avons vu, en installa une à la cathédrale de Constance. Mais les Allemands ne sont pas seuls à s'occuper de cette question. Gemma le Frison, dans un petit traité de Cosmographie qui parut en 1530, décrit déjà les horloges portatives, et, ce qui est plus intéressant encore, indique le parti qu'on en pourra tirer pour la détermination des longitudes. « De notre temps, dit-il, nous voyons construire avec beaucoup d'habileté des horloges qui, par leurs petites dimensions, n'embarrassent pas le voyageur. Elles marchent souvent d'un mouvement continu pendant vingt-quatre heures. Elles ont même, si l'on veut, un mou-

1. Schœner, *Lucul. descript.*, f° 5.

vement presque perpétuel. Voici comment, grâce à elles, on peut trouver les longitudes. Il faut d'abord, avant de se mettre en route, veiller à ce que l'horloge marque l'heure précise de l'endroit d'où l'on part et ne s'arrête pas pendant le voyage. Lorsqu'on a fait quinze ou vingt milles, si l'on veut savoir quelle est la différence de longitude avec le lieu d'où l'on est parti, il faut attendre jusqu'à ce que l'aiguille de l'horloge marque une division exacte de l'heure, et, au même moment, soit à l'aide de l'astrolabe, soit à l'aide de notre globe, chercher l'heure du lieu où l'on se trouve. Si l'heure est, à une minute près, la même que celle que nous lisons sur l'horloge, nous sommes sous le même méridien que le point initial ou sous la même longitude, et nous avons marché vers le nord ou vers le midi. S'il y a, au contraire, une différence d'une heure ou de quelques minutes, il faut convertir les heures et minutes en degrés et minutes, et on aura la longitude. On peut, par ce moyen, trouver la longitude d'une région, quand on serait à un millier de milles, y fût-on arrivé sans savoir par où et sans connaître la distance parcourue [1]. » C'est le procédé actuel des marins. L'approximation dont se contente Gemma, d'une minute de temps, ou de quinze minutes de longitude, en admettant qu'on ait pu l'obtenir alors, eût été souvent insuffisante. Mais le principe est nettement indiqué, et le succès ne dépendra plus que des perfectionnements de l'horlogerie.

1. Nostro sæculo horologia quædam parva adfabre constructa videmus prodire, quæ, ob quantitatem exiguam proficiscenti minime oneri sunt. Hæc motu continuo ad 24 horas sæpe perdurant, immo, si juves, perpetuo quasi motu movebuntur. Horum igitur adjumento hac ratione longitudo invenitur. Primo curandum ut priusquam itineri intendamus exactissime horas ejus loci observet a quo proficiscimur. Deinde ut inter proficiscendum nunquam cesset. Completo itaque itinere 15 aut viginti miliarum si quantum longitudine distemus a loco discessus libeat addiscere, expectandum donec index horologii punctum alicujus horæ exactissime pertingat, eodemque momento per astrolabium aut globum nostrum inquirenda est hora ejus loci in qua sumus. Quæ si ad minutum convenerit cum horis quas horoscopium indicat, certum est nos sub eodem adhuc esse meridiano, aut sub eadem longitudine iterque nostrum versus meridiem vel aquilonem confecisse... Gemma Phrysius, *De Principiis astronomiæ et cosmographiæ, deque usu globi ab eodem editi*... II, ch. 18. De novo modo inveniendi longitudinem.

Les travaux de Werner relatifs aux projections sont contenus dans un petit traité dédié à Pirckeymer, le livre des quatre projections, qui parut en 1514 à la suite de la traduction et du commentaire de Ptolémée. Ces quatre modes de projections se ramènent en réalité à deux, les trois premiers ne différant les uns des autres que par de petites modifications. Leur principe est le suivant : l'équateur est représenté par un cercle dont le pôle nord est le centre. Si on veut indiquer le pôle sud, on le porte à égale distance de la circonférence sur un des rayons prolongés. Les parallèles sont représentés par de petits cercles, ayant tous le pôle nord pour centre, les méridiens par des courbes partant des deux pôles et coupant les parallèles de façon à les diviser en arcs de cercles proportionnels aux arcs correspondants de la sphère. On obtient ainsi une figure en forme de cœur. De là le nom de cordiforme qu'on donne souvent à ce mode de projection. Selon qu'on prendra des intervalles proportionnels plus ou moins larges sur les parallèles, on obtiendra une figure plus ou moins élargie. Dans le premier cas, Werner prend pour équateur le cercle tout entier [1].

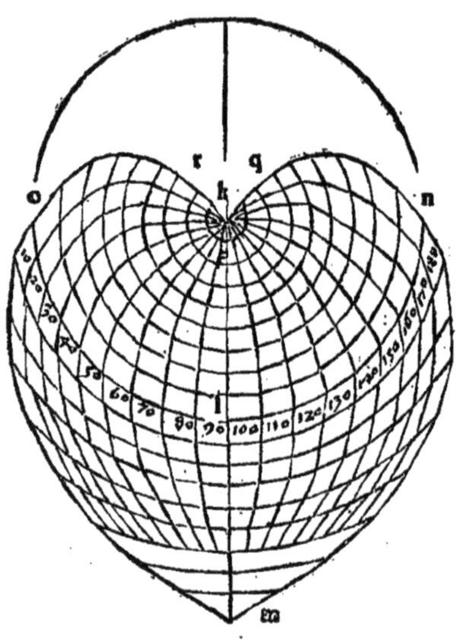

Fig. 3.

PREMIER MODE DE PROJECTION DE WERNER

Figure tirée du Livre des quatre projections.

1. Cf. fig. 3.

Ce système a pour inconvénient de faire les degrés de latitude plus grands que les degrés de longitude, puisque la distance du pôle à l'équateur, qui est égale au quart du grand cercle, est représentée sur la carte par le rayon, tandis que l'équateur est représenté en vraie grandeur par un grand cercle. Dans le second cas, Werner, pour remédier à cet inconvénient, prend, sur l'équateur, des degrés de longitude égaux aux degrés de latitude, ce qui réduit à environ 239° 11' du grand cercle l'arc représentant l'équateur. Enfin, dans le troisième cas, les 360 degrés sont représentés arbitrairement par 240 degrés du grand cercle. On pourrait d'ailleurs varier à l'infini l'écartement des méridiens.

Werner nous apprend lui-même qu'il n'était pas l'auteur de ce procédé. Il lui avait été indiqué, ainsi que le quatrième mode de projection, dont il sera question plus loin, par un mathématicien de Vienne, Stabius [1]. Ils s'étaient rencontrés à Nuremberg où Stabius était venu pour construire un cadran solaire à l'église Saint-Laurent. Ce fut même sur ses conseils que Werner publia ses premiers opuscules.

Stabius n'avait pas lui-même grand mérite à cette invention. Cette projection ne différait pas, en somme, de celle dont s'était servi Bernard de Sylva, pour la mappemonde de son édition de Ptolémée de 1511 [2]. Mais Bernard n'avait point prolongé sa carte jusqu'au pôle sud, et la pointe du cœur manquait. Il est facile d'ailleurs de voir où Bernard de Sylva avait pris l'idée de cette projection. C'est une des deux projections que décrit Ptolémée à la fin du premier livre de sa Géographie, celle qu'on appelle quelquefois homéotère [3] et dont il s'est servi pour sa mappemonde. Bernard s'est con-

1. Joanne Stabio, haud vulgari mathematico earumdem figurationum theoriam ac prima incunabula mihi suggerente. Werner, *Libellus de quatuor fig.* Epitre dédic. à Pirckeymer.

2. Cette carte est reproduite dans l'atlas de Lelewell.

3. Ce nom d'homéotère est impropre. Ptolémée parlant de cette seconde projection, dit qu'elle donne des résultats plus conformes à la réalité que la précédente : Ἔτι δ'ἂν ὁμοιότερόν τε καὶ συμμετρώτερον ποιοίμεθα τὴν ἐν τῷ πίνακι τῆς οἰκουμένης καταγραφήν. Ptol. I. 9. Édit. Muller I. 63.

tenté d'étendre dans tous les sens le canevas de Ptolémée, de façon à trouver de la place pour les régions nouvelles. Ni Werner ni Stabius n'ont peut-être connu l'édition italienne du Ptolémée de 1511. Ils ont dû s'inspirer directement de Ptolémée. Werner n'en a pas moins le mérite d'avoir indiqué le moyen pratique de construire cette projection, d'avoir même calculé des tables, donnant pour chaque latitude les longueurs proportionnelles des arcs déterminés sur les parallèles par les méridiens.

C'est encore un travail du même genre qu'il a fait pour

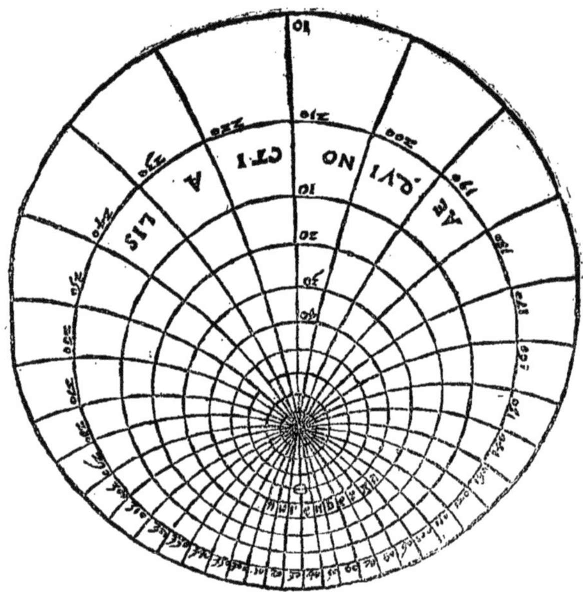

Fig. 4. — QUATRIÈME MODE DE PROJECTION DE WERNER

Figure tirée du Livre des quatre projections.

son quatrième mode de projection. Celui-ci est plus savant que le précédent ; c'est notre projection stéréographique actuelle, qui consiste à prendre pour plan de projection un quelconque des plans passant par le centre de la sphère, et pour point de vue celui des pôles de ce plan qui est opposé à l'hémisphère projeté, c'est-à-dire le point où la perpendiculaire élevée sur le plan de projection par le centre, rencontre la sphère. Suivant le plan de projection qu'on choisit, le point de vue change aussi, et l'on obtient un dessin différent. Si ce plan passe par l'axe de la terre, le point de vue est sur l'équateur, alors les méridiens et les parallèles sont représentés par des arcs de cercles. C'est généralement de cette façon qu'on emploie la projection stéréographique. Si le plan de projection est celui de l'équateur, le point de vue est au pôle : les parallèles sont alors représentés par des cercles concentriques et les méridiens par des diamètres. Si enfin le plan de projection est quelconque, alors les parallèles deviennent des courbes ou des arcs de courbes concentriques à celui des pôles qui est visible, et les méridiens sont d'autres courbes qui se croisent à ce pôle. (Fig. 4). Hipparque et Ptolémée, puis les Arabes avaient déjà connu ce procédé, mais ils ne l'appliquaient qu'à l'astronomie [1]. Stœffler, dans un opuscule sur la construction et l'usage de l'astrolabe, paru à Oppenheim en 1513, le décrit également, mais sans faire allusion aux cartes géographiques [2]. Gauthier Lud, le premier, l'emploie pour dresser des cartes. Dans un petit ouvrage qui dut paraître en 1507 à Strasbourg et qui fut introduit à partir de 1512 dans la *Margarita Philosophica*, on trouve une petite représentation du monde projetée sur le plan de l'équateur [3]. Apian adopte ce même mode de projection pour l'une des figures mobiles de sa Cosmographie [4]. Enfin, en 1515, Stabius publiait à Vienne une mappemonde qui n'a pas grande valeur comme document géographique, car ce n'est qu'une

1. Voir l'historique de ce mode de projection dans d'Avezac. *op. cit.* pp. 305 sqq.
2. *Elucidatio fabricæ ususque astrolabii, Joanne Stoflerino Justingensi viro germano atque totius sphæricæ doctissimo auctore.* Oppenheim, 1513.
3. C'est la *Declaratio speculi orbis* dont il a été question plus haut, p. 45. La vignette est reproduite dans le *Fac-simile atlas* de Nordenskiöld, p. 92.
4. Vignette reproduite ibidem, p. 93.

reproduction de l'hémisphère du globe de Béhaim correspondant à l'ancien monde ; mais la projection qu'il a choisie est le cas le plus général de la projection stéréographique, celui où l'un des pôles est vu en perspective [1]. Cette carte est postérieure à l'ouvrage de Werner, on remarquera d'ailleurs que Gauthier Lud, pas plus que Stabius, ne se préoccupe de trouver le principe de ce procédé, dont les applications peuvent être si différentes. Werner seul fait œuvre de mathématicien.

Ni Schœner ni Apian n'ont décrit les procédés indiqués par Werner. Mais Apian, dans sa Cosmographie, en propose un nouveau, très simple, et qui, employé par Munster, par Cabot, par Ortel, a eu le plus grand succès. La terre est représentée sous la forme d'une courbe ovale dont le grand axe est l'équateur. Parallèlement à l'équateur, et à une distance égale les uns des autres, s'échelonnent les parallèles. Les méridiens sont représentés par des arcs dont la courbure est de plus en plus prononcée à mesure qu'on s'écarte du centre. Ces arcs sont équidistants sur l'équateur. Cette projection permettait de représenter la terre tout entière dans une seule figure, mais elle avait l'inconvénient de déformer beaucoup les régions situées aux extrémités de la carte. Glareanus modifia cette projection : au lieu de conserver les parallèles équidistants, il les rapprocha progressivement, en allant de l'équateur vers le pôle. C'est lui également qui indiqua un moyen pratique de dessiner les fuseaux des globes [2].

Les Allemands ne furent pas seuls à se préoccuper des projections. Le problème s'imposait à quiconque voulait dresser une carte. Les Italiens, les Français, les Flamands y travaillèrent. Mais ce ne furent point les solutions les plus simples ni les plus satisfaisantes qui se présentèrent d'abord. Il nous paraît tout naturel de dessiner chacun des hémisphè-

1. Reproduite dans les *Verhandlung. d. Gesellsch. f. Erdk. zu Berlin*, 1848.
2. *Henrici Loriti Glareani, de Geographia liber unus*, Bâle 1527.

res de la mappemonde dans un cercle spécial. C'est ainsi que le globe terrestre est représenté dans le petit livre du moine François de Malines, imprimé vers 1528 [1]. Mais cet exemple ne fut suivi que beaucoup plus tard. Ptolémée avait représenté la terre habitable sur une seule figure, on s'ingéniait à chercher les moyens les plus compliqués pour ne point déroger à la tradition.

On peut reprocher à tous ces systèmes de n'être pas mathématiquement établis. Il y a, en effet, dans tout problème relatif aux projections, à distinguer l'invention même du procédé, et son application qui souvent exige l'emploi du calcul. Mais la science n'était point assez avancée encore pour que de telles questions pussent être toujours résolues. Toutefois Werner est peut-être le seul, à cette époque, qui ait apporté dans ces recherches le souci de la précision mathématique [2].

1. *De orbis situ ac descriptione.... Francisci monachi...* Anvers. s. d. Sur ce personnage, voir notre étude sur Oronce Finé.

2. En 1546, Schœner publia à Nuremberg un écrit posthume de Werner : *Canones sicut brevissimi ita etiam doctissimi complectentes præcepta et observationes de mutatione auræ, clarissimi mathematici Joannis Verneri*, Nuremberg, 1546. C'était un petit traité de météorologie, dont il faut dire quelques mots, parce qu'il témoigne des préoccupations de l'auteur, et probablement aussi de quelques-uns de ses contemporains, relativement à ces questions difficiles. Le moyen âge avait rattaché aux phénomènes célestes les causes des changements atmosphériques. Quand on faisait dépendre des astres la destinée humaine, comment n'en eût-on pas fait dépendre le bon et le mauvais temps? Werner admet ce point de départ. Il regarde le ciel comme étant le facteur principal des variations atmosphériques. Mais il faut distinguer entre les planètes : les unes sont froides, comme Saturne et Mercure (ce sont, en effet, les plus éloignées), les autres chaudes, comme Jupiter et Mars. Lorsque les rayons solaires rencontrent les planètes froides, ils se refroidissent à ce contact; c'est le contraire pour les planètes chaudes. Il en résulte que d'après la position des planètes dans le ciel on peut prévoir la température. C'étaient là des lois *a priori*, mais Werner avait cherché à les vérifier et c'est en quoi il se montre original. Il avait institué toute une série d'observations régulières dont il nous donne des exemples. Nous avons, pour l'année 1513, des observations faites presque au jour le jour : « Pendant les deux premières semaines de janvier, température chaude de printemps : Jupiter et Mars sont en conjonction dans le signe des Poissons. Le 16, froid, neige, le vent Argestès commence à souffler, Mercure et Saturne sont en trine aspect..... »

CHAPITRE VIII

LES THÉORIES COSMOGONIQUES [1].

Modification des théories cosmogoniques du moyen âge sous l'influence des grandes découvertes. — La théorie des deux sphères ou des deux centres. — La terre nageant dans l'Océan. — La terre supportant les eaux. — Question de la zône torride. — Question des antipodes. — Les navigateurs ne s'attardent point à rectifier ces théories. — Réflexions de Pierre Martyr. — La lettre de Vadianus à Rudolphe Agricola. — Jean Stœffler. — Un cours d'Université au XVIe siècle. — La huitième science. — Réfutation de la théorie des deux centres par Copernic.

A côté de ces questions toutes scientifiques et qui relèvent de la cartographie plus que de la géographie, il en était de plus hautes que les grandes découvertes des Portugais et des Espagnols devaient, semble-t-il, immédiatement résoudre. L'antiquité et le moyen âge avaient discuté sans fin sur la forme du globe terrestre, sur le nombre et l'étendue des continents, sur la possibilité pour l'homme d'habiter sous toutes les latitudes. Y avait-il des terres dans l'hémisphère austral? Y avait-il des antipodes? La réponse était dans les récits des navigateurs. Mais ce serait mal connaître l'esprit humain qne de le supposer capable de rompre en un jour avec des erreurs séculaires et de s'incliner, sans hésitation,

1. Consulter, pour ce chapitre : S. Günther, *Studien zur Geschichte der mathematischen undphysikalischen Geographie,* et particulièrement le 3e fascicule : *Aeltere und neuere Hypothesen ueber die chronische Versetzung des Erdschwerpunktes durch Wassermassen.* Halle a/S 1878; W. Schmidt, *Ueber Dante's Stellung in der Geschichte der Kosmographie, Erster Theil, de aqua et terra.* Gratz, 1876. Depuis la rédaction de ce chapitre, il a paru en Allemagne un travail intitulé : *Die physische Erdkunde im christlichen Mittelalter, Versuch einer quellenmæssigen Darstellung ihrer historischen Entwicklung von Konrad Kretschmer* (Geog. Abhandl. herausg. v. Prof. Dr A. Penck in Wien. Band IV heft I) Vienne, 1889. C'est un répertoire bon à consulter, quoique incomplet, plutôt qu'un exposé méthodique. On n'y trouvera rien de nouveau pour le sujet qui nous occupe.

devant une vérité qui s'impose. Outre que beaucoup d'idées anciennes se trouvaient modifiées, c'était encore et surtout d'une question de méthode qu'il s'agissait : au raisonnement *a priori* s'opposait l'évidence du fait. Les savants allemands, plus éloignés des sources de renseignements, moins dégagés des vieilles méthodes, nous offrent un curieux exemple du désarroi qui règne dans les esprits à cette époque. Proposons-nous, à la date où nous sommes arrivés, c'est-à-dire, vers le premier tiers du XVIe siècle, d'étudier les changements apportés dans la science allemande par les découvertes nouvelles.

Il ne peut être question de retracer ici l'histoire des théories cosmogoniques au moyen âge, de rechercher dans quelle mesure elles procèdent des théories anciennes et quelle action ont exercée sur elles le christianisme et la science arabe. Il suffira, pour juger des progrès accomplis, de savoir quelles étaient les théories existantes à la veille des découvertes. On ne les trouve nulle part réunies en corps de doctrine ; elles ne sont même pas toujours cohérentes. Nous chercherons seulement à dresser l'inventaire des différentes hypothèses en nous servant des livres du temps, principalement de celui du pape Pie II (Æneas Sylvius Piccolomini [1]), de la *Margarita philosophica* de Reisch [2], cette précieuse encyclopédie des connaissances humaines à la fin du XVe siècle, et aussi des écrits où ces théories sont combattues, comme la lettre de Vadianus à Rudolphe Agricola [3], et le Commentaire de la sphère de Proclus par Stœffler [4].

1. L'histoire et la géographie sont presque toujours mêlées dans l'œuvre du pape Pie II. L'ouvrage le plus spécialement géographique est intitulé : *Cosmographiæ libri II.* Il a paru à Venise en 1477.

2. *Margarita philosophica*, œuvre de Grégoire Reisch, composée dès 1496, mais imprimée seulement pour la première fois à Strabourg en 1503. Cf. d'Avezac, *Waltzemüller*, pp. 94 et sqq.

3. Écrite en 1514, publiée en 1515, à Vienne, sous ce titre : *Habes lector, hoc libello Rudolphi Agricolæ Junioris Rheti ad Joachimum Vadianum epistolam.* Elle est réimprimée à la suite du Commentaire de Pomponius Mela, du même auteur.

4. Joannis Stœfleri... *in Procli Diadochi... sphæram mundi, omnibus nume-*

A cette époque, et depuis longtemps déjà, la croyance à la rotondité de la terre est de nouveau dominante. Les théories barbares de Cosmas Indicopleustès et des Pères de l'Église latine qui substituaient aux résultats de la science grecque des interprétations littérales de la Bible sont définitivement abandonnées. « Presque tous admettent, dit Æneas Sylvius, que la terre est ronde [1]. »

Elle se compose de deux éléments : l'eau et la terre proprement dite. Mais comment ces deux éléments sont-ils combinés? Ici se présentent plusieurs théories.

L'une d'elles est, pour ainsi dire, toute mathématique. Aristote avait considéré le monde comme composé de quatre éléments : la terre au centre, puis l'eau, l'air, le feu, formant autour d'elle autant d'enveloppes concentriques. Ce n'était pas là, dans sa pensée, une explication rigoureuse des faits. Aristote sait fort bien qu'ils peuvent se mêler les uns aux autres, que la mer occupe seulement les cavités de la sphère terrestre et que les continents sont en contact avec l'air [2]. Mais voici qu'au moyen âge, sans qu'on puisse remonter exactement jusqu'à l'auteur de cette maladresse, on prend à la lettre la théorie d'Aristote; on se représente réellement le monde comme formé d'une sphère de terre entourée d'une enveloppe liquide. Cette conception avait l'inconvénient d'être en contradiction avec les faits, puisqu'il n'y avait plus alors de continent possible. On y remédia, avant le XIIIe siècle probablement, en imaginant de déplacer le centre de la sphère de terre, de façon à lui faire couper son enveloppe aqueuse.

ris longe absolutissimus commentarius antehac nunquam typis excusus. Tubingue, 1534.

1. Mundi formam omnes fere consentiunt rotundam esse. Æn. Sylv. *In historiam rerum ubique gestarum. De mundo in universo* ch. I.

2. Aristote admet l'existence des quatre éléments concentriques. cf. surtout *De cœlo*, IV, 5, 312 a. 25 sqq., c'est même sur la sphéricité de l'eau qu'il s'appuie pour démontrer la sphéricité de l'air et du feu. *De cœlo*, II. 4, 287 b, 1 sqq. Mais, d'autre part, il n'y a aucun doute que pour lui la terre et l'air ne soient en contact, et que l'eau n'ait dans la mer « son lieu propre. » *Meteorol.* II. 2, 355 a, 32 sqq. Il dit, en propres termes, que la mer n'est pas seulement le lieu de l'eau salée, mais le lieu de l'eau en général : *ὃν γὰρ ὁρῶμεν κατέχουσαν τόπον τὴν θάλατταν, οὗτος οὐκ ἔστι θαλάττης ἀλλὰ μᾶλλον ὕδατος,* Meteorol. ibid. 355 b, 2.

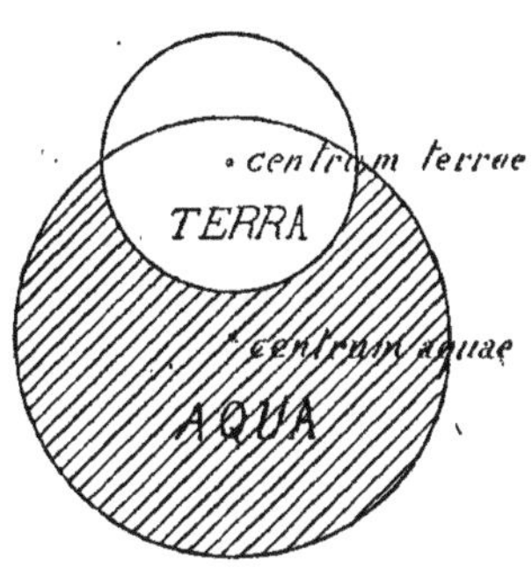

Fig. 5. — LES DEUX SPHÈRES

D'après Nicolas de Lyra (figure simplifiée).

La partie émergée devenait ainsi un continent. (Fig. 5). On pouvait dire que, surmonté de cette protubérance, le globe terrestre n'était plus rond. Mais il suffisait qu'elle ne dépassât que de très peu la surface des mers, qu'elle lui fût même presque tangente, comme dans la *Margarita Philosophica*. (Fig. 6).

Dans ce système, la partie émergée forme une calotte sphérique. Le continent doit donc avoir une forme arrondie : c'est peut-être cette raison qui a fait donner habituellement aux mappemondes, au moyen âge, leur forme circulaire. Il s'accorde d'ailleurs parfaitement avec la vieille théorie qu'Aristote attribue à Thalès [1], et d'après laquelle la terre est comme « une pomme », comme « un œuf », nageant dans l'Océan [2]. Il suffit, en effet, de considérer cet océan comme étant lui-

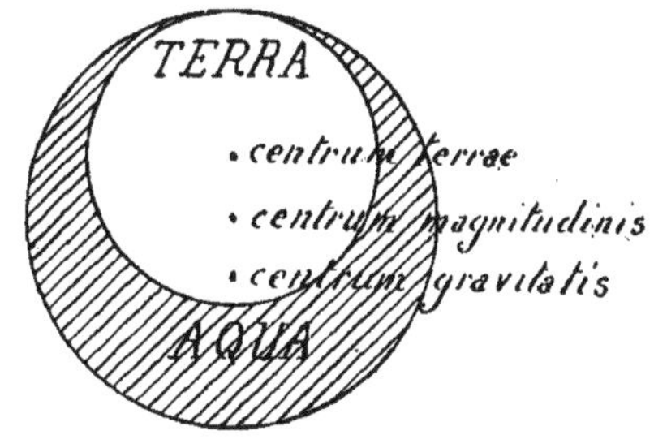

Fig. 6. — LES DEUX SPHÈRES

D'après la *Margarita Philosophica*.

1. Aristote, *De cœlo*, II, 13, 294 a, 28.

2. Oceanus ambit mediam partem terræ quasi zona adeo ut media tantum pars terræ appareat ac si esset ovum immensum in aquam cratere contentam, nam eodem modo dimidia pars terræ est obruta mari. Edrisi, cité par Humboldt, *Exam. Crit.* I. 53.— (Sunt) qui terram ex aqua tanquam clivum rotundum aliquem ex plano lacu juxta parte sui eminere existimant, aut veluti pomum natans, ut prisci quidam putarunt. Lettre de Vadianus à R. Agricola.

même sphérique, pour retrouver l'hypothèse précédente. C'est toujours à Nicolas de Lyra, dans son commentaire sur la Genèse, qu'on rapporte cette conception, et, sous cette forme grossière, elle paraît bien être de lui [1]. Elle ne manquait pas d'ailleurs de soulever des objections. Toutes les eaux venant de la mer, comment expliquer la présence de sources au sommet de la partie émergée? Mais ces difficultés n'embarrassaient guère : on pouvait répondre, comme Dante, que l'eau s'élève sous forme de vapeur jusqu'aux endroits les plus élevés [2], ou, comme Vincent de Beauvais, qu'il y a, dans la terre, des veines et des conduits formant autant de siphons.

Cette théorie suppose encore que la sphère aqueuse sur laquelle surnage la sphère de terre est de dimensions beaucoup plus considérables que celle-ci. Il faut, en effet, pour qu'il y ait équilibre, que le volume de l'élément le plus lourd, la terre, soit inférieur au volume de l'élément le plus léger, l'eau. Enfin, et comme conséquence, le centre de gravité de l'ensemble ne pourra pas coïncider avec le centre géométrique de la figure. Tel est, avec toute la précision scientifique qu'on prétend lui donner, l'exposé de cette théorie, dont l'origine est une interprétation maladroite des idées d'Aristote.

Les esprits plus sérieux et plus préoccupés des faits, insistent beaucoup moins sur ces idées générales; ils considèrent la terre comme un *substratum* dont les eaux occupent les parties basses. La terre est donc pour eux l'élément fondamental, celui qui supporte les eaux. Ils sont plus fidèles à la vraie théorie d'Aristote.

1. Sapientia autem divina quæ disposuit omnia suaviter, sic disposuit ut elementum aquæ servando suam rotunditatem naturalem, haberet centrum separatum a centro terræ et universi. Nicolas de Lyra, *Postillæ perpetuæ in V. et N. Testamentum*, Rome 1461-72, t. I. De opere tertiæ diei.

2. Les théories cosmogoniques de Dante sont exposées dans un petit traité en latin : *De aqua et terra*. Pour lui la sphère de terre est entourée d'une enveloppe aqueuse, mais cette enveloppe présente une lacune par où émerge une protubérance de la sphère de terre. Voir ce curieux traité avec les notes de M. Giulani dans : *Le Opère latine di Dante Alighieri*, Florence, 1882, t. II, pp. 255 sqq. Cf. aussi l'opuscule de Schmidt, qui a attiré l'attention sur ces questions.

Dans cette hypothèse, il peut y avoir plusieurs continents. « Il y en a, dit Æneas Sylvius, qui admettent quatre continents séparés par deux grands fleuves se coupant à angle droit : l'un passe par les pôles, l'autre coule sous l'équateur [1]. » Æneas Sylvius préfère n'admettre qu'un vaste continent plus étendu en longueur qu'en largeur : c'est la *chlamyde* de Strabon.

Mais ce continent unique appartient-il à l'hémisphère nord, ou dépasse-t-il au Sud l'équateur? Ici se pose la question de la zône torride [2]. On peut dire, d'une façon générale, que tout le moyen âge a cru à l'existence d'une région située entre les tropiques, où la chaleur devait être tellement intense que la vie y devînt impossible. Et cependant Ptolémée plaçait au-delà de l'équateur des points habités. Le fameux nombril du monde, l'Arim, où les Arabes faisaient passer leur méridien central, était sous l'équateur. Presque seul, Albert le Grand fait exception : il croit qu'on peut habiter dans la zône torride, à condition de s'abriter dans les cavernes pendant la trop grande ardeur du soleil. A plus forte raison admet-il que l'hémisphère austral soit habitable [3]. Cette dernière question est celle des antipodes, qui a tant passionné le moyen âge, les uns tirant leurs arguments de la logique, les autres, plus nombreux, de la Bible.

Le jour où les Portugais, surmontant leur effroi, dépassèrent le cap Bojador et arrivèrent au Sénégal, le problème de la zône torride se trouva résolu. Ca da Mosto dit nettement que le Sénégal sépare les régions sablonneuses des régions fertiles et du pays des hommes noirs [4]. Le cap Vert fut ainsi nommé à cause de l'étonnement que causa la vue des arbres dans une région où l'on ne s'attendait à trouver

1. De mundo in universo, *op. cit.*
2. Sur la zône torride, voir de Crozals, *Un préjugé géographique, la zône torride. Revue de Géog.*, t. XVI, p. 1.
3. Albert le Grand, *De natura locorum*, I, 6.
4. *Aloysi Cadamosti navigatio*, ch. XIV, dans le *Novus orbis* de Grynæus. De situ Senegæ disterminante harenosas terras a feracibus (édit. de Paris, p. 15).

que le désert[1]. Mais les journaux de bord et les récits de voyages ne sont pas tous l'œuvre d'esprits observateurs, comme ce grand Colomb dont l'attention est toujours en éveil et qui note tout ce qui lui paraît digne de remarque. Vespuce seul, qui a des prétentions à paraître savant, a des digressions sur la physique du globe. Dans le récit de son troisième voyage, après avoir parlé des étoiles les plus rapprochées du pôle sud, il fait le compte des degrés de latitude qu'il a parcourus : « De Lisbonne, qui est à environ 40° au nord de l'équateur, nous avons navigué jusqu'à cette région qui est à 50° au sud, ce qui fait en tout quatre-vingt-dix degrés, c'est-à-dire le quart d'un grand cercle. » La ligne qui passe par notre zénith, ajoute-t-il, à peu près, et celle qui passe par le zénith des habitants de ce pays, sont perpendiculaires. De sorte que notre verticale irait les frapper par le flanc. « Mais c'est assez et trop parler de cosmographie »[2]. De pareils passages sont une exception dans les livres des marins.

C'est aux savants qu'incombera le soin de tirer les conséquences des récits de voyages. Pierre Martyr, cet aimable écrivain, si bien placé à la cour d'Espagne pour recueillir des nouvelles, Pierre Martyr n'y manque point[3]. Il insiste souvent sur ce fait qu'on est allé aux antipodes. « Dorénavant, dit-il dans une lettre, vous connaîtrez les antipodes comme nous connaissons notre propre maison »[4]. Les savants allemands, il n'en faut pas douter, savent aussi tenir compte des renseignements qui leur parviennent. Le globe de Béhaim résout la question de la zône torride ; les cartes

1. Id igitur promontorium caput viride idcirco appellatur quia consitum est arboribus densissimis eisdemque viridibus ac virentibus anno fere continuo. Ca da Mosto, *ibid.*, p. 29.

2. Troisième voyage de Vespuce dans le recueil de Grynæus qui reproduit le texte latin de la *Cosmographiæ Introductio*.

3. Sur Pierre Martyr, voir Mariéjol, *Un lettré italien à la cour d'Espagne, Pierre Martyr*, Paris 1887.

4. Lettres de P. Martyr relatives aux découvertes maritimes, trad. franç., de Gaffarel et Louvot, publiées dans la *Revue de Géog.*, t. XVI, p. 211, lettre 181.

de Waldseemüller disent assez clairement que les terres s'étendent au delà de l'équateur. Mais ils semblent si pressés de mettre sous les yeux de tous leurs richesses, qu'ils exposent, et ne discutent pas. Le premier en date qui s'appuie sur les données nouvelles et les fasse servir à la théorie, est un tout jeune homme, Joachim de Watt ou Vadianus, alors étudiant et professeur à Vienne, et dont il sera question encore dans ce travail. Répondant en 1512 à un de ses amis de Cracovie, Rudolphe Agricola, qui lui avait soumis ses doutes sur la question des antipodes, il lui parle des découvertes récentes et s'en autorise pour résoudre le problème. C'est une lettre qu'écrit Vadianus, ce n'est pas un exposé méthodique. Nous trouverons ses principaux arguments reproduits avec beaucoup d'autres dans le commentaire de la sphère de Proclus, par Stœffler. Ce livre est le cours même que professa Stœffler à Tubingue en 1518. Il a été composé avec des notes d'élèves. Il nous introduira dans un auditoire d'université allemande à cette époque.

Pourquoi choisir comme texte à des leçons un auteur aussi médiocre que Proclus? C'est là un exemple de la curiosité plus avide qu'intelligente des savants du temps. « Dieu n'a-t-il pas protégé les humbles, et les pierres précieuses ont-elles toujours un gros volume? » En réalité, dans ce livre le texte importe peu, tant le commentaire est considérable. Dès les premières pages, Stœffler est amené à la question des antipodes. Deux opinions, dit-il, sont en présence, et il cite les avis opposés depuis Cléomède, Strabon, Pline, Pomponius Mela, jusqu'à son contemporain Galeottus de Narni. C'est la part de l'érudition. Cette diversité d'opinions, continue-t-il, paraît provenir de deux causes : de l'eau et de la terre *(de aquâ et terrâ)*. La distinction est confuse. Il s'agit en réalité des deux hypothèses qu'on pouvait faire sur la nature des régions situées sous les tropiques. Y a-t-il de l'eau? Y a-t-il de la terre? 1° *de aquâ*. Si on admet, avec Albert le Grand, qu'il y a un grand fleuve sous l'équateur et un continent dans chaque hémisphère, trois opinions peuvent être soutenues : les uns affirment qu'il n'y a pas d'habitants dans l'hémisphère sud, parce que « l'histoire ne nous l'apprend pas »; d'autres, qu'il y en a, mais que la distance qui nous sépare d'eux nous empêche de les connaître; d'autres enfin, comme les marins modernes, disent que l'Océan est partout navigable. Voilà, maladroitement mêlée à des arguments surannés, une allusion aux nouvelles découvertes. On s'attendrait à voir Stœffler insister sur ce dernier argument, et prendre lui-même parti : c'est par une longue citation de Jean de Damas qu'il continue. Ne faut-il pas en effet répondre aux objections tirées de la Bible? Il en est qui nient l'existence d'un second continent, par la raison que Dieu a séparé la terre des eaux et réuni celles-ci en un tout. Cela ne veut pas dire, explique Jean de Damas, que Dieu a réuni toutes les eaux en un seul lieu, mais qu'il les a réunies « suivant leur substance » en des mers séparées : la preuve en est que deux mers voisines baignent l'Égypte. Après cette citation, Stœffler passe à sa seconde division : 2° *de terrâ*. Il range dans cette catégorie les opinions des auteurs qui prolongent le continent au delà de l'équateur et le partagent en cinq zônes, deux glaciales aux pôles, une torride au centre, deux tempérées et habitables dans les intervalles. Mais la zône tempérée australe est-elle habitée? Ici la même subdivision que plus haut reparaît : les uns disent que l'histoire ne signale pas d'habitants dans cette région, d'autres qu'il y en a, mais qu'on ne peut les atteindre, d'autres enfin, ce sont les modernes, que cette région est accessible. Mais, objecteront les incrédules qui n'acceptent pas à la légère tout ce qu'on raconte des régions nouvelles, pourquoi les habitants des antipodes ne viennent-ils pas chez nous? « C'est qu'ils sont satisfaits de leurs frontières, et qu'ayant presque tout en abondance, ils vivent tranquilles, préférant la paix à la guerre. Presque tous vont nus, et dans beaucoup de pays ils ignorent l'usage des armes. Aussi ne se tourmentent-ils pas de savoir si dans les régions où nous sommes habitent des hommes; tandis que nous autres Européens, toujours inquiets, ou pour conquérir la gloire par les armes, ou poussés par cette cupidité qui pénètre tout, nous allons chercher si leurs pays sont habités! » L'occasion est assez mal choisie pour faire l'éloge des sauvages, mais Stœffler était prêtre et le prédicateur l'a emporté pour un moment sur le professeur.

Stœffler a exposé les opinions contraires, il a même laissé deviner ses préférences. Il faut conclure. Il ne le fait pourtant pas encore. Il va heurter l'opinion d'un Père de l'Église; il prendra d'abord quelques précautions. Saint Augustin a nié formellement l'existence des antipodes, et des « théologiens modernes » le lui reprochent durement; mais il avait raison, pour son temps; « il vivait dans un siècle d'ignorance; s'il eût vécu à notre époque, si on lui eût appris ce que nous savons aujourd'hui, à savoir qu'il n'y a pas d'océan non navigable, qu'il n'y a pas de zône torride inaccessible, que le continent s'étend sur une longueur de cent quatre-vingts degrés, et qu'aux deux extrémités il y a des hommes, il n'eût jamais nié les antipodes, et il eût certainement repoussé les sottises séniles des anciens. » La défense est singulière; au surplus c'était la seule qu'il y eût à présenter. Mais quel aveu gros de conséquences! En appeler de saint Augustin à un mieux informé, c'est rompre avec la tradition, avec les méthodes du moyen âge. Ce n'est pas sans quelque mauvaise humeur que Stœffler présente ces explications. L'apostrophe aux théologiens modernes cache assez mal l'embarras de la réponse. Aussi se hâte-il d'obtenir une victoire plus facile en réfutant Lactance qui se moque agréablement de cette idée qu'il puisse y avoir des hommes dont les pieds soient opposés aux nôtres. Il reproduit d'ailleurs dans ce passage les termes mêmes de la lettre de Vadianus à Agricola. Voici enfin une objection plus grave présentée par Galeottus de Narni. Croyant à l'existence d'une zône torride, il nie les antipodes, parce que Dieu a dit aux apôtres; « Allez et évangélisez toutes les nations. » Comment cette parole pourrait-elle s'accomplir, si on ne peut traverser l'équateur? Stœffler pourrait répondre qu'il n'y a pas de zône torride, il aime mieux produire un argument du même ordre. David n'avait-il pas dit : « Le son de leur voix se répandra sur toute la terre, et leurs paroles iront jusqu'aux confins du monde? »

Puis brusquement : « C'est assez discuter, dit-il ; les marins peuvent-ils traverser l'Océan et les hommes la zône torride? Nous avons trouvé que sur ces deux points les anciens s'étaient trompés dans leurs affirmations, et quant aux modernes, qui donc ignore aujourd'hui, ce que savent même les débutants en géographie, que, depuis le détroit d'Hercule en Espagne jusqu'à l'extrémité de l'Inde, s'étend un océan avec des îles grandes et nombreuses..... mais cet océan n'est pas fatal aux mortels, et d'un rivage à l'autre on peut naviguer sur la rotondité de la terre, pourvu qu'on ne manque ni de ressources, ni de courage »; et il ajoute cette parole remarquable : « *et ideo propriis vidisse oculis credo esse octavam scientiam.* » N'est-ce pas aussi une science que de voir par ses propres yeux? Cette huitième science qu'il ajoute aux sept arts de la scolastique, c'est toute la science moderne. La pensée confuse de Stœffler s'est tout à coup éclairée. Ce mot lumineux jaillit comme une étincelle de cette obscure discussion.

Désormais la cause est gagnée. A mesure que les découvertes se complètent et qu'arrive la nouvelle du périple de Magellan, les erreurs s'effacent, les hésitations disparaissent. Mais il importait de montrer, par un exemple, que ce ne fut pas sans effort que la pensée, captive encore des vieilles méthodes, put s'habituer à ces nouveautés.

Restait à faire justice de la pseudo-théorie d'Aristote, dont il a été question au début de ce chapitre. D'instinct on comprenait qu'elle était fausse; Stœffler la condamne, mais sans donner de raisons. Il fallait qu'il en fût fait une réfutation en forme. Ce ne furent pas les Allemands qui s'en chargèrent. Dès 1528, le géographe français Fernel combat, au nom de l'expérience et d'Aristote lui-même, ces inventions des philosophes « modernes, » (juniorum philosophorum)[1]. On les trouve plus méthodiquement encore réfutées dans le livre célèbre « des Révolutions » de Copernic. Imprimé en 1547 seulement, ce livre était achevé depuis longtemps déjà dans la pensée de son auteur. Il est bien contemporain de l'époque que nous étudions. On a discuté, on discute encore aujourd'hui sur la nationalité de Copernic. Il importe peu à la science que ses parents aient été Allemands ou Polonais. Il a profité sans aucun doute des travaux de Peurbach et de Régiomontan, mais il dépasse tellement ses prédécesseurs qu'on ne saurait sans injustice le compter comme leur disciple. Il n'est pas de l'École allemande, mais de l'École qu'il a créée et qui compte après lui Tycho Brahé et Képler. Ce n'est d'ailleurs que par occasion qu'il aide au progrès de la géographie ; il complète, sur un seul point, l'œuvre des Allemands, et c'est à ce titre qu'il doit être cité dans cette étude[2].

La réfutation de Copernic a une apparence toute mathématique[3]. En réalité elle se compose de deux parties : un préambule qui seul est mathématique, et la partie importante qui constate simplement des faits. Dans son préambule, Copernic combat « ces péripatéticiens » qui prétendent que des deux sphères de terre et d'eau dont l'assemblage constitue le

1. *Joannis Fernelii ambianatis cosmotheria libros duo complexa.* Paris 1528. C. I, Voir sur Fernel et cette réfutation notre travail : *De Orontio Finæo, gallico geographo. Ch. II.*

2. Sur la question si controversée de la nationalité de Copernic, on trouvera une bibliographie très complète dans Wolf, *Gesch. der Astronomie*, pp. 225-226. — Copernic s'était aussi occupé de géographie et de cartographie. Cf. Schütz, *Historia rer. Prussicarum* l. 2. Une curieuse lettre du 10 juillet 1529 adressée par l'évêque Maurice Ferber à Barthélemy de Sculteti, parle d'une collaboration demandée à Copernic pour dresser la carte de Prusse. « Litteras cum mappa, sive descriptione terræ Livionensis accepimus, gratumque est nobis hoc munus... Cæterum si quas novitates ex illis Livoniæ aut aliis terris habuerit, ut nobiscum communes faciat petimus. Ac præterea cum D° doctore Nicolao Coppernic mutuam intelligentiam habeat, laboremque suum in hoc opus illi communicet ut mappam sive descriptionem terrarum Prussiæ habere possimus. » Prowe, *Nicolaus Coppernicus*, t. I, p. 348,

3. *Nicolai Copernici Revolutionum liber* I, ch. 3. Quomodo terra cum aqua unum globum perficiat. Günther, *Op. cit.*, donne une analyse de cette réfutation.

globe terrestre, la sphère d'eau doit avoir un volume dix fois supérieur à celui de la sphère de terre [1], par cette raison que dix parties d'eau, en volume, pèsent à peu près autant qu'une partie de terre, et qu'autrement l'équilibre serait rompu. Il n'a pas de peine à démontrer, en s'appuyant sur ce théorème que les volumes de deux sphères sont entre eux comme les cubes de leurs rayons, qu'une sphère de terre dix fois plus petite que la sphère d'eau enveloppante n'aurait même pas un diamètre égal au rayon de cette grande sphère [2]. Elle serait donc très petite ; sa courbure serait très forte, et la protubérance qu'elle formerait sur la sphère aqueuse serait très prononcée. Entrant alors dans un nouvel ordre d'idées, il se demande comment les mers pourraient s'élever sur cette calotte sphérique. La mer d'Égypte se rapproche de quelques centaines de stades de la mer Rouge; l'isthme ainsi formé est près du centre du monde, près du sommet, par conséquent, de la protubérance. Comment ces deux mers peuvent-elle monter jusque là? En réalité Copernic s'est placé dans l'hypothèse la plus favorable, celle où la sphère de terre est très petite comparativement à l'autre. Au commencement du XVIe siècle, dans la *Margarita philosophica*, par exemple, on préfère, afin de diminuer la courbure de la calotte émergée, donner à la sphère de terre un rayon très peu différent de celui de la sphère aqueuse. Dans ce cas le raisonnement de Copernic ne peut s'appliquer; mais, en fait, ce sont les raisons qui vont suivre qui importent, et celles-là s'appliquent, quel que soit le volume des deux sphères. Du moment que ces deux sphères se coupent, la partie

1. Cette équivalence de dix parties d'eau contre une partie de terre est déjà dans Nicolas de Lyra.

2. Les volumes des deux sphères étant entre eux comme les cubes de leurs rayons, si on suppose que le diamètre de la petite sphère soit égal au rayon de la grande, et si on fait le rayon de la petite sphère égal à 1, celui de la grande sphère sera égal à 2. En élevant au cube ces deux nombres, on a 1 et 8. Le volume de la grande sphère est donc 8 fois plus grand que celui de la petite. — Pour que la grande sphère ait un volume dix fois plus grand que celui de la petite, il faudra nécessairement que le diamètre de la petite soit plus petit que le rayon de la grande.

émergée étant le continent, à mesure qu'on s'écartera des rivages, la mer devra être de plus en plus profonde. Comment alors expliquer les îles? Comment le continent pourra-t-il s'étendre en largeur sur plus d'une moitié du globe? Il faudrait pour cela que la sphère de terre pénétrât à peine dans la sphère liquide. Comment expliquer enfin, ajoute Copernic, l'existence des terres nouvellement découvertes par les rois d'Espagne et de Portugal, cette Amérique, qu'à cause de sa grandeur on croit être un autre continent? Non, l'hypothèse que nous combattons n'est pas admissible. Il n'y a pas une sphère de terre et une sphère d'eau distinctes qui se pénètrent; il n'y a qu'une sphère terrestre dont le centre de gravité coïncide avec le centre de figure, et dont les parties déprimées servent de cuvettes aux mers. Celles-ci peuvent paraître étendues à la surface, en réalité la quantité d'eau est inférieure à la quantité de terre. Terre et eau forment une sphère parfaite; nous en avons la preuve lorsque nous observons l'ombre du globe projetée sur la lune pendant les éclipses. C'est donc en s'appuyant sur les résultats des grands voyages et sur les observations astronomiques que Copernic rejette l'antique théorie des deux centres.

Elle ne sera pourtant pas abandonnée, on la défendra plus d'une fois encore au XVIe siècle [1]; mais un coup fatal lui est porté. Newton plus tard achèvera de l'abattre en la traitant de folie.

1. Dans un commentaire sur la physique d'Aristote qui parut en 1538 à Erfurt, Jean Veltkirch, professeur à Wittenberg admet encore la vieille théorie. Il semble que pour lui les découvertes soient non avenues. « Est ergo secundum philosophos quoque unum corpus sphæricum constitutum ex tota aqua et terra, simul sibi invicem mixtis, cujus corporis duplex centrum traditur, scilicet unum centrum magnitudinis, nempe centrum sphæræ ex aqua terraque compositæ medium totius mundi est, alterum centrum gravitatis existens in terræ diametro aliquanto majore quam sit semidiametor sphæræ conflatæ ex aqua terraque simul. » *Johannis Velcurionis Commentarii in universam physicen Aristotelis*. Lyon, 1554.

CHAPITRE IX

LES LÉGENDES [1]

Modification des légendes. — Leur origine. — Source ancienne; source chrétienne; source arabe. — La légende de Gog et Magog. — Scepticisme des géographes italiens du xve siècle. — État d'esprit des navigateurs. — Influence de Marco Polo. — Formation de légendes nouvelles. — Le Paradis en Amérique. — Les Amazones. — l'Eldorado. — Embarras des géographes allemands. — La lettre de Maximilien Transylvain. — Longue durée des légendes.

Il est un autre ordre d'erreurs sur lesquelles allait s'exercer l'influence des nouvelles découvertes. C'étaient toutes ces légendes, relatives aux contrées lointaines ou mal connues, que le besoin de merveilleux avait fait naître. Elles forment une géographie populaire, qui est à la vraie géographie comme l'épopée est à l'histoire. Comme les légendes historiques, elles reposent sur une part de vérité mêlée à une plus grande part d'invention. Des phénomènes mal compris de la nature, des faits mal interprétés leur ont donné naissance; elles s'usent et se transforment restant toujours à côté ou au-dessus des faits. C'est donc une matière difficile à saisir, puisqu'elle n'a d'autre règle que l'imagination. On peut cependant, et d'une manière générale, distinguer trois sources différentes parmi les légendes géographiques

1. Pour ce chapitre, voir : Peschel, *Der Ursprung und die Verbreitung einiger geographischen Mythen in Mittelalter. Abhandlungen zur Erd und Volkerkunde*, t. I; Berger de Xivrey, *Traditions tératologiques ou Récits de l'Antiquité et du moyen âge en Occident sur quelques points de la fable, du merveilleux et de l'histoire naturelle*. Paris 1836; Ferdinand Denis, *Le monde enchanté, cosmographie et histoire naturelle fantastiques du moyen âge*. Paris, 1843.

auxquelles s'est complu le moyen âge : la source antique, la source chrétienne, la source arabe. Les deux premières sont les plus riches ; la dernière a eu moins d'influence sur le moyen âge ; elle semble d'ailleurs procéder des deux autres.

C'est par Aulu-Gelle, qui recueillit, nous raconte-t-il, les traités mythiques anciens [1], c'est par Pline surtout, qui, dans son Histoire Naturelle, donne complaisamment asile aux fables les plus extraordinaires, c'est encore par les abréviateurs de la décadence, comme Solin, comme Isidore de Séville, que ces légendes sont arrivées jusqu'au moyen âge. De cette provenance dérivent tous ces monstres dont l'antiquité avait peuplé les Indes : hommes à tête de chien, hommes à un seul pied, énorme, dont l'ombre pouvait les abriter du soleil lorsqu'ils se couchaient sur leur dos, hommes aux oreilles tombant jusqu'aux pieds, hommes sans tête avec un œil au milieu de la poitrine, pygmées, obligés pour vivre de disputer leur nourriture à des oiseaux de forte taille. C'est de l'antiquité encore que viennent ces légendes sur les pays de l'or, qu'on place naturellement aux extrémités du monde, même ces montagnes et ces îles d'aimant qui, adoptées ensuite par les Arabes, jouent un si grand rôle dans les *Mille et une nuits*.

Le christianisme fournit tout un contingent de nouveaux mythes : c'est le paradis terrestre, qu'on place dans des lieux inaccessibles ; ce sont les légendes relatives aux missionnaires abordant à des îles inconnues, comme celle de Saint-Brandan [2] ; c'est celle du prêtre Jean, ce prince chrétien qu'on fait résider tantôt en Asie, tantôt en Abyssinie [3] ; c'est la fameuse légende de Gog et Magog [4], une des plus

1. Aulu-Gelle. IX, 4.

2. Sur la légende de saint Brandan, voir A. Jubinal, *La légende de saint Brandaines*.

3. Sur le prêtre Jean : Zarncke, *Untersuchungen über den Priester Johannes, Abhand. der. ph. hist. klasse des K. Sæchsich. Akad. der Wissensch.* t. VII, p. 840, et Ph. Brunn, *Die Verwandlungen des Presb. Johannes Zeitsch. d. Gesellsch. f. Erdk. zu Berlin*, t. XI, 1876.

4. Voir Peschel, *op. cit.*, et Marinelli, *la Geografia e i padri della Chiesa*, pp. 20, sqq.

curieuses et des plus vivaces et qui montre bien comment ces mythes se transforment et se mêlent les uns aux autres. L'origine de cette légende est dans un passage d'Ézéchiel et dans un autre de l'Apocalypse. Ézéchiel parle de Gog, dans le pays de Magog, qui doit avec son peuple situé aux extrémités du septentrion fondre un jour sur les montagnes d'Israël [1]. Dans l'Apocalypse, c'est Satan qui doit ouvrir à Gog et à Magog les portes par où ils se précipiteront sur le monde [2]. Les Pères de l'Église se préoccupèrent naturellement de savoir où vivaient de si terribles peuples. Comme Ézéchiel les place au Nord, on les identifia généralement avec les Scythes. Il est juste d'ailleurs d'ajouter que quelques-uns, comme saint Augustin, ne voient dans ces peuplades menaçantes qu'un symbole. Mais une autre légende, relative à Alexandre, s'était aussi formée. On avait fait de lui le défenseur de l'Europe et de l'Asie contre les barbares du Nord et de l'Orient. Les autels et les forts qu'il avait élevés en Bactriane étaient devenus une barrière construite pour repousser les Scythes. Comme les princes de la dynastie Sassanide ont réellement construit une muraille entre le Caucase et la mer Caspienne pour se défendre contre les nomades du steppe, c'est là qu'on place bientôt la fameuse porte de fer d'Alexandre. Cette porte, il l'a construite pour enfermer Gog et Magog qu'on place alors derrière le Caucase. Intervient un troisième élément : on confond Gog et Magog avec les tribus juives exilées par les rois d'Assyrie, et leur pays devient le même que celui des « Judæi clausi. » C'est ainsi, transformée au gré de la fantaisie de chacun, que cette légende arrive jusqu'au XVIe siècle, et qu'on la retrouve bien plus tard encore.

Certes, au moment des découvertes, toutes ces légendes n'ont pas conservé le même crédit. Les esprits sérieux les rejettent. Fra Mauro, sur sa grande mappemonde de 1459,

1. Ézéchiel cap. XXXVIII, 2 et XXXIX.
2. Apocalypse 7.

proteste contre la légende de Gog et Magog [1]. Æneas Sylvius, dans sa Géographie de l'Asie, ne parle que des Amazones, encore est-ce pour émettre des doutes sur leur existence. Il ne lui paraît pas impossible qu'il y ait eu des femmes guerrières, puisqu'on a vu des reines défendre leurs États, et Jeanne d'Arc mettre en fuite les Anglais. « Ne nous étonnons pas, dit-il comme conclusion, de voir les écrivains anciens en désaccord, quand les événements récents sont rapportés de tant de manières différentes [2]. » Mais combien peu de savants montrent le même sens critique.

Chose singulière, les cartes marines, ou plutôt les mappemondes dressées à leur manière, et qui utilisent les documents fournis par les marins, ont presque toutes, dans l'intérieur des continents, des vignettes où sont représentées toutes ces légendes. A côté de ces précieuses petites images qui nous montrent les caravanes en marche vers la Chine, la carte Catalane contient un grand nombre de dessins représentant des monstres, ou relatifs aux légendes. Les îles fantastiques elles-mêmes figurent le plus souvent sur les cartes marines. Comment les contemporains eussent-ils pu choisir entre ces données contradictoires?

Les voyages accomplis au moyen âge dans l'Extrême Orient, dans la patrie même de tous ces mythes, devaient, semble-t-il, les faire disparaître. Marco Polo parle bien du

1. Alguni scrive che ale radice del monte Caspio over pocho lontan sono queli populi qual come se leze sono seradi per Alexandro Macedo. Ma certo questa opinion manifestamente e erronea e da non esser sostenuta per algun modo... questi sono soto el regno de Tenduch e sono chiamati Ung e Mongul i qual al vulgo dice Gog e Magog exstimando che questi sia queli che diebano uscir de li al tempo de Antichristo, *ma certo questo error e advenuto per alguni che tirano la S. Scriptura al suo sentimento* perho io me acosto al auctorita de Sancto Augustino el qual nel suo de Civitate Dei reprova la opinion de queli che dicano che Gog et Magog significa queli populi che darano favor ad Antichristo. — Légende de la carte de Fra Mauro, Zurla, *Fra Mauro*. Venise, 1806.

2. Nobis non impossibile videtur quod prisci scriptores de Amazonibus tradiderunt, qui et in Bohemia tenuisse fœminas principatum legimus et in Hungaria Marina viriliter imperasse... Sed puella Franciæ... non parum dubitationis... affert cujus ductu sæpe Anglorum copiæ nostro ævo profligatæ fuerunt, nec miramur antiquissimarum rerum scriptores inter se discordare quando nec novissima uno modo referuntur. Æneas Sylvius, *De secunda parte Asiæ*, ch. xx.

prêtre Jean, du pays de Gog et Magog, mais il se refuse à donner à ce personnage et à ces peuples aucun caractère légendaire. Pour lui, le prêtre Jean est le prince barbare Unc Can ; quant à Gog et Magog ou Ung et Mongul, ce sont également pour lui des noms de peuplades tartares [1]. Mais pourquoi l'aurait-on cru? Certains de ses récits, pourtant très véridiques, ne paraissaient-ils pas aussi invraisemblables que les fables qu'il rejetait? N'était-il pas en contradiction avec le récit mensonger de Jean de Mandeville, ce faux voyageur dont le livre eut d'autant plus de succès que toutes les fables recueillies dans les écrivains antérieurs y étaient rapportées [2]? Enfin Marco Polo lui-même avait cédé à l'attrait du merveilleux lorsque, décrivant des pays qu'il ne connaissait que par ouï-dire, il y plaçait des hommes à tête de chien, une île où n'habitaient que des hommes et une autre où n'habitaient que des femmes. C'était lui encore qui comptait douze mille sept cents îles dans la mer des Indes [3].

Les grands découvreurs avaient l'esprit hanté par toutes ces chimères. Aussi se préoccupent-ils moins d'observer sans parti pris que de retrouver le théâtre de toutes ces légendes. Colomb remarquant que l'air est plus pur et plus tiède à mesure qu'il s'approche des régions nouvelles, croit approcher du Paradis. Il prend les nombreuses îles situées au sud de Cuba pour les archipels signalés par Marco Polo. Pour lui, Cuba elle-même est le pays d'Ophir, et les populations anthropophages qu'il rencontre sont bien celles dont parlent les anciens. Il croit même avoir aperçu des sirènes et déclare qu'elles ne sont pas belles. Vespuce fait des remarques du même genre. Un des compagnons de Pizarre croit avoir rencontré des Amazones sur le fleuve qui a conservé ce nom. Quand ils décrivent seulement ce qu'ils ont vu, c'est

1. Marco Polo, I, 46. (Edit. Yule I, 227) et I, 49. (Yule I, 275).
2. Sur Jean de Mandeville, voir Albert Bovenschen, *Untersuchungen über Johann von Mandeville und die Quellen seiner Reisebechreibung. Zeitsch. d. Gesellsch. f. Erdk. zu Berlin*, t. XXIII, 1888.
3. Marco Polo, III, 13, III, 31, III, 34. (Yule II, 292, II, 395, II, 417.)

souvent avec une exagération qui doit faire naître de nouvelles légendes dans l'esprit des lecteurs naïfs. C'est ainsi que la croyance au pays de l'or prend tous les caractères d'un véritable mythe.

Il devait être souvent difficile aux savants de discerner la vérité au milieu de toutes ces fables. Les Allemands, comme les autres, ont hésité. Les uns, ce sont les plus sages, gardent le silence à ce sujet, comme Ringmann et Waldseemüller. Schœner est moins prudent. Il emprunte, nous l'avons vu, à Claudius Clavus un passage sur les Pygmées, qui, suivant lui, habiteraient le nord de la Scandinavie. En 1520, il reproduit encore sur son globe la légende de Gog et Magog. Laurent Friess dessine sur sa carte d'Amérique de petites vignettes représentant des sacrifices humains, et désormais, sur la plupart des cartes, le continent américain va être illustré comme l'ancien monde. Munster enfin, qui écrit au milieu du siècle, proteste bien dans quelques passages contre ces fables, mais il les rapporte avec tant de complaisance et accompagne ses récits de si curieuses et si amusantes gravures, qu'on peut se demander s'il n'a pas contribué ainsi à les répandre dans la foule ignorante, beaucoup plus qu'à les détruire [1].

Cependant un curieux passage de Maximilien Transylvain, ce jeune élève de Pierre Martyr, qui adressa à l'évêque de Salzbourg un récit du voyage de Magellan, eût dû les mettre plus résolument en garde. « Je me suis renseigné, dit-il, auprès du chef et auprès des matelots qui reviennent de ces pays. Ce qu'ils ont rapporté à l'empereur et à beaucoup

1. Voir toute la fin de la *Cosmographie* de Munster. Parlant de « l'Inde qui est outre la rivière du Gange », il dit : « Les anciens ont forgé beaucoup de sortes de monstres, lesquelz on trouve en ceste région », p. 136 de l'Édit. française. « Plusieurs autres semblables bordes, dit-il encore, sont escrites par les Juifs en la susdicte épître du royaume du Presto Jehan, lesquelles n'ay point icy voulu réciter, sachant bien quelz censeurs j'aurois en Damian et autres gens de telle farine, combien que j'aye plustot escrit ces choses pour risée que pour autre raison. » *Ibid.*, p. 1428. Ces vignettes représentant des monstres se retrouvent souvent dans les livres de cette époque. Il y en a déjà de très joliment gravées dans la chronique de Schedel.

d'autres paraît digne de foi. Or, ils n'ont rien raconté de fabuleux, et leur récit proteste contre toutes ces fables rapportées par les auteurs anciens. Qui donc pourrait croire à ces cyclopes, à ces hommes à un pied, à ces pygmées, et autres monstres du même genre? Les Espagnols ont navigué au midi, vers l'Occident, et les Portugais vers l'Orient. Ils ont découvert et parcouru bien des régions au delà du tropique du Capricorne..... Or, personne n'a jamais rien entendu dire de certain au sujet de monstres de cette nature. Il faut donc croire que ce sont là des fables et des mensonges surannés qui ne reposent sur aucune tradition certaine [1]. »

Mais la raison ne triomphe pas souvent à sa première victoire. Longtemps encore ces légendes vivront dans la géographie. L'histoire des « Juifs enfermés » est encore dans Ortel. Mercator indique également les pays d'Ung et Mongul, forme arabe de Gog et Magog. Les trompettes de métal déposées par Alexandre sur les montagnes de l'Asie orientale, en souvenir de sa victoire sur les Scythes et qui figurent sur la carte catalane de 1375, sont encore dessinées au XVIIe siècle sur la carte de de Witt. Qui oserait affirmer que ces fables ont complètement disparu? Si personne ne croit plus aux Pygmées, en peut-on dire autant pour les Patagons?

1. Max. Transylvain. *De Moluccis insulis* .. reproduit en partie dans Wieser, *Magalhães Strasse*, p. 111, et complètement dans Stevens, *Johannes Schœner*.

CHAPITRE X

LA GÉOGRAPHIE DESCRIPTIVE EN ALLEMAGNE

La seconde École de Vienne [1].

La géographie descriptive en Allemagne. — Influence minime de Strabon au xve siècle. — Sa traduction tardive en latin. — La seconde École de Vienne. — Réveil de l'Université sous Maximilien. — Solin et Pomponius Mela. — Camers et Vadianus : Leur querelle. — l'*Isagoge* de Vadianus. — Manifeste en faveur de la géographie descriptive. — Un programme d'enseignement géographique au xvie siècle. — Stérilité de ces tentatives. — Nécessité d'une inspiration nouvelle.

La géographie mathématique n'est qu'une préparation à la véritable géographie. Elle a surtout pour objet de fournir au géographe des cartes, c'est-à-dire de mettre sous ses yeux un ensemble de régions, dont son regard serait impuissant à embrasser l'étendue, de lui montrer les positions relatives des différentes contrées, les unes par rapport aux autres, de lui fournir, en un mot, un texte à déchiffrer et à comprendre. Le travail du géographe ne devrait donc logiquement commencer que lorsque celui du cartographe serait fini. Mais l'établissement d'une bonne carte est une entreprise longue et difficile. On n'a d'abord demandé au cartographe que de savoir représenter sur un plan les différents accidents du sol, que d'y tracer les côtes, les rivières, que d'y

1. Sur l'histoire de l'Université de Vienne, sur Camers et sur Vadianus consulter Aschbach, *Geschichte der Wiener Universitæt*, t. I, *Gesch. der W. U. im ersten Jahrhunderte ihres Bestehens*, et t. II, *Die W. U. und ihre Humanisten im Zeitalter Kaisers Maximilians I;* sur Strabon, Voigt, *Die Wiederbelebung des classisch. Alterthums*, t. II, pp. 190, sqq.

indiquer les parties montageuses; on exige maintenant de lui l'indication du modelé du sol. Il faut que par des hachures ou des courbes de niveau il sache figurer les hauteurs. Ce n'est pas tout; le géographe doit pouvoir s'aider encore de cartes géologiques, qui le renseigneront sur la nature des terrains qu'il étudie, l'aideront à en comprendre le relief et lui permettront de délimiter souvent les régions naturelles. Il demande encore aux cartes spéciales des notions sur le climat, sur la faune, sur la flore des pays qu'il veut connaître. Les progrès de la géographie sont ainsi subordonnés à ceux des sciences physiques et naturelles. Or la reconnaissance du globe terrestre ne peut être que l'œuvre des siècles. Comme la science, dont elle enregistre les résultats, elle ne sera jamais achevée. La curiosité humaine ne peut s'accommoder de ces délais, et la nécessité pratique de connaître le monde a fait naître des géographes avant que la géographie n'eût encore la claire notion de ce qu'elle devait être. Ce n'est que peu à peu, et à mesure que son champ d'études s'étendait et que ses moyens d'information se perfectionnaient, qu'elle a pris conscience d'elle-même, qu'elle est devenue ce qu'elle est de nos jours, l'explication raisonnée des différentes régions du globe, la science des conditions d'existence de l'homme, des actions que la nature exerce sur lui, et réciproquement des modifications qu'il impose à la nature. Parmi les géographes anciens il en est un, qui par une intuition de génie a entrevu ce que doit être la géographie. C'est Strabon, dont l'œuvre, avec celle de Ptolémée, résume tout l'effort de la géographie grecque et romaine. Strabon ne décrit pas seulement pour décrire, mais pour faire comprendre. Ayant beaucoup voyagé, il sait voir. Comme il en réclame lui-même le titre pour le véritable géographe, c'est un philosophe. Mais les anciens ne se sont pas tous élevés à cette hauteur. Pour eux, et Strabon parfois n'échappe pas lui-même à ce reproche, la géographie n'est trop souvent qu'une autre forme de l'histoire, et, comme l'histoire, elle se prête aux développements littéraires et moraux. Pour ces raisons, la géographie descriptive ainsi comprise devait plaire aux savants de la Renaissance, plus épris de beau style que de rigueur scientifique. Elle ne fut pas négligée en Allemagne, bien qu'elle n'y tienne qu'une place secondaire.

Contrairement à ce qu'on attendrait, ce ne fut pas Strabon que prirent d'abord pour modèle les écrivains géographes de la Renaissance. Ptolémée était déjà traduit depuis longtemps en latin, lorsque le pape Nicolas V songea à faire traduire Strabon et chargea de ce soin Guarin de Vérone et Grégoire Tifernas. Encore fut-il difficile de se procurer un texte. Le pape n'en possédait pas [1]. En 1449, la traduction n'était pas commencée encore [2]. Elle fut imprimée pour la première fois en 1469 ou 1470 à Rome, avec une dédicace à Paul II [3], puis en 1472, en 1480, en 1494 à Venise. Mais l'influence exercée par Strabon n'est pas comparable à celle qu'exerça Ptolémée. Le pape Æneas Sylvius en fait grand cas et s'en inspire visiblement dans ses écrits géographiques, mais c'est la seule imitation que Strabon ait fait naître au XVe et au début du XVIe siècle. Les Allemands en particulier le connaissent peu et ne le citent que rarement. La première édition allemande de Strabon fut imprimée à Bâle en 1523. La cause de cette défaveur venait de l'antiquité elle-même. Outre qu'il avait écrit en grec, Strabon subit le sort commun des auteurs d'ouvrages trop considérables ; il fut délaissé pour des abréviateurs. Le moyen âge, en fait de géographie

1. On ne voit figurer de ms. de Strabon à la Vaticane que sous Sixte IV. (1471-1484.) Encore s'agit-il de la traduction. E. Müntz et P. Fabre, *la Vaticane au XVe siècle*. Bib. des Ecoles d'Athènes et de Rome. fasc. 18.

2. Ceci résulte d'une lettre du Pogge en date du 7 décembre 1449. Cf. Voigt. *op. cit.*

3. L'édition est sans date, Brunet, d'après la requête adressée à Sixte IV dans l'édition de 1472, place cet ouvrage en 1469 ou 1470. Elle n'a pas de titre. Le colophon indique comme imprimeur Conrad Sweynheym. C'est dans la préface qu'on trouve l'histoire de cette traduction. — La Bibliothèque d'Albi possède un ms. de la traduction latine envoyé de Venise par Antonio Marcello au roi René d'Anjou. Cf. Lecoy de la Marche, *Le roi René*, t. II, p. 194, et de Quatrebarbes, *Œuvres du roi René* t. IV, p. 198.

descriptive, ne connut que les ouvrages de Pomponius Mela, de Solin; encore ceux-ci furent-ils moins appréciés que ceux d'un abréviateur d'un mérite bien inférieur, Isidore de Séville. C'est donc par tradition que les Allemands de la Renaissance étudient, au début surtout, Pomponius Mela et Solin de préférence à Strabon. Ces deux géographes furent les auteurs favoris des Viennois, de ceux qu'on peut appeler la seconde École de Vienne.

La renaissance astronomique, si brillamment inaugurée à Vienne par Peurbach et Régiomoutan, n'avait pas eu de lendemain. C'était une renaissance toute spéciale, due à l'effort de deux hommes de génie. Autour d'eux l'esprit nouveau ne s'était pas répandu. Æneas Sylvius nous fait vers 1450 de l'Université de Vienne une curieuse description : « Je louerais bien, dit-il, Haselbach [1], s'il n'avait passé vingt-deux ans déjà à commenter le premier livre d'Isaïe, sans l'avoir encore achevé. Le plus grand vice de tout cet enseignement, c'est qu'on y consacre beaucoup trop de temps à la dialectique et à des questions sans importance. Ils n'ont souci ni de la musique, ni de la rhétorique, ni de l'arithmétique. L'éloquence et la poésie y sont presque inconnues. Ceux qui possèdent le texte d'Aristote et des autres philosophes sont rares. Presque tous se contentent de commentaires. » Les circonstances avaient été peu favorables à un réveil littéraire à Vienne, pendant la seconde moitié du xve siècle. L'empereur Frédéric III n'aimait pas les Viennois, qui, à son avènement, avaient pris parti pour son frère Albert d'Autriche. Il ne séjournait que le moins possible au milieu d'eux. Quand la guerre éclata entre Vladislas de Bohême et Mathias de Hongrie, ce fut pour les Bohémiens que la ville se déclara, et Mathias vint assiéger Vienne. A peine se relevait-elle de ses ruines et de ses alarmes, que la peste y éclata en 1481. Puis la guerre recommença et finalement la ville fut prise. L'Uni-

1. Thomas Ebendorfer von Haselbach. Sur ce personnage, voir Aschbach. *op. cit.*, t. I, pp. 403 sqq.

versité avait suspendu ses cours pendant la peste. Les étudiants s'étaient dispersés. Comment les études eussent-elles pu fleurir au milieu de ces misères? Tout changea quand Maximilien reçut la couronne impériale; c'est de son règne que date, en Allemagne, la véritable Renaissance, et les Viennois lui furent particulièrement redevables.

Mais la tradition des grands astronomes était perdue à Vienne. Certes, les chaires de mathématiques avaient continué à être occupées. On a rencontré déjà les noms de quelques-uns de ces mathématiciens viennois : Stabius, l'ami de Werner, Collimitius, le maître et l'ami d'Apian; on en rencontrera d'autres. Mais ces mathématiciens sont plutôt encore des humanistes. Ils font plus de cas de Cicéron que d'Euclide. En tous cas leurs noms s'effacent à côté de ceux de leurs collègues chargés de l'enseignement littéraire. La seconde École de Vienne compte plus de beaux esprits que de savants. On n'ignore pas à Vienne la découverte de l'Amérique; mais c'est à peine si on en parle. Aucun de ces petits livres qui répandirent en Allemagne les grandes nouvelles ne fut imprimé à Vienne. La seule carte donnant les terres nouvelles qui ait été publiée dans cette ville est celle d'Apian; encore Apian n'y séjourna-t-il que peu de temps, et appartient-il beaucoup plus à l'École de Nuremberg. Ce n'est pas que les Viennois n'aient pas rendu de services à la géographie : tournés vers l'Orient, ils ont, en étudiant le cours du Danube, fourni d'importants renseignements sur des régions encore mal connues [1]. Ils ont encore révélé la Russie à leurs contemporains. Bien qu'il ait eu un prédécesseur dans Mathias de Michow, c'est Herberstein, par son livre et par sa carte, qui a jeté le plus de lumière sur cette région [2]. Or Herberstein partit de Vienne, et c'est à Vienne qu'il publia son récit. Mais c'est par l'histoire, presque toujours, et non par l'astronomie, que les Viennois arrivent à la géographie.

1. Voir pp. 183, 184.
2. Voir pp. 194, 195.

Alors que l'École allemande vaut surtout par ses mathématiciens, Vienne, d'où est partie l'impulsion lui échappe. Aussi ne tient-elle dans l'histoire de la renaissance géographique qu'une place inférieure à celle de Nuremberg.

Ce furent ces préoccupations littéraires qui amenèrent les Viennois à s'occuper de Solin et de Pomponius Mela. Le commentateur de Solin fut le minorite Johannes Ricutius, né à Camerino, dans les États de l'Église, d'où son nom de Camers [1]. Il avait enseigné à Padoue, et fut un des savants étrangers appelés à Vienne pour relever l'Université. Son élève Vadianus, de son vrai nom Joachim de Watt, qui commenta Pomponius Mela, est plus connu. Il était né à Saint-Gall en Suisse, en 1484. Il vint à Vienne à dix-huit ans, et y retrouva son compatriote Zwingle. Il acheva ses études, sous la direction de Camers et des autres maîtres célèbres qui enseignaient alors à l'Université, Cuspinianus, le recteur, et surtout Celtès. Puis il voyagea, visita la Pologne, la Hongrie, l'Italie et revint à Vienne en 1508, l'année de la mort de Celtès. Il ne tarda pas à enseigner lui-même. En 1514, il recevait de l'empereur la couronne poétique ; en 1516, il prenait le grade de docteur en médecine. Ces vocations médicales ne sont pas rares parmi les humanistes. Pour eux d'ailleurs l'étude de la médecine se confond avec celle des sciences naturelles. Elle convient à des esprits curieux et indépendants. Vadianus quitta Vienne en 1513, pour retourner dans son pays. Il s'y consacra surtout à la médecine, et devint un des partisans les plus convaincus de Zwingle, un des plus ardents propagateurs de la Réforme en Suisse. Il n'abandonna cependant pas ses travaux littéraires ; à côté d'un grand travail sur l'histoire de la Suisse, il publia encore un abrégé de géographie [2]. Il laissa en mourant à sa ville na-

1. On ignore la date exacte de sa naissance, Aschbach la place vers 1458. Il mourut en 1546.

2. *Epitome trium terræ partium, Asiæ, Africæ, Europæ, compendiariam locorum descriptionem continens præcipue autem quorum in actis Lucas, passim autem Evangelistæ et Apostoli meminere... per Joachimum Vadia-*

tale sa bibliothèque qui porte aujourd'hui encore le nom de Bibliothèque Vadiane, et qui est une des plus précieuses pour l'histoire de l'humanisme. Son maître Camers quitta également l'Allemagne, lors de la décadence de l'Université, et aussi par chagrin de voir les doctrines de Luther se répandre parmi ses amis. Il rentra en Italie en 1524.

Tous deux appartiennent par leurs travaux géographiques à l'École de Vienne. Ce sont donc avant tout des humanistes, mais leur esprit est très différent : Vadianus est un audacieux que n'arrêtent point les scrupules; on ne s'étonnera pas qu'il ait lutté pour la Réforme. Camers, plus âgé, est un timide, un italien respectueux de l'autorité. Aussi ne s'entendirent-ils pas toujours. La querelle éclata à propos de Solin, dont Camers reprochait à son élève d'avoir mal parlé dans son Pomponius. En réalité la géographie n'était que le prétexte de ce différend. Ces deux esprits également sincères se heurtaient en trop de points. C'est au fond déjà la question de dogme qui les divise. Tandis que Vadianus ne veut voir dans le paradis qu'une allégorie, Camers veut rester fidèle à l'interprétation littérale des livres saints. La querelle n'est pas entre Solin et Pomponius, mais entre le moine italien et l'ami de Zwingle.

Camers avait commencé par publier à Vienne les œuvres de plusieurs écrivains anciens, présentant timidement ses travaux comme de simples passe-temps. Nous ne signalerons parmi ces éditions que celle de Pomponius Mela, sans notes aucunes, celle de Priscien, qui ne renferme qu'un petit commentaire sans intérêt, et enfin la grande édition de Solin, œuvre de longue haleine, accompagnée d'un volumineux commentaire, qui, selon la mode du temps, dépasse de beaucoup les dimensions du texte [1].

num medicum, Zurich, 1534. Sur Vadianus historien, on pourra consulter : Gœtzinger, *Joachim von Watt als Geschichtsschreiber*, Neujahrsblætter des hist. Vereins in St-Gallen, 1873.

1. *Pomponii Melæ geographiæ libri tres. Hermolai Barbari in eundem integræ castigationes...* Vienne, 1512. *Dionysii Afri, de situ orbis, sive Geo-*

Vadianus, outre plusieurs œuvres oratoires et poétiques, avait publié en 1515 sa lettre à Rudolphe Agricola [1]. C'était une réponse à quelques problèmes de géographie que lui avait proposés son ami, alors à Cracovie, notamment sur les Pygmées et sur les antipodes. Les questions relatives à la physique du globe paraissent avoir intéressé particulièrement les Viennois. En 1514, un autre professeur de l'Université édita le *De natura locorum* d'Albert le Grand. La lettre de Vadianus eut un grand succès en Allemagne, Stœffler, nous l'avons vu, la prit pour guide dans son commentaire de la sphère de Proclus. Vadianus publia encore à Vienne son commentaire de Pomponius Mela [2]. Puis il revint en Suisse, et c'est de là qu'il répondit aux attaques de Camers que cet ouvrage avait fait naître [3].

Ce qu'il y a de plus important dans le Pomponius Mela de Vadianus, c'est la préface, un petit traité de quelques feuillets, intitulé : *In geographiam Catechesis*. Ce petit écrit pourrait servir de manifeste aux géographes « politiques. » Il commence, à l'imitation de Ptolémée, par une définition de la géographie. « On appelle géographes, dit Vadianus, ceux qui s'appliquent à décrire les diverses parties du globe, comme Pline, Denys, Strabon à peu près, et Mela sauf dans les chapitres généraux du début. Le géographe, à l'énumération des lieux, ajoute leur histoire, il raconte l'origine des

graphia Prisciano aut Fannio Rheunio interprete liber unicus. Johannis Camertis in eundem commentariolum. Vienne, 1512. *Johannis Camertis Minoritani... in Julium Solinum* Πολυιστωρία *Enarrationes...* Vienne, 1520.

1. Sur ce personnage, qu'il ne faut pas confondre avec son homonyme Rudolphe Agricola l'ancien, voir Aschbach. *op. cit.* t. II, pp. 141 sqq. — Les deux lettres furent publiées ensemble; *Rudolphi Agricolæ junioris Rheti ad Joach. Vadianum... epistola... Joach. Vadiani... ad eundem epistola...* Vienne, 1515. Cette lettre est réimprimée à la suite des éditions de Pomponius Mela de Vadianus.

2. *Pomponii Melæ Hispani, Libri de situ orbis tres adjectis Joachimi Vadiani helvetii in eosdem scholiis, Addita quoque in Geographiam Catechesi et epistola Vadiani ad Agricolam digna lectu.* Vienne, 1518.

3. *Jo. Camertis Antilogia, i. e. locorum quorumdam apud Julium Solinum a Joach. Vadiano helvet. confutatorum amica defensio.* Vienne, 1522, La préface est datée de Saint-Gall, 1521.

cités, des nations, il donne l'explication des noms, et décrit les curiosités de la nature. Le cosmographe énumère lui aussi les pays, les villes, les fleuves, les montagnes. Il nous dit dans quelles régions ils sont situés, mais simplement, sans fixer leurs limites, en se préoccupant presque uniquement de donner leur longitude et leur latitude. L'étude des instruments destinés à faire ces observations et la représentation de la terre suivant les méridiens et les parallèles, tout cela regarde les cosmographes. Le plus grand de ceux-ci est Ptolémée. On remarquera que la géographie a de grands rapports avec la poésie et l'histoire, que leurs procédés de description sont les mêmes; tandis que la cosmographie, au contraire, se rapproche de l'astronomie et de la géométrie. Et si on me demande laquelle de ces deux sciences est préférable, il me semble que la cosmographie est plus précise (acutiorem) mais enfermée entre des limites plus étroites, et que la géographie, qui suppose la lecture d'auteurs variés, est plus légère, plus accessible, plus riche en résultats, plus propre à charmer l'esprit. Celle-ci convient mieux à l'homme cultivé, celle-là au savant [1]. » On devine de quel côté sont les préférences de l'auteur : ce sont celles de l'École de Vienne.

Les autres parties de cette préface ne sont pas moins intéressantes. Vadianus montre, avec une profusion d'exemples, quelle est l'utilité de la géographie. Pour lui, elle sert surtout à comprendre les écrivains anciens, et il décoche en passant un trait aux prêtres et aux théologiens qui font bien des erreurs, dit-il, parce qu'ils ignorent trop la géographie. Le chapitre suivant, d'apparences très modestes, est singulièrement instructif. Il y est question de l'usage des cartes. « Si nous suivons attentivement sur une carte, dit Vadianus,

1. Et mihi quidem dubitanti quandoque utra præstantior foret, visum est acutiorem esse cosmographiam, tamen quæ intra arctiores traditionis limites clauderetur; Geographiam multa variorum authorum lectione nitentem levioris operæ et captus facilis, mirifice tamen ubere fructu et cujus neminem unquam pœnituerit. Hanc tamen ut dicam quod sentio, viro prudenti, illam sapienti commodiorem, esse confirmo, *In geog. Catech.* I.

les descriptions de Pline, de Strabon, de Mela, rien de plus facile ni de plus agréable que la géographie. Si, au contraire, nous ne nous servons pas de cartes, et que nous suivions l'auteur ligne par ligne, il n'y a pas d'étude plus difficile, ni qui fatigue plus l'esprit et la mémoire. J'en parle d'après une expérience de nombreux mois, je pourrais même dire de plusieurs années. » Voilà certainement une vérité incontestable, et cependant combien a-t-il fallu de temps pour qu'elle fût universellement admise ! « Lorsqu'on veut, continue-t-il, se donner une idée du monde, il faut d'abord examiner une carte générale, afin de connaître la position relative des différentes régions. » Et il ajoute une remarque singulière : « On fera bien, pour cela, de retourner la carte, c'est-à-dire de placer le Nord en bas et le Sud en haut. » Il a expérimenté avec des élèves studieux et des hommes plus avancés en âge combien cette précaution était utile, car, en examinant la carte placée le Nord en haut, ils avaient devant eux l'Afrique, et ne pouvaient s'y reconnaître, tandis qu'en plaçant en bas et tout près d'eux l'Europe ils voyaient, du lieu où ils étaient, les terres et les mers s'étendre autour d'eux. Peut-être cette raison, que donne Vadianus, a-t-elle contribué à maintenir l'usage qui s'est perpétué quelque temps encore, de placer indifféremment le Nord en haut ou en bas de la carte. « On étudiera ensuite chaque pays séparément. Prenant par exemple l'Espagne, on la montrera séparée de la Gaule par les Pyrénées, on citera le fleuve de l'Èbre, puis, au Sud, la province de Bétique, sur le détroit près duquel sont les colonnes d'Hercule. Il ne faudra pas manquer, en effet, lorsqu'un lieu appelle une citation, de raconter une fable ou une histoire qui retienne l'esprit du lecteur. On ne négligera pas de parler des mers ; il faut qu'on en ait une notion quelque minime qu'elle soit. Une heure suffira pour faire connaître l'Espagne de la façon que j'ai indiquée, ou, si l'on veut, avec plus de précision encore. Mais il faudra laisser le spectateur examiner la carte à loisir, afin qu'il en imprègne ses sens, et qu'il puisse l'avoir devant les yeux, même en pensée.

Voilà le vrai moyen, comme je l'ai expérimenté moi-même, d'enseigner avec profit. Il ne faut pas non plus avoir trop d'élèves à la fois : on n'enseigne avec précision à un grand nombre d'auditeurs qu'au prix de beaucoup de peine. Il vaudra mieux alors diviser les élèves en un certain nombre de classes, et les instruire séparément. Lorsqu'on aura étudié les différentes parties du monde, on montrera l'équateur, puis les tropiques ; on expliquera ce que sont les zônes, celles que les anciens ont crues inhabitables, à cause de la chaleur, celles qui, voisines des pôles, sont glacées par un froid éternel, enfin les zônes intermédiaires, tempérées et habitables. Je voudrais, ajoute encore Vadianus, que tout homme désireux de connaître la terre, que tout esprit cultivé apprît les éléments de l'astronomie. » Tel est le résumé de ce curieux programme d'enseignement. On n'en saurait faire de meilleur éloge, que de dire qu'il n'a pas vieilli.

Nous n'insisterons pas sur les éditions de Solin et de Pomponius Mela, ce sont des compilations à la mode du temps, vastes répertoires où, sur chaque question, sont rapportées les opinions de tous les auteurs. Parfois interviennent des digressions qui n'ont plus qu'un rapport lointain avec le sujet, comme les réflexions favorites de Vadianus sur les antipodes, ou encore sa longue dissertation sur le sommeil [1]. Sur un seul point, ce dernier est vraiment original et intéressant, c'est quand il décrit les régions qu'il a visitées lui-même, et particulièrement la Germanie. Mais ce n'est plus alors Mela qu'il commente, c'est à une autre inspiration qu'il obéit. Ses modèles, ce sont les humanistes ses contemporains, qui, par patriotisme, se sont donné la tâche de faire connaître l'Allemagne. Ceux-là, sans l'avoir cherchée, et par une voie indirecte, ont ramené la géographie descriptive à sa vraie et à sa seule méthode, qui est l'étude du sol lui-même. Commenter les auteurs anciens les uns par les autres, ou encore par

1. Sur le sommeil, Cf. pp. 37 sqq. de l'édition de 1522, Commentaire au chapitre de Pomponius Mela sur la Cyrénaïque. Sur les antipodes, *ibid.*, pp. 3 sqq.

les auteurs du moyen âge, c'était rester toujours enfermé dans le même cercle. Il fallait rompre avec cette méthode stérile, abandonner les livres et oser regarder la nature. C'est ce que firent les historiens géographes de l'Allemagne. Leur œuvre n'est plus celle d'une École, mais bien celle de l'Allemagne savante tout entière.

CHAPITRE XI

UNE QUESTION DE GÉOGRAPHIE POLITIQUE

La nationalité de l'Alsace [1].

Réveil du sentiment national chez les savants allemands. — Wimpheling. — La question de la nationalité de l'Alsace. — La *Germania ad Rempublicam Argentinensem.* — Réponse de Thomas Murner. — Valeur des théories présentées. — Continuation de la querelle. — L'argument du langage.

Un des résultats de la Renaissance fut d'éveiller en Europe, parmi les savants, le sentiment national. La science avait été jusque-là cosmopolite. Érasme est un des derniers représentants de ces écrivains qui n'ont pour patrie que la littérature, et pour langue que le latin. En rendant les études personnelles, la Renaissance les rendit aussi nationales, et ainsi cette République des lettres, qui, au moyen âge,

1. Pour ce chapitre, consulter les études de Ch. Schmidt sur Wimpheling et Murner, dans l'*Histoire littéraire de l'Alsace.* On y trouvera un résumé presque textuel de la controverse de Wimpheling et de Murner. Les deux opuscules relatifs à cette question ont été réédités par le même : *Jacobi Wimpfelingi, Germania ad Rempublicam Argentinensem. Thomæ Murneri ad Rempublicam Argentinam Germania nova.* Genève 1874. *La Germania* de Wimpfeling est traduite dans l'œuvre de circonstance suivante : Ernst Martin, *Germania von Jacob Wimpfeling ubersetzt und erläutert von E. M. Beitrag zur Frage nach der Nationalitæt des Elsasses und zur Vorgeschichte der Strassburger Universitæt* Strasbourg 1885. Consulter également Adalbert Horawitz, *Nationale Geschichtsschreibung im sechzehnten Jahrhunderte. Histor. Zeitsch.* de Sybel, t. XXV, 1871; et sur l'historique de la question des frontières : Albert Sorel, *l'Europe et la Revolution française,* Paris 1885, 1re part. *les Mœurs politiques et les traditions.* liv. II, ch. 2 pp. 244 sqq.

n'avait pas été une fiction, se démembra définitivement. On a vu comment les humanistes allemands furent amenés, eux aussi, à ces préoccupations patriotiques, au grand profit de l'histoire et de la géographie [1].

Ce sont encore des Alsaciens qu'on trouve à la tête de ce mouvement. C'est Wimpheling surtout, le chef de l'humanisme en Alsace, l'un des types de ces *premiers humanistes*, plus pédagogues que littérateurs, hardis à changer les méthodes d'enseignement, mais timides dans leurs spéculations et se refusant à aller jusqu'au bout de leur pensée. Dès 1491, Tritheim le loue, « d'être le premier à prendre la défense de la patrie contre ses détracteurs [2]. » C'est lui qui encourage ce même Tritheim à écrire la vie des Allemands illustres, « afin, dit-il, que les Italiens ne puissent plus nous taxer de barbarie [3]. » Il fait travailler Sébastien Murr, de Colmar, à une histoire de l'Allemagne, qu'il achève lui-même après la mort de son ami. Il veut publier la chronique d'Othon de Freisingen. Il imprime, en 1508, un ouvrage de Léopold de Bebenbourg où il est montré que, des Byzantins, l'empire a passé aux Allemands [4]. Il ne sépare point la géographie de l'histoire : il veut que, dans les écoles élémentaires, on donne aux enfants des notions d'histoire et de géographie [5]. Pour leur faire connaître l'Allemagne, on lira avec eux l'ouvrage d'Æneas Sylvius. D'après lui, ceux qui auront lu la description de Vienne de cet auteur en sauront autant que s'ils avaient parcouru la ville pendant deux mois [6]. Il donne lui-même, en 1515, une édition de la Germanie d'Æneas, et il en réfute les erreurs. « L'Allemagne ne doit pas à Rome autant que le dit l'auteur, c'est plutôt elle qui a rendu service aux papes. Tous les ans nous envoyons au saint Siège des

1. Cf. l'Introduction.
2. Lettre de Tritheim à Wimpheling, en tête du Catal. des hommes illustres de l'Allemagne, 8 février 1491.
3. Wimph. à Tritheim, cité par Schmidt, t. I, p. 181.
4. Cf. Schmidt, *op. cit.* p. 182.
5. Wimpheling. *Diatriba*, ch. vi, cité par Schmidt. *op. cit.* p. 146.
6. Schmidt, *ibid.*

sommes énormes, pour qu'en récompense on nous traite de barbares [1]. »

La géographie est directement intéressée dans une polémique célèbre que soutint Wimpheling contre le moine Murner, à propos de la nationalité de l'Alsace. Il ne s'agit point ici d'un épisode isolé et sans importance. La question des frontières de l'Allemagne, particulièrement du côté de la France, est une de celles qui se sont imposées tout d'abord aux réflexions des géographes allemands. Les auteurs anciens étendaient la Gaule jusqu'au Rhin. Or plus d'une province à l'ouest du fleuve était terre d'Empire. Il y avait là comme une contradiction pour des savants qui ne savaient pas remettre à leur plan les événements historiques, et dont la critique, comme les tableaux du temps, manquait de perspective. La question d'ailleurs n'était pas nouvelle. Il y avait longtemps en France que les légistes, s'inspirant d'une tradition populaire plus ancienne encore, avaient revendiqué pour leurs maîtres la possession des territoires voisins du Rhin. Déjà, au milieu du xve siècle, une tentative avait été faite pour passer de la théorie à l'acte. « On disait en cette cour, rapporte Æneas Sylvius, qu'il fallait profiter des circonstances pour revendiquer les anciens droits de la couronne de France sur tous les pays situés en deça du Rhin [2]. » Et l'occasion avait paru excellente au dauphin qui fut plus tard Louis XI, lorsqu'en 1444, après avoir battu les Suisses et signé avec eux la paix, il avait marché sur l'Alsace, tandis que son père Charles VII se présentait sur les frontières de la Lorraine et des Trois Évêchés, annonçant dans une ordonnance qu'il venait « pour donner provision et remède à plusieurs usurpations et entreprinses faites sur les droitz de noz royaume et couronne de France, en plusieurs païs, seigneuries, citez et villes estans deça la rivière du Rein, qui d'encienneté souloient estre et appartenir a noz

1. *Germania Æneæ Sylvii, in qua, candide lector, continentur gravamina Germanicæ nationis.* Schmidt p. 119.
2. Cité par Sorel, *op. cit.*, p. 255.

predecesseurs roys de France [1]. » L'entreprise échoua; les villes menacées se tenaient sur leurs gardes, jalouses de conserver une situation équivoque qui équivalait presque pour elles à l'indépendance. Mais la question était restée jusqu'alors toute politique. Voici que les humanistes jettent dans la discussion tout le poids de leur érudition [2]. C'est dans les auteurs anciens qu'ils vont puiser des arguments pour résoudre ce problème des frontières, où se reflètent leurs préoccupations patriotiques. C'est à César, à Strabon qu'ils vont faire appel, et pour la première fois la géographie, mais timidement encore, interviendra comme argument en faveur de revendications politiques.

L'occasion qui fit naître cette polémique reste obscure. En 1501, Wimpheling faisait paraître un petit livre qu'il avait d'abord montré à ses amis, sans avouer qu'il en fût l'auteur : la *Germania ad Rempublicam Argentinensem* [3]. Les six premières pages de cet opuscule concernent seules la question de l'Alsace. Le reste se compose de conseils aux magistrats de Strasbourg sur la manière de bien gouverner et sur la nécessité de fonder un gymnase. La préface est importante : « Beaucoup s'imaginent, dit-il, illustres sénateurs, que votre ville de Strasbourg et les autres cités situées sur cette rive du Rhin ont appartenu autrefois aux rois de France, et pour cette raison ces rois sont tentés quelquefois de reprendre ces territoires. Cependant, depuis l'époque de César et d'Auguste jusqu'à aujourd'hui, c'est à l'empire Romain, et jamais au royaume de France qu'elles ont appartenu et qu'elles ont été constamment réunies. Le dauphin Louis, fils aîné du roi Charles VII, lorsqu'en 1444 il envahit l'Helvétie, c'est-à-dire l'Alsace, parmi les autres causes de son expédition, mit en avant celle-ci, qu'il voulait revendiquer les droits de la mai-

1. *Ordonnances des rois de France*, t. XIII, p. 408, cité par Sorel p. 256.
2. On trouvera dans la Biblioth. du P. Lelong, livre III, t. II, p. 10, (Édit. Fevret de Fontette 1769) l'indication de la plupart des ouvrages relatifs à cette question.
3. *Germania Jacobi Wimpffelingii ad Rempublicam Argentinensen*, publié avec plusieurs autres opuscules, Strasbourg 1501.

son de France, qui doit s'étendre jusqu'au Rhin, et pour cette raison il prétendait mettre le siège devant notre ville de Strasbourg. Cette erreur provient des misérables arguments des vieilles histoires. Elle est confirmée par l'opinion des Français que nous acceptons nous-mêmes à tort. C'est ainsi que la plupart d'entre nous montrent plus de faveur pour le royaume de France que pour l'empire romain ou germanique. Ils envoient de temps en temps auprès des rois de France des orateurs demi-français, qui, bien reçus par eux, les approuvent et leur sont dévoués, espérant que si les rois de France conquéraient notre pays, ils obtiendraient sous leur domination des honneurs et des dignités [1]. » C'est cette théorie que Wimpheling va réfuter par des arguments tirés des historiens et des géographes. Depuis César jusqu'à Maximilien, dit-il, aucun Français n'a jamais été empereur. César s'est trompé en donnant le Rhin pour limite à la Gaule. Il voulait fixer comme limites aux différents pays des fleuves navigables. Il n'a pas pensé à l'Austrasie et aux Vosges. Viennent ensuite les conjectures. Quand deux Alsaciens se disputent, l'un dit à l'autre : tu ne ferais pas cela, quand tu serais aussi sage que Pépin. Il ne citerait pas ce prince, s'il n'avait pas été un Allemand. Charlemagne est également un Allemand, il a donné à ses filles des noms allemands comme Himeltrude, Hildegarde, Adélaïde. Il a construit sur la rive droite du Rhin des couvents, des églises, des villes. Un Français ne l'eût pas fait. Enfin les Soua-

1. Multi existimant (Clarissimi Senatores) urbem vestram Argentinam et reliquas civitates ex hoc Rheni littore versus occidentem sitas fuisse quondam in manibus regum gallicorum et ob id animantur nonnunquam præfati reges ad repetendas istas terras quæ tamen semper a Julii et Octaviani temporibus in hunc usque diem Romano et nonnunquam gallico regno conjunctæ fuerunt, atque constanter adhæserunt..... hic error exigua ratione vetustissimarum historiarum processit, confirmaturque Gallicorum opinio quam nos ipsi quoque itidem falso putamus et quod ex nostris plerique plus Gallico quam Romano aut Germanico regno favent. Mittunt enim nonnunquam ad Gallicos reges a nostratibus *oratores semigalli* qui, cum a Gallis benigne excipiuntur; assentari solent eis et favere, sperantes si has nostras terras reges Gallorum vincerent, sese sub eorum dominatu nonnihil honoris atque dignitatis consecuturos. Préf. de la *Germania*.

bes, les Bavarois, les Franconiens que ni César ni Auguste n'ont pu vaincre, n'auraient jamais supporté les Français pour maîtres. Wimpheling invoque encore sept « témoins » c'est-à-dire des allusions à des passages de sept auteurs, tant anciens que modernes. Enfin il cite « les histoires » qui se réduisent à un passage où Suétone raconte, dans la vie d'Octave, que celui-ci, après avoir vaincu les peuples de la Germanie, établit en Gaule, dans le voisinage du Rhin, les Suèves et les Sicambres qui ont peuplé l'Alsace. Aussi les Romains, après avoir de nouveau passé le Rhin, trouvant sur l'autre rive des peuples semblables à ceux qu'ils venaient de traverser, comme mœurs, comme stature, comme couleur de cheveux, les appelèrent-ils les frères, *Germani*. Il répond en finissant à ceux qui, voyant une fleur de lys sur les monnaies de Strasbourg, prétendent en tirer un argument en faveur de la France, que les rois de France ont trois fleurs de lys, et non pas une, dans leurs armes, et que Strasbourg d'ailleurs a d'autres marques sur ses monnaies.

Le franciscain Thomas Murner, alors au couvent des frères mineurs de Strasbourg, entreprit de répondre point par point à cette dissertation. Toutefois, il ne publia pas d'abord son travail. Wimpheling, très jaloux de sa réputation, avait obtenu de lui qu'il ne le fît pas paraître. Mais, de son côté, il imprima une réponse [1]. C'est alors que Murner, dégagé de sa promesse, publia sa *Nova Germania* [2]. Cette œuvre n'a pas plus de valeur historique que celle de Wimpheling, et la question ne s'élève pas. C'est une erreur de croire, répond Murner, que depuis Auguste il n'y ait pas eu d'empereurs qui n'aient été ni Romains ni Allemands. Il y en a eu qui sont nés en Thrace, en Arabie, en Hongrie, en Illyrie et même en Gaule. Les anciens cosmographes ont donné le Rhin pour limite à la Gaule, et Charlemagne a été Gaulois

1. *Declaratio Jacobi Wimpfelingii ad mitigandum adversarium* s. l. et a.
2. *Thome Murner Argentini ordinis minorum sacre theologie baccalarii Cracoviensis ad Rempublicam Argentinam Germania nova.....* s. l. et a.

par sa naissance. Si l'on parle de Pépin en Alsace, on y parle aussi de la sagesse de Salomon et des richesses du roi Artus. Salomon et Artus ont-ils été des Allemands? Si Charlemagne a donné à ses filles des noms allemands, c'est par condescendance pour la noblesse allemande. Il a parlé l'allemand; mais l'empereur Maximilien parle bien le français. Les Souabes, dit-on, n'auraient pas supporté les Français pour maîtres : en devenant chrétiens ils ont appris l'humilité; sachant que le pape avait reconnu Charlemagne comme empereur, ils lui ont obéi. On se demande en lisant ces passages si Murner parle sérieusement. L'esprit caustique dont il a plus d'une fois fait preuve, pourrait laisser croire que la malice n'est pas étrangère à cette réponse [1]. D'autant plus qu'il déclare en finissant qu'il ne tient pas à ramener les Strasbourgeois sous la domination française. Il veut seulement, entre autres raisons, qu'on ne puisse pas accuser ses compatriotes d'ignorance ni d'ingratitude, après tout ce que les Français ont fait pour eux. N'est-ce pas Clovis qui a élevé la flèche de leur cathédrale? Et cependant certains arguments de Wimpheling ne sont pas moins plaisants. Si Murner a pu s'abandonner parfois à son instinct moqueur, il a souvent aussi des raisons qui n'ont rien de risible, et rien ne permet d'affirmer qu'il ne soit pas sincère. La publication de cette réponse mit en émoi le petit cercle dont Wimpheling était le centre. Sept de ses disciples prirent la plume et déversèrent sur le trop plaisant moine un torrent d'injures. Celui-ci n'eut pas de peine à répondre sur le même ton [2]. Ainsi se terminaient presque toujours alors les controverses littéraires.

Si les affirmations apportées de part et d'autre sont sans valeur, la question qui s'agite sous cette forme enfantine est des plus graves, c'est la question poignante des nationalités.

1. C'est l'opinion de M. Schmidt qui considère cette réponse comme une satire.

2. *Defensio Germaniæ Jacobi Wympfelingii quam frater Thomas impugnavit*... Fribourg. s. d. *Thome Murner Argentini... honestorum poematum condigna laudatio, Impudicorum vero miranda castigatio*, s. l. et a. cf. Schmidt. *Ind. bibliog.*

On peut même relever déjà au milieu de ces puérilités des allusions à un argument dont les intérêts politiques exagèreront singulièrement la force : c'est l'argument tiré du langage. Les noms des villes et des villages alsaciens sont germaniques, dit Wimpheling ; on ne connaît dans la province ni inscriptions ni chartes en langue française ; tout est en allemand ou en latin [1]. Et Murner répond qu'on ne peut séparer les peuples d'après leurs langues. En Bohême on parle plusieurs idiomes, et cependant cette province ne forme qu'un seul pays. C'est lui encore qui fait cette remarque qu'on ne peut distinguer les nations d'après la couleur des cheveux de leurs habitants. A ce compte les enfants d'une même mère, s'ils ont les cheveux de couleurs différentes, devraient appartenir à des pays différents [2].

Presque tous les historiens humanistes donnèrent leur avis sur la question et se prononcèrent en faveur de Wimpheling. Peutinger, dans ses *Sermones Convivales* publiés en 1504, consacre un important chapitre à la question des limites de l'Allemagne du côté de la Gaule [3]. Il remonte jusqu'au déluge, et, citant le faux Bérose, qui eut tant de faveur à cette époque auprès des humanistes : Noé, dit-il, eut plusieurs enfants parmi lesquels Tuiscon, père des Germains et des Sarmates. Les limites de son empire étaient le Rhin et le Tanaïs. Mais la discussion s'élargit bientôt. Ce n'est plus seulement de la nationalité de l'Alsace, c'est de l'origine des Francs et des Germains qu'il est question et de leur berceau commun la Franconie, c'est-à-dire de l'histoire des origines de l'Allemagne.

1. *Decl. ad. mitig.* cité par Schmidt, p. 38.
2. *Honest. poem. laudatio,* cité par Schmidt, p. 44.
3. *De mirandis Germaniæ antiquitatibus Sermones Convivales Conradi Peutingeri.* Ce livre porte aussi le titre : *Sermones Convivales de finibus Germaniæ contra Gallos.*

CHAPITRE XII

LA GÉOGRAPHIE DESCRIPTIVE EN ALLEMAGNE

Conrad Celtès[1].

Conrad Celtès. — Ses pérégrinations en Allemagne. — Celtès à Ingolstadt. — Celtès à Vienne. — Création de Sociétés littéraires. — La *Germania illustrata*, projet de monument littéraire élevé à la gloire de l'Allemagne. — La géographie dans les poèmes de Celtès. — L'Histoire de Nuremberg. — Une description orographique de l'Allemagne — Autres essais de géographie descriptive. — Irenicus et la *Germaniæ Exegesis*. — Valeur de cette œuvre.

Parmi les chefs de ce mouvement historique, que l'empereur Maximilien eut le mérite de comprendre et d'encourager, à côté de ces hommes dont on ne s'étonne plus de rencontrer les noms, Pirckeymer et Peutinger, il en est un qu'il faut placer au premier rang, et qui fut véritablement l'apôtre de cette renaissance nationale, c'est le poète Conrad Celtès. La géographie lui est particulièrement redevable.

C'est une des figures les plus originales de la Renaissance allemande que ce Celtès, qui fut alors célèbre dans toute l'Europe. On le mettait au rang de Virgile et d'Horace, et lui-même ne s'en défendait pas. C'est un des types de ceux que les Allemands appellent *les seconds humanistes*, hardis

1. Sur Celtès, consulter Aschbach *op. cit.* t. II pp. 189 sqq. et Adalbert Horawitz, *op. cit.* Sur Irenicus, le même article d'Horawitz, 2e partie, pp. 82 sqq.

novateurs, libres d'esprit et souvent aussi de mœurs, ennemis du convenu, aimant à effrayer de leurs audaces les timides et les modérés. Celtès est un de ces irréguliers. Il est quelque peu parent de ce mauvais sujet d'Ulrich de Hutten, l'enfant terrible de l'humanisme.

Son nom était Conrad Pickel. Il le traduisit suivant la mode du temps en celui de Celtès et, le latin ne lui suffisant pas, il emprunta encore au grec celui de Protucius [1]. Il était né en 1453 à Wipfeld, sur le Main. Son père était un paysan qui se souciait peu d'études. Celtès s'échappa à dix-huit ans, suivit des bateliers qui descendaient le Main et arriva à Cologne. La vieille Université dormait de son sommeil scolastique. Celtès la quitta en 1484 pour venir à Heidelberg où il trouva des maîtres gagnés à la cause nouvelle. L'évêque de Worms, Jean de Dalberg et le Frison Agricola lui apprirent le grec et l'hébreu. Ce dernier étant mort en 1485, Celtès se mit à voyager, visitant l'une après l'autre les Universités allemandes, Erfurth, Rostock, Leipzig, réunissant autour de lui maîtres et élèves qu'il ravissait par son langage tout cicéronien et par ses poésies imitées d'Horace. Quelquefois aussi les théologiens et les scolastiques étaient les plus forts et chassaient de la ville, comme à Leipzig, ce dangereux novateur, qui se vengeait par des épigrammes. Il fait un court séjour en Italie, y fréquente les savants, y réunit des manuscrits, puis vient à Nuremberg où sa renommée est déjà si grande, que l'empereur Frédéric III, inaugurant pour lui un honneur imité de l'Italie, le couronne, de sa main, du laurier poétique. Celtès se remet en route et séjourne deux ans à Cracovie. Il revient par Bude et Prague. On le trouve ensuite à Vienne, à Ratisbonne, à Tubingue où il rencontre Reuchlin. Il revient à Heidelberg, à Mayence, puis reprend sa course vers le Nord, et visite les pays du Weser, de l'Elbe et de l'Oder. C'est en vain qu'à son retour Pirckeymer et ses amis de Nuremberg essaient de le retenir parmi eux. Il est

1. De πρό et τύχος pic.

mécontent du Sénat qui s'est montré trop peu généreux à son égard. Il ne consent à s'arrêter qu'en 1492 à Ingolstadt où il accepte une chaire. Il y avait sept ans qu'il voyageait. Encore ne rompit-il pas tout à fait avec ses habitudes vagabondes. On le rencontre à Vienne, à Fribourg, à Heidelberg, à Nuremberg. La peste l'ayant forcé à suspendre ses cours en 1496, il ne revient qu'en 1497. Cette longue absence fournissait un prétexte aux attaques de ses ennemis, et il n'en manquait pas dans une Université où la Renaissance était loin d'avoir cause gagnée. Il partit, non sans couvrir d'invectives ses barbares collègues. L'empereur Maximilien l'appelait à Vienne : il y vint, amenant avec lui deux de ses amis d'Ingolstadt, deux mathématiciens, Stabius et Stiborius, et c'est à Vienne qu'il passa les dernières années de sa vie.

Les voyages de Celtès n'avaient pas été sans profit pour les lettres. Il avait, dans les nombreuses régions qu'il avait traversées, créé des sociétés littéraires, véritables académies d'humanistes, librement unis par l'amour de la science et de la littérature : Société de la Vistule, Société du Danube, Société du Rhin. Celle du Danube, d'abord créée à Bude, se transporta ensuite à Vienne, quand Celtès y fut fixé. Grâce à lui, et au jeune recteur de l'Université, Cuspinianus, l'empereur institua également à Vienne le collège des poètes et des mathématiciens, composé de quatre professeurs, deux pour les lettres et deux pour les sciences. Le poète, qui fut naturellement Celtès, devait avoir la présidence. C'était une création toute pénétrée des idées nouvelles, et destinée à lutter contre la scolastique retranchée encore dans l'Université. Qu'on ne s'étonne point de cette alliance singulière de la poésie et des mathématiques. Ces termes généraux comprenaient en réalité toutes les connaissances enseignées alors [1].

Celtès avait encore en voyageant un autre but, et c'est ici

1. Cf. Günther, *Gesch. des math. Unterrichts.*

que la géographie est directement intéressée à son œuvre. Il voulait connaître et faire connaître l'Allemagne. Cet humaniste si épris de l'antiquité ne se plut pas à Rome. Il aimait avant tout son propre pays. Il avait conçu dès sa jeunesse l'idée d'un vaste monument qu'il voulait élever à la glorification de l'Allemagne, une *Germania illustrata* où l'histoire et la géographie devaient avoir également leur part [1]. Cette œuvre considérable devait comprendre des parties en prose et d'autres en vers. C'était plutôt un ensemble d'œuvres différentes toutes animées du même esprit et destinées à faire admirer la souplesse du talent de l'auteur qui ne craignait point de se mesurer à la fois avec Virgile et avec Horace, avec Ovide et Tite-Live. L'emporter à la fois sur tous les écrivains latins, n'était-ce pas ajouter encore à la gloire de l'Allemagne? Celtès mourut en 1508 avant d'avoir achevé ce grand travail. Mais, par ce qu'il a laissé, on peut juger de la valeur de l'œuvre. Il a publié, en effet, en prose, une histoire de Nuremberg, puis un grand nombre de pièces lyriques formant deux recueils : les Odes et les Amours. Il a laissé encore manuscrites des épigrammes à la façon de Martial [2]. Il y a de la facilité dans ces poésies. Les vers sont d'un bon écolier; les modèles sont assez bien imités. S'il se fût résigné à être original, Celtès eût peut-être conservé un peu de cette

1. Dans la préface de son *De origine, situ, moribus Norimbergæ*, il annonce cette œuvre comme étant un prélude de cette *Germania illustrata* à laquelle il travaille : accedebat etiam ut libentius hujus rei assumeremus provinciam, tanquam præludium quoddam et ingenii experimentum ante editionem illustratæ Germaniæ quæ in manibus est.

2. *Conradi Celtes Protucii Germani imperatoris manibus poetæ laureati de origine, situ, moribus et institutis Norimbergæ libellus.* s. l. et a. Réimprimé à la suite du *Livre des Amours* et à la suite de la *Germaniæ exegesis* d'Irenicus.

Conradi Celtis primi in Germania coronati poetæ libri odarum quatuor cum Epodo et seculari carmine.... Strasbourg, 1513.

Conradi Celtis Protucii primi inter Germanos Imperatoris manibus poete laureati quatuor libri Amorum secundum quatuor latera Germaniæ... Nuremberg, 1502.

Les épigrammes pour la plupart inédites ont été publiées par M. Hartfelder, en 1881. *Fünf Bücher Epigramme von Konrad Celtes, her. geg. von Dr Karl Hartfelder*, Berlin 1881.

renommée que ses contemporains lui prodiguèrent. Nous rechercherons surtout dans son œuvre ce qui peut intéresser le géographe.

Bien qu'il y ait dans les odes un sentiment assez vif de la nature, bien que Celtès y admire Nuremberg et le panorama des Alpes, la géographie n'y tient que peu de place. C'est le contraire dans le poème des Amours imité d'Ovide, comme les odes sont imitées d'Horace. Il comprend quatre livres, et chacun d'eux porte le nom d'une femme qui personnifie une région de l'Allemagne : Hasilina la Sarmate, Elsula la Norique, Ursula la Rhénane et Barbara la Cimbrique. Il paraît que parmi ces muses il en est qui ont existé réellement. Elles n'ont guère inspiré leur poète. Le premier livre, comme dit l'Index, décrit l'Allemagne orientale et la Vistule; le second l'Allemagne méridionale, les Alpes et le Danube; le troisième le Rhin et la Moselle; le quatrième les pays de la Baltique et les îles de cette mer. Le programme est donc tout géographique, mais on se tromperait fort, si l'on s'attendait à trouver dans ces vers un poème didactique. Ovide y règne en maître : chaque livre est composé de pièces détachées où le poète chante ses amours, quelquefois de la façon la plus obscène. La difficulté était d'introduire la géographie dans cette mauvaise compagnie. A la vérité elle n'y est pas toujours à son aise. On sent dans ces vers le travail et la torture. Voici par exemple une pièce intitulée : « A Hasilina, avec une description des Carpathes. » Le poète déplore les infidélités d'Hasilina; il a voulu se donner la mort; mais c'est en vain qu'il a employé le fer, qu'il a voulu se noyer et se pendre. Il lui vient une idée; et embouchant la trompette lyrique : « Il est, dit-il, une montagne sauvage, aux flancs couverts de rochers, qui, de son front, touche le ciel éthéré. Sa croupe forme en s'élevant les monts Hyperboréens, ses bras sont les monts Riphées. La nature l'a placée entre les Sarmates et les Pannoniens; Sarmates est l'ancien nom des Carpathes. C'est ce sommet que tristement je gravis, d'un pas mal assuré, pour précipiter du haut de ces rochers mon cœur, ce cœur que tu as dédaigné [1]. » Les plaintes continuent sur ce ton. Quelquefois le poète oublie pour un moment sa beauté locale et semble se consoler par la géographie pure. Mais il lui est impossible de ne pas revenir bientôt à des développements plus faciles. La dernière pièce du premier livre annonce une description de la Vistule. Elle commence par des vers assez plats; les moins mauvais sont les suivants, consacrés aux conquêtes prussiennes : « Là le soldat teuton a construit de nombreuses villes et des citadelles pour arrêter les incursions des Scythes, quand la barbarie féroce entre en campagne. C'est là que la ville de Thorn élève ses tours vers le ciel et que la Vistule entoure d'un triple fossé la ville de Marienbourg, avant de se jeter par trois bouches dans la mer Baltique. C'est là qu'est le port superbe de la Prusse, Dantzig qui brille d'un vif éclat parmi les villes du monde [2]. »

Plus loin, le poète raconte un voyage à Thulé ; cette fois il invente, mais c'est une exception. Ce poème érotico-géogra-

1. Ad Hasilinam cum descriptione Carpati seu Suevi montis

Corripui ferrum, te fugiente, manu
Et pressisse volens infancia pectora, tandem
Curarum finis mors ut acerba foret
Sæpe calens flammis animam extinxisse sub undis
Mens erat aut laqueo plectere triste caput.
Optavi totiens rapido me turbine ferri.....
Est mons œthereum pulsans cum vertice cœlum
Qui juga cum scopulis aspera durus habet,
Hujus Hyperboreos dorsum consurgit in axes.
Brachia Riphœis continuata jugis.....
Hunc pergo infirmo tristis adire gradu
Ut mea ab aerio demittam pectora saxo
Pectora luminibus non bene capta tuis.

2. Hic multas urbes validas construxit et artes
Teutonicus miles pallia flava gerens
Scilicet ut Scythicos possit retinere tumultus,
Effera barbaries dum sua castra movet.
Urbs ibi Torna suas tollit ad sidera turres
Et Marienburgum maximum in orbe decus,
Quod vagus in triplici circumdans Vistula fossa
In Codanum triplici plurimus ore fluens.
Hic ubi præclaro munita est Prussia portu
Urbibus et populis dives in orbe micans.
Quas inter claro Dantiscum lumine surgit.....

phique fait sourire. Mais n'est-ce point une preuve de faveur pour la géographie qu'on songe ainsi à la mettre en vers?

Ce qui n'est pas moins intéressant que le poème, ce sont les vignettes de ce joli livre. En tête de chaque partie se trouvent des frontispices gravés, dont l'un porte le monogramme de Dürer. Ils représentent les pays dont le poème va parler. Ce ne sont ni des cartes, ni des plans, mais des vues à vol d'oiseau. Sur les côtés des vignettes sont marquées des divisions indiquant les distances : distance des sources du Danube à celles de la Vistule; distance des sources de la Vistule et du Rhin à leur embouchure; longueur du littoral allemand, de l'embouchure du Rhin à Riga et Revel; longueur de l'Allemagne, du Nord au Midi. Les proportions indiquées ne sont pas justes; le poète, si c'est lui qu'il faut rendre responsable, n'a pas de prétention à l'exactitude.

La description de Nuremberg fut composée pendant le séjour que fit Celtès dans cette ville en 1491. Il n'a pas, dans ce travail, de préoccupations amoureuses, aussi la géographie y est-elle plus sérieusement traitée. C'est d'ailleurs de l'Allemagne tout entière, beaucoup plus encore que de Nuremberg, qu'il est question. On en jugera par cet important passage sur la forêt hercynienne qui témoigne d'une connaissance déjà très précise de l'orographie de l'Allemagne. « Il est, dit Celtès, dans le nord de l'Europe, une forêt qui est fière de donner naissance au Rhin, au Danube, à l'Elbe, au Weser, à l'Oder, à la Vistule et à d'autres fleuves illustres. Les Grecs et les Romains en ont parlé. Les Allemands, dont elle couvre surtout le pays, l'appellent forêt hercynienne du nom de la résine, qui en allemand se dit *harz*. Comme le Taurus à travers l'Asie, comme l'Atlas à travers l'Afrique, elle se déploie sur l'Europe tout entière. Elle commence sur les frontières de la Gaule à la forêt d'Ardenne, qui, aujourd'hui encore, porte ce nom. Puis elle traverse l'Allemagne et la Sarmatie placée aux confins de l'Europe et s'étend jusqu'au pôle par des cimes éternelles, aux chênes aussi vieux que le monde... A Fribourg, les montagnes se rencontrent et s'entremêlent, venant du Nord et de l'Est. Vers l'Est la forêt suit les bords du Rhin et pénètre dans les Alpes, là où habitent les Rhétiens et les Vindéliciens. Elle envoie d'ailleurs vers le Danube, en deçà de l'Inn, du Lech et de l'Isar des collines allongées, de moins en moins boisées, défrichées qu'elles sont par les habitants. Elle atteint Freisingen, Ratisbonne, Passau, les villes du Norique, le mont *Cetius* ou mont Chauve (traduction de Kahlenberg), qui forme la limite du Norique, et Vienne en Pannonie. De Fribourg également part un autre rameau qui s'étend vers les sources du Danube et du Neckar, et, s'épanouissant au loin sur toute la Souabe, forme la Forêt noire, appelée également par les anciens *Bacenis*, habitée autrefois par cent peuples (pagi) et contenant maintenant cent villes importantes de Souabe. Elle se prolonge ainsi vers l'Est jusqu'à Eichstadt, (Eichistodium) ainsi nommée à cause de ses forêts de chênes (Eich) et vers les rives de l'Altmuhl (Almani amnis) jusqu'à ce qu'elle atteigne les défilés du Danube. De là elle va rejoindre, par le pays sablonneux de Nuremberg et le Norique transdanubien, les monts hercyniens, partie la plus élevée de l'Allemagne, hauteur immense et éternelle. De cette montagne, dont le nom veut dire couvert de pins, partent, à moins de deux mille pas d'intervalle, quatre fleuves célèbres, merveilleux spectacle et plein de majesté, et aussi quatre rameaux, qui comme d'énormes cornes s'étendent sur des régions diverses. Vers le Nord, dans le pays des Curions, c'est la Saale, qui coule dans l'Elbe. Vers l'Ouest, chez les Turoges (in Turrogos), c'est le Main aux coteaux couverts de vignes, qui arrose la Franconie. La forêt s'avance là avec le fleuve et emprunte le nom des collines qui s'élèvent sur la gauche. Les Franconiens l'appellent, en effet, Steigerwald, c'est-à-dire forêt escarpée. En descendant vers le Rhin, le Main arrose Wurzbourg, ma patrie, l'antique métropole des Franconiens. A Miltenberg (Mildeburgum) les rives boisées prennent deux noms différents comme nous le verrons. Vers l'Est, c'est l'Eger; [vers le Sud] le Naab, qui coule dans le Norique transdanubien. Au delà la forêt gravit les hauteurs de la Bohême qu'elle entoure de toutes parts, ainsi que ce peuple lui-même, comme d'un rempart naturel (tanquam nativo muro). Elle envoie vers le Nord l'Elbe et l'Oder, puis atteint au Sud et à l'Est les Marcomans et les Quades. Elle gagne ainsi les Carpathes, où commence à l'est la Germanie, et où habitent aussi les Suèves (qui et Suevus est) et confine aux Iaziges, aux Bastarnes, aux Daces et aux Gètes. De ces montagnes des Carpathes, qui servent de front à la Germanie (qui frons Germaniæ), elle s'étend au loin vers le Nord, au delà des sources de la Vistule, de l'Oder, du Memel (Memuli), de la Theiss (Tibisci), du Dniester (Nestri), du Borysthènes [1], du Tanaïs qui sépare l'Europe de l'Asie, dans la Sarmatie d'Europe, chez les Agathyrses et les Sauromates, en Pologne, en Lithuanie, en Massovie, en Prusse, en Livonie. Elle occupe là un immense espace jusqu'aux limites de l'Europe qui ne finit qu'avec le monde lui-même. Tel est le développement de la forêt vers l'Est à partir du Rhin. »

« Voyons maintenant jusqu'où elle s'étend du côté du Nord. A Heidelberg, où est le palais du comte Palatin, elle sépare les Cattes des Chérusques et les Franconiens des Souabes. Les habitants l'appellent en cet endroit Odenwald, soit du nom de l'empereur Othon qui fit la donation du monastère d'Amerbach (Amberbachii) soit du nom célèbre d'Odonoheim, où Othon, quand il y chassait, passait la nuit. Sur l'autre rive du Rhin, là où se trouvent Francfort et Aschaffenbourg (Astiburgium) et les montagnes voisines de Mayence, où fut inventée l'imprimerie, est le Speishartz, c'est-à-dire la forêt résineuse. A partir de là elle prend de nouveau un vaste développement, jusqu'à ce que tournant vers le Nord elle atteigne les monts Obnobiens qui font encore partie des Alpes, les montagnes des Cattes ou de la Hesse, et enfin le pays des Sicambres, c'est-à-dire la Gueldre. Dans cette région

1. Entre le Borysthènes et le Tanaïs, il cite encore le Tunurus (Boristhenis et Tunuri et Tanais). Ce Tunurus paraît être le Dniéper que Celtès n'aurait pas su identifier avec le Borysthènes.

elle enferme les Triboques, qui, entrés en Gaule avec les Germains, chassèrent les Gaulois de l'autre rive du Rhin et s'y établirent. Leur nom corrompu est devenu Tribotes ou Strasbourgeois. La forêt atteint ensuite la Buchonie, ainsi nommée de ses hêtres (Buche) auprès de Fulda, l'antique monastère des Druides. Puis elle revient par les sources du Weser, de l'Ems, de la Saale [1], vers le Nord, chez les Saxons, près des villes célèbres de Gosslar, d'Halberstadt et de Brunswick. Enfin elle se replie vers les Turoges et les Sorabes, touche à la ville d'Erfurth qui porte son nom (Hercynifordia) jusqu'à ce qu'elle se rattache aux monts Hercyniens d'où elle était partie, par des hauteurs considérables et escarpées.... Cette forêt s'étend donc de la Meuse au Tanaïs et des Alpes à l'Océan germanique. » Et il ajoute assez dédaigneusement : « Si quelqu'un a la curiosité d'en connaître les dimensions exactes, qu'il les déduise de l'étude des corps célestes et des degrés. »

On peut reprocher à cette description d'être confuse, surtout dans la dernière partie. Il y règne une équivoque qui l'obscurcit par endroits. Celtès décrit la forêt, et cependant il semble comprendre que la forêt elle-même est moins importante à faire connaître que les montagnes ou les collines qu'elle recouvre. L'origine de cette équivoque était dans le mot *sylva*, dont les Romains s'étaient servis pour désigner les sommets boisés de l'Allemagne, équivoque que les Allemands avec leur mot *wald* n'avaient point dissipée. Il eût été nécessaire de distinguer nettement entre la montagne et la forêt. Celtès n'a pas su rompre avec la tradition. On pourra blâmer encore sa préoccupation constante d'identifier les noms modernes avec les noms anciens si difficiles à placer sur la carte. Cette double nomenclature qui s'entremêle jette le trouble dans cette description. Mais, sauf ces réserves, on reconnaîtra que la tentative de Celtès était originale et heureuse, qu'elle montrait une connaissance du pays prise sur les lieux

1. Ad Visurgi et Vidri Amasi et Sale fontes. Il y a ici une confusion. Celtès réunit en un seul les deux fleuves Vidrus et Amisia de Ptolémée et ne reconnaît pas, dans le Vidrus, le Weser qu'il appelle Visurgus.

mêmes et non dans les livres, et qu'on n'avait pas encore de document écrit aussi précis sur la géographie de l'Allemagne.

A l'œuvre de Celtès se rattachent naturellement plusieurs autres ouvrages composés par des Viennois et qui procèdent de la même inspiration. L'empereur Maximilien encourageait tout particulièrement les travaux relatifs à l'histoire de l'Autriche et à la géographie des pays du Danube. C'est ainsi que Ladislas Suntheim avait réuni des matériaux pour cette histoire, et composé en allemand, vers l'époque où Celtès imprimait sa description de Nuremberg, une sorte de géographie de l'Allemagne du Sud, restée alors inédite, et dont la seule partie publiée depuis n'est qu'une énumération très exacte mais très sèche des affluents du Danube jusqu'à Pesth et des villes qu'ils arrosent [1]. Cuspinianus, le collègue et l'ami de Celtès, se servit un peu plus tard des matériaux amassés par Suntheim, pour écrire une histoire des ducs d'Autriche, où la géographie tient aussi sa place [2]. Il donne également une courte description du Danube, et proteste contre l'usage de fixer à la Leitha la limite de l'Autriche et de la Hongrie, par la raison naïve que cette rivière est trop peu importante. Il préfèrerait le Raab et le lac de Neusiedel. Il connaît les travaux encore inédits d'Herberstein.

Une carte des régions décrites devait accompagner cet ouvrage ; elle était l'œuvre des mathématiciens de l'Université,

1. *Ut Ladislaus Suntheim geographus diligentissimus fide in Rhetiæ descriptione quam sua lingua, hoc est germana, edidit testatus est* écrit Vadianus, dans le Commentaire de Pomponius Mela. Une partie du ms. a été publiée par M. Franz Pfeiffer, *Das Donauthal von Ladislaus Suntheim, Jahrbuch für vaterl. Gesch. I. Jahrgang*, Vienne 1861. Le ms. n'est pas signé, mais Peutinger, son premier possesseur, l'attribuait déjà à Suntheim, et le passage de Vadianus ne laisse guère de doutes.

2. *Joannis Cuspiniani Austria cum omnibus ejusdem marchionibus, ducibus, archiducibus, ac rebus præclare ad hæc usque tempora ab iisdem gestis*. Bâle 1553. Préface datée de Vienne 1528. L'auteur prie, au début du livre, qu'on lui permette de citer les noms propres en allemand : nullum est idioma quod potest alterius sincere et graphice explicare voculas.

de Stabius et de son élève Collimitius. Stabius avait reçu de l'empereur l'ordre de parcourir le pays ; Collimitius avait revu le travail. Cette carte dut être publiée par Apian en 1528. On n'en a pas, jusqu'à présent, retrouvé d'exemplaire [1].

Ainsi les Viennois restaient fidèles à leur goût pour la géographie descriptive. Celtès eut cependant un émule dans l'Allemagne occidentale, ce fut un jeune humaniste qui entreprit d'édifier, mais sur des plans moins ambitieux, le monument que le maître n'avait pu achever. Il s'appelait Franz Friedlich, mais il prit le nom d'Irenicus sous lequel seul il est connu. Né en 1495 à Ettlingen, petite ville située au pied de la Forêt noire, près de Carlsruhe, il fit ses études à

1. Austriæ descriptionem, quam Stabius mathematicus, Maximiliani jussu Cæsaris Romanorum pinxerat, et noster Collimitius auxerat et perfecerat. *Austria*, 2e préface. — Superest ut nunc omnes fluvios, montes, oppida, castra et villas pro complemento subjiciamus, quæ omnia sua peregrinatione Joannes Stabius oculis lustravit et jussu Maximiliani Cæsaris descripsit, Georgius Collimitius auxit et in pulchram tabulam redegit, quam nunc subjungam ut omnibus innotescat Austriæ latus, à la fin de l'*Austria*. — Cuspinianus dit également au commencement du *Comment. de la Chr. de Cassiodore* : Descriptiones regni Hungariæ et tabulam ejus addidi; regi Hungariæ Ferdinandi dicavi quæ jam impressa circumferuntur, opus hercle insigne, absit invidia verbo, *cité par Aschbach*. t. II. p. 308.— Stabius et Cuspinianus n'étaient d'ailleurs pas les seuls à avoir travaillé à cette carte. Jacob Ziegler dit, en effet, en 1529 à Collimitius : Ungariam tuam his diebus Venetias allatam vidi, quam insigniter probo, cum quod ex collatione locorum quanta mihi cognita sunt veram agnosco, faciuntque hæc fidem mihi in reliqua, tum quod ego quoque illi manum admovi sub ea æstate qua coloni et pastores Ungarici tumultuabantur. Illo tempore... . ego et Eleazarus, operis primarius auctor, vacui tanta cura, quamvis neque nos extra periculum, rationem hanc super Ungaria componenda inibamus. A tanto opere quid de ea fieret ignoravi, perditam esse cum singulari dolore meo arbitrabar, quo ergo majore gratulatione perspexi salvam esse et vestro studio publicatam. Stephanus Brodericus, regis Ludovici orator in urbe præcipuus amicus, Ungariam æque exactam in pictura posuit, qui postquam solicitas partes comitis a Trentzinio sequutus fuit, nescio si eam absolvit. — Venetiis 1529. *En tête du commentaire sur le 2e livre de Pline*, Bâle 1531.— Ortel, dans le catalogue de cartes inséré dans son Atlas, cite pour la Hongrie les cartes suivantes : Collimitius, Hungariæ tabulam Lazari quam Cuspinianus edidit, Ingolstadii ex Academia Apiana 1528 ; Lazarius secretarius cadinalis Strigoniensis Hungariæ tipum primus descripsit qui editus est Ingolstadii per Apianum 1528; Johannes Cuspinianus Hungariam quam P. Apianus edidit, uti auctor est Wolfgangus Lazius in sua Hungariæ tabula. Sous ces rubriques différentes c'est évidemment la même carte qui est désignée, on voit ainsi qu'elle était l'œuvre de Lazarius, de Ziegler, de Collimitius, de Stabius et de Cuspinianus, et qu'elle avait paru en 1528 chez Apian à Ingolstadt.

Pforzheim, puis à l'Université de Tubingue, et c'est là, à l'âge de vingt-trois ans, qu'il composa son important ouvrage, la *Germaniæ Exegesis*, imprimée en 1518 à Haguenau [1]. Comme Celtès, comme tous les humanistes, c'est le patriotisme qui inspire Irenicus. Son livre débute par les plaintes habituelles sur la triste destinée qu'a eue l'Allemagne de manquer d'historiens. Pirckeymer, dans une lettre imprimée en tête du livre, loue le projet qu'a conçu l'auteur de tirer de l'oubli et de l'obscurité un pays « qui a produit tant de peuples courageux, envoyé des colonies dans le monde entier, surpassé par sa gloire militaire et par ses hauts faits toutes les autres nations, qui a vaincu et subjugué Rome la reine du monde, qui enfin par sa valeur et sa puissance a recueilli l'héritage de l'empire romain [2]. » L'éloge n'est pas modeste, et le livre d'Irenicus ne mérite pas un tel dithyrambe. L'auteur était trop jeune, et trop près encore des bancs de l'école pour mener à bien une œuvre de cette importance. Sa pensée n'est pas toujours nette. Le désir de montrer son érudition et l'abus des citations l'entraînent quelquefois à côté du sujet et le font tomber dans le lieu commun. Ce n'est pas une œuvre réfléchie et personnelle. Il s'excuse de n'avoir point comme Celtès parcouru l'Allemagne en tous sens, et de parler de choses qu'il n'a pas vues [3]. Mais est-ce bien, dans sa pensée, une infériorité? Il faut, dit-il, croire les témoins oculaires [4], mais il développe avec complaisance cette remarque de Strabon qu'un témoin oculaire mérite souvent moins de confiance qu'un écrivain sérieux. Strabon, dans le passage auquel

1. *Germaniæ exegeseos volumina duodecim a Francisco Irenico Ettelingiacensi exarata*..... Haguenau, 1518.

2. Quis enim non laudaretur, quum priscorum Germanorum facta illa præclara, et quæ huc usque tanquam sub oblivionis quadam caligine obruta delituere celebrari videret. Quamvis enim Germania, tot tamque fortissimas procreaverit gentes, ac passim per terrarum orbem tanquam colonias emiserit, quæ non solum gloria militari ac rerum magnitudine reliquas speraverit nationes, sed et Romam ipsam quamvis rerum dominam subjugaverint ac ceperint, Romanum denique imperium virtute ac viribus sibi vindicaverint.....

3. Irenicus, I. 9.

4. Unus testis oculatus plus valet auritis decem. I. 5.

il fait allusion, ne parle que des marchands qui ont longé les côtes de l'Inde et qui, selon lui, étaient incapables de fournir des documents sur la disposition des lieux [1]. Pareil danger n'était pas à craindre pour l'Allemagne où les vérifications étaient faciles à faire.

La *Germaniæ Exegesis* contient douze livres, mais les deux derniers ne sont qu'une table alphabétique de noms de villes et de peuples, avec quelques lignes d'explications. Le premier livre, le septième, le huitième et le dixième intéressent seuls la géographie; les autres sont tout entiers consacrés à l'histoire. Le premier traite des limites de l'Allemagne; c'est une des questions, nous le savons, qui préoccupaient le plus les humanistes.

Irenicus la résout, comme la plupart de ses contemporains, en donnant à l'Allemagne la plus grande extension possible. Il lui attribue l'ancienne province Belgique, puis la Vindélicie et le Norique. Il hésite pour la Hongrie et la Bohême : il sait que ces pays ne sont pas de langue allemande. Toutefois, à l'exemple d'Æneas Sylvius, il se prononcerait volontiers pour l'affirmative, parce que ces régions sont enclavées dans l'Allemagne. Ne parle-t-on pas allemand au delà de la Hongrie, en Transylvanie par exemple [2]? Au septième livre il est question des montagnes de l'Allemagne. Sur ce point, la comparaison avec Celtès n'est point à l'avantage d'Irenicus. Sa préoccupation de n'oublier aucun des passages des auteurs qui se rapportent au sujet le rend lourd et confus. Sur un seul point cependant il corrige son devancier, il lui reproche avec raison d'avoir prolongé les monts Riphées à travers toute la Sarmatie. Nous verrons d'où provenait cette notion alors toute nouvelle [3]. Le huitième livre traite des rivières; il est également bien décevant. Sur le Rhin et le Danube, Irenicus ne sait que reproduire les au-

1. Strabon, XV. I. 4.

2. Ultra enim Hungariam germanam linguam obtinere quis ignorat? Ut penes illos quos septem castrorum nomine dignamur. I. 34.

3. IX. 12. Voir plus loin, pp. 194 sqq.

teurs anciens ou récents. Il ne devient intéressant que pour les affluents lorsque, privé de renseignements, il se voit forcé de dire ce qu'il sait lui même. C'est ainsi qu'il nous donne une bonne description du Neckar qu'il connaît, et sur lequel il fournit des détails précis. Ce passage est un des meilleurs du livre. Considérant les pays du Nord comme des îles de la mer Germanique, c'est-à-dire de la mer Baltique, il est amené à en parler à la fin du dixième livre. C'est une des parties intéressantes de l'ouvrage, Irenicus y cite Schœner, et surtout l'auteur où Schœner avait puisé lui-même, Claudius Clavus Niger. Il est vrai qu'il donne plusieurs noms à ce personnage; il l'appelle tantôt *Nicolaus Niger mathematicus*, tantôt *Claudius Niger*, tantôt simplement *Niger*[1]. Ces différents noms ne désignent très probablement qu'une même personne, celle que Schœner, dans sa *Luculentissima descriptio* appelle *Claudius Chlaus Niger*, et qu'il faut encore identifier avec *Claudius Clavus*, à qui est attribuée la carte du Nord insérée dans le manuscrit du Ptolémée de Nancy[2]. Sur ce Niger, Irenicus nous fournit d'ailleurs quelques renseignements. « A la prière du roi de Danemarck, dit-il, il a donné une description de ce pays. Comme je n'en ai vu aucune édition, j'ai voulu en transcrire ce que j'en sais pour le lecteur[3] ». Les renseignements qu'il emprunte à Niger sont curieux. Il existe, d'après lui, une certaine croix au delà de laquelle les chrétiens n'osent pas s'avancer sans la permission de roi et sans une bonne escorte. Au delà habitent

1. Ut Nicolaus Niger mathematicus profitetur, X, 18. Veluti honestissimus nobis Niger mathematicus ostendit, X. 19. Nisi Claudius Niger qui totius Cimbricæ Chersonesi extensionem hactenus omnibus ignotam, multa experientia tradidit. X. 20.

2. C'est l'opinion dé M. Erslev, (Yilland p. 118) cité par Nordenskiold dans le *Fac-Simile Atlas*. Le ms. de Nancy l'appelle Claudius Clavus Svartho Melo, fils de Pierre Tucho, et le fait originaire de la ville de Saalinge dans l'île de Fionie (Fyen in qua parte est Salinga patria villa Claudii Clavi Svarthonis Melis, Petri Tuchonis fili). Clavus ou Claus a dû, en effet, être considéré comme un diminutif de Nicolaus. Ne pourrait-on pas voir également dans Niger une traduction de Melo?

3. Id autem quidquid est Claudio Nigro debetur, qui precibus regis Danorum impulsus, totius Daniæ descriptionem sibi desumpsit, quam ob nullam ejus editionem hactenus visam, curioso lectori communicare voluimus, X. 21.

les « Vuildlappmanni » (44°,30′; 66°,20′), ou hommes des bois, tributaires du roi de Danemarck; plus loin vers le couchant sont les Pygmées, hauts d'une coudée. Ces pays font partie de la Norvège qui est une île. Thulé est une partie de la Norvège proprement dite. On ne la compte point comme une île, bien qu'elle soit séparée de la terre par un bras de mer. Comme l'a montré Niger, il n'y a pas de mer sous le pôle, contrairement à ce qu'affirment les anciens auteurs. Irenicus ajoute à sa description un certain nombre de chiffres de longitudes et de latitudes. Ce sont d'ailleurs les seuls qu'on trouve dans son livre. Il a donné la raison de cette réserve. « Il en est, dit-il, qui ont déterminé les positions des fleuves [1] par degrés et par minutes, et avec beaucoup plus d'exactitude que Ptolémée. J'ai consulté à ce sujet beaucoup de livres de mathématiques et j'en ai trouvé quatre qui m'ont paru s'accorder avec les régions décrites. Parmi ceux-ci je donnerai le premier rang à Jean Schœner, et le second à Jean d'Eschuid [2]. Il en est d'ailleurs beaucoup d'autres qu'on peut leur comparer. J'ai d'abord été très satisfait : j'espérais, à l'aide de ces mesures précises, donner plus de relief à mes récits. Mais, en y regardant de plus près, j'ai constaté de telles différences entre ces auteurs que j'ai préféré ne rien dire plutôt que de me perdre dans cette obscurité [3] ». Cette prudence est méritoire.

La compilation d'Irenicus n'a d'autre intérêt que de nous donner comme une moyenne des connaissances géographi-

1. Il parle ici des positions des fleuves, parce que c'est des fleuves qu'il s'agit dans ce chapitre, mais la remarque est générale.

2. L'édition de 1518 porte : Antesignanus erat *Schenoth* Bambergensis mathematicus, secundas partes Joanni *Escendensi* tribui. L'édit. de 1563 a rétabli la véritable orth. Joannes Schonerus mathematicus, secundas..... Joanni Escuidensi. Ce Jean d'Eschuid, plusieurs fois cité dans la *Germ. Exeg.* et dont Irenicus fait tant de cas, ne peut être qu'un moine anglais du XIVe siècle dont l'ouvrage *Summa Astrologiæ* fut publié à Venise en 1489. On y trouve, p. 44, une petite mappemonde, construite à la façon du moyen âge, où la terre est divisée en zônes. Mais ce livre ne contient pas de tables de longitudes et de latitudes.

3. Verum dum occulatius rem ipsam absumpsi, tantum vidi auctorum inter se in collocandis dimensionibus litem, ut Germaniæ præstiterit conticuisse, potiusquam obscuritates ejus obscurissimas intricasse..... VIII. 15.

ques des savants allemands sur leur propre pays. Le véritable géographe de cette école descriptive, c'est Celtès. Lui seul, avant l'époque de Munster, a su par sa vaste enquête s'affranchir des données traditionnelles et prendre pour guide la nature elle-même.

CHAPITRE XIII

SÉBASTIEN MUNSTER [1]

Munster mathématicien et cartographe.

Sébastien Munster. — Importance et étendue de son œuvre. — Publications géographiques nouvelles. — Le recueil dit de Grynæus. — La découverte de la Russie. — Mathias de Michow et Herberstein. — Les cartes de Suède. — Ziegler et Olaüs Magnus. — Mappemonde de 1532 de Munster. — L'édition de Ptolémée de 1540. — Nouveau type de mappemonde. — Sources où puise Munster. — Verrazano et François de Malines. — Les cartes nouvelles de Munster. — Ses procédés pour la construction des cartes. — Insuffisance des données astronomiques de Ptolémée, — Le lever à la boussole. — Appel adressé aux savants. — Les cartes des éditions de Ptolémée et de la Cosmographie. — Munster prédécesseur d'Ortel et de Mercator.

Sébastien Munster, par l'importance et par l'étendue de ses travaux, peut être considéré comme résumant l'œuvre de l'École allemande. Mathématicien et littérateur à la fois, il est son représentant le plus complet. En lui viennent se confondre les deux courants qu'elle a suivis. Esprit indépendant, méthodique et mesuré, il sait choisir dans l'œuvre de ses devanciers. Il leur laisse ce qu'il y a en eux d'aventureux et de hâtif. Son originalité est surtout dans son bon sens.

Il était né à Ingelheim, entre Mayence et Bingen, en 1489.

1. Sur Munster on pourra consulter : Dr R. Wolf, *Sebastian Münster, Biographien zur Kulturgesch. der Schweiz. Zweiter Cyclus.* Zurich, 1859 ; Riehl, *Freie Vorträge*, Stuttgart, 1873; S. Vœgelin, *Seb. Munster Cosmographey*, dans le *Basler Jarbuch* de 1882, article reproduit en partie dans la *Zeitsch. für Wissenschaftliche Geog.*, t. III, fasc. 2, p. 81. Ce dernier article, consacré à la bibliographie des ouvrages géographiques de Munster, contient de grosses erreurs et ne doit être utilisé qu'avec précaution.

Il avait étudié à Heidelberg, puis à Tubingue, où il fut l'élève de Stœffler, et à Vienne. Moine franciscain, il quitta les ordres et adhéra à la Réforme. Il fut l'ami de Luther et de Vadianus. Il avait enseigné une première fois à Heidelberg, de 1524 à 1527. En 1529 il vint à Bâle et y occupa une chaire d'hébreu qu'il conserva jusqu'à sa mort. Il ne fut pas moins célèbre en effet comme hébraïsant que comme géographe. Ses traductions des textes sacrés lui assuraient une haute faveur parmi les Réformés. Il mourut de la peste à Bâle en 1552. Il avait voyagé en Allemagne et en Suisse [1]. Il avait surtout des relations très étendues, qu'il mit intelligemment à profit, dans l'intérêt de ses travaux.

Comme géographe, Munster a touché à tous les sujets. Il s'est intéressé aux découvertes, et a contribué à les faire connaître. Il a donné une édition de Ptolémée, montrant ainsi l'estime qu'il avait pour le maître ; mais s'il en a adopté la méthode, il ne s'est point assujetti à en conserver les résultats trop incertains. Il souhaitait qu'on appuyât la cartographie sur des déterminations astronomiques plus précises, mais il se rend compte de ce qu'il y a de trompeur dans la fausse précision de ses devanciers. A défaut d'observations exactes de longitudes, trop difficiles à faire de son temps, il veut du moins donner aux cartes toute la précision possible. Il montre, le premier, les résultats qu'on peut obtenir par des procédés qui sont déjà presque ceux de la triangulation, et il en fait usage pour dresser ses cartes. Pour les régions dont il n'a pu lui-même lever le plan, il réunit tous les documents qu'il peut se procurer. Il rassemble ainsi une importante collection, et mérite d'être considéré comme le prédécesseur d'Ortel et de Mercator. Il s'applique enfin à la géographie descriptive, comprenant bien que c'est là le

1. Il semblerait indiquer, dans un passage de ses écrits, qu'il était venu en France. Parlant du roi de France qui guérit des écrouelles, il ajoute : Vidi ipse... Regem plurimos hoc languore correptos tangentem, an sanati fuerint non vidi. Édit. de Ptolémée de 1540. *Appendix geographica*, p. 177. Mais ce passage doit être une citation dont il n'indique pas l'auteur, car, s'il était venu en France, il aurait certainement fait allusion à ce voyage dans la Cosmographie.

terme le plus élevé de la géographie. La conclusion de sa grande Cosmographie qui résume tous ses travaux est cette phrase remarquable dont la forme naïve ne cache pas la profondeur : « Ce n'est point de merveilles que les hommes ayent entre eux, non seulement diverse fortune, mais aussi diverse nature, diverses meurs et façons de vivre, puisque nous voyons que les regions et les lieux ont ceste mesme diversité, et qu'une nation engendre des gens blancz comme laict, et l'autre tirans sur le blanc, l'autre bruns, l'autre du tout bruslez. Dieu l'a ainsi ordonné, afin que aussi les hommes fussent produictz de diverse nature, divers courage, et diverse industrie, comme les autres choses. Et ce pendant que chascun se contentast de sa condition, pour ne faire a autruy nulle reproche de la sienne [1]. »

Il convient d'examiner successivement dans l'œuvre de Munster les différents buts qu'il a poursuivis : ce sont les mêmes qu'a poursuivis l'École allemande tout entière.

Depuis le voyage de Magellan, dont les résultats furent aussitôt connus en Allemagne par la lettre de Max. Transylvain, les nouvelles relatives aux découvertes s'étaient complétées. Un certain nombre de livres et d'opuscules avaient paru, dont les plus importants sont l'*Enchiridion*, ou résumé de la quatrième décade de Pierre Martyr, publié à Bâle en 1521 [2], la deuxième et la troisième lettres de Fernand Cortez, avec la carte du golfe du Mexique, imprimées à Nuremberg en 1524 [3].

Les principaux documents connus jusqu'à cette époque

1. Fin de la Cosmographie, p. 1429 de l'édit. française.

2. *De nuper sub D. Carolo repertis insulis simulque incolarum moribus R. Petri Martyris Enchiridion*. Bâle 1521.

3. *Præclara Ferdinandi Cortesii de nova maris oceani Hyspania narratio sacratissima*. Nuremberg 1524. — Un extrait de cette lettre avait déjà été donné en allemand par Sigmund Grimm d'Augsbourg vers 1523 : *Ein schœne newe Zeytung so kayserlich Mayestet ausz India yetz newlich zukommen seind*. — D'autres opuscules font encore allusion à ces voyages, comme : *New Zeitung von dem lande das die Sponier funden haben ym 1521 jare genannt Jucatan*. S. l. et a. Harrisse *America vetust*. Additions p. 83. Cf. Harrisse, *op. cit.*, et le *Carter Brown catalogue*.

furent réunis à Bâle en 1532 dans un ouvrage assez improprement désigné d'ordinaire sous le nom de Recueil de Grynæus [1]. Munster fut chargé d'écrire pour ce volume une introduction donnant un résumé des découvertes, et d'y joindre une mappemonde montrant les terres nouvelles. Ce recueil eut un grand succès, il fut immédiatement réimprimé à Paris, avec une carte d'Oronce Finé, remplaçant celle de Munster, puis de nouveau à Bâle en 1537. Il fut traduit en allemand à Strasbourg en 1534. Enfin, en 1555, on en donna à Bâle une édition nouvelle augmentée d'autres documents.

Cet important recueil était fait à l'imitation des *Pæsi novamente ritrovati*, imprimés à Vicence en 1508 et qui eurent une si heureuse fortune. Les éditeurs reproduisirent en effet en tête de leur ouvrage l'édition latine du recueil de Vicence, et aux pièces que contenait celui-ci ils ajoutèrent : les quatre voyages de Vespuce, déjà imprimés dans la *Cosmographiæ Introductio*, une lettre du roi de Portugal Emmanuel au pape Léon X au sujet des conquêtes faites dans les Indes, une description de la Terre-Sainte, les voyages de Marco Polo et de Haithon l'Arménien, l'*Enchiridion* de Pierre Martyr et enfin trois autres opuscules relatifs à de véritables découvertes faites, non plus dans le nouveau monde, mais dans des régions presque inconnues encore de l'ancien : les petits traités de Mathias de Michow et de Paul Jove sur la Russie, et l'étude plus historique que géographique d'Érasme Stella sur les antiquités de la Prusse [2]. Les deux opuscules sur la Russie sont pleins d'intérêt. C'est en effet des règnes de Frédéric III et de Maximilien, et de celui d'Iwan le Grand et de

1. *Novus orbis regionum ac insularum veteribus incognitarum una cum tabula cosmographica et aliquot aliis consimilis argumenti libellis quorum omnium catalogus sequenti pagina patebit*... Bâle 1532. C'est Huttich qui a fait la collection et Grynæus la préface. Cf. préface du *Novus orbis*, à la fin.

2. *Tractatus de duabus Sarmatiis Asiana et Europiana et de contentis in eis*. Cracovie 1517; *Pauli Jovii Novocomensis libellus de legatione Basilii magni, principis Moschoviæ ad Clementem VII Pont. Max.* Rome, 1525; *Erasmi Stellæ Libonothani, de Borussiæ antiquitatibus* — Érasme Stella, né à Leipzig dans la dernière partie du xve siècle, étudia en Allemagne et à Bologne et fut médecin de la ville de Zwickau. Il mourut en 1521.

Vasili IV que datent les premiers rapports suivis entre l'Europe et la Russie [1]. Alors commença la série des ambassades. Le premier, le médecin polonais Mathias de Michow, publia en 1517 à Cracovie un livre sur les régions nouvelles. Bien que peu connu, ce livre est très important. Michow avait vu le pays, il avait été frappé des erreurs universellement répandues sur la géographie de la Moscovie. Ces monts Riphées où l'on voulait que les fleuves russes prissent leurs sources, « n'existent absolument pas, dit Michow, ils ne sont que sur le papier et dans la tête des cosmographes. Toute la Moscovie est une plaine, sauf quelques ondulations qui ne méritent pas le nom de montagnes. » Il sait que les fleuves sarmates ont leurs sources très rapprochées les unes des autres, et compare leur longueur à celle des autres fleuves connus. Le cours du Volga, qu'il fait aboutir à la Mer Noire, c'est sa seule erreur, le conduit dans le pays des Tartares dont il décrit les steppes sans forêts, mais riches en herbages. Il proteste contre la légende relative à la douceur des climats du Nord au delà des prétendus monts Riphées. « Peut-on parler de vie heureuse, écrit-il, dans un pays où l'homme ne peut se procurer le nécessaire, où il y a des nuits éternelles et de rares jours de longue durée ! » Il ne connaît pas l'Oural comme montagne, mais il sait que là où cesse la partie montagneuse, est le passage vers l'Orient. Le premier il nomme le pays de l'Obi et la célèbre idole de Slata Baba, la vierge d'or qui va jouer un grand rôle dans les récits des voyageurs. Mais pour lui ce n'est qu'une simple statue de madone abandonnée sans doute dans ces parages par les hordes du grand Khan [2].

Paul Jove complète Mathias de Michow. Il n'était pas allé

1. Voir sur Mathias de Michow et la cartographie primitive de la Russie un article du Dr Heinrich Michow, de Hambourg : *Das Bekanntwerden Russlands in vorherbersteinischer Zeit, ein Kampf zwischen Autoritæt und Wahrheit. Verhandl. des fünften Deutsch. geographentages zu Hamburg* 1885. Cf. aussi : baron Nicolas de Kaulbars, *Aperçu des travaux géographiques en Russie. Soc. imp. russe de géog.* Saint-Pétersbourg 1889.

2. Cf. Michow. *Op. cit.*

en Russie, mais il avait obtenu des renseignements très précis d'un ambassadeur russe Dmitri Gerasimow, envoyé par Vasili auprès du Saint-Siège. Jove donne d'intéressants détails sur les villes et sait que le Volga se jette dans la mer Caspienne.

Ces deux ouvrages ne passèrent point inaperçus dans l'Europe savante. Mais il s'en faut de beaucoup qu'on se soit rendu immédiatement aux arguments de Michow. L'empereur Maximilien lui-même, à qui le livre était adressé, reçut très mal ces nouveautés. Il ne pouvait admettre qu'il n'y eût pas de monts Riphées, et que Ptolémée eût tort. Il chargea deux ambassadeurs qu'il envoyait en Russie, Francesco da Collo et Antonio de Conti, d'ouvrir une enquête sur ce point. Ce qu'il y a de plus curieux, c'est que ceux-ci, pour des raisons théoriques, s'en rapportèrent à Ptolémée. Leur relation ne fut heureusement publiée que beaucoup plus tard, en 1603. Les savants de Nuremberg furent moins défiants. Jean Eck d'Ingolstadt, qui avait eu connaissance du livre de Michow par un des Fugger d'Augsbourg, le traduisit en allemand [1]. Pirckeymer le communique à ses amis, et Ulrich de Hutten lui écrit qu'il n'aurait jamais pu croire que Ptolémée fût dans l'erreur, mais qu'un ambassadeur qui revient de Russie, Herberstein, lui a garanti la véracité de Michow [2]. Ce fut dans Michow que Pirckeymer puisa les renseignements qu'il donne sur l'Europe orientale, dans sa description de l'Allemagne qu'il étend jusqu'au Don. C'est lui aussi que Munster prend pour guide jusqu'à l'apparition de l'important ouvrage de Sigismond de Herberstein en 1549 [3]. Quelques années plus tard commençaient les tentatives faites sur mer par les Anglais pour trouver un passage au Nord-Est vers l'Amérique. On sait que Willoughby et

1. Id.
2. *Ulrichi de Hutten equitis ad Bilibaldum Pirkeymer Patricium Norimbergensem Epist. vitæ suæ rationem exponens.* Augsbourg, 1518. Cité par Michow.
3. *Rerum Moscoviticarum Commentarii*.., Vienne 1549.

Chancellor ne dépassèrent pas la mer Blanche. Mais ce dernier en remontant la Dvina parvint jusqu'à Moscou. En 1558, un marchand anglais, partant de Moscou, descendait le Volga, et, traversant la Caspienne, arrivait jusqu'à Boukhara. En 1562, Jenkinson pénétrait par la même voie jusqu'en Perse et rapportait de son exploration, entreprise dans un but scientifique autant que commercial, les éléments de la précieuse carte qu'il publia en 1562 à Londres.

Vers la même époque, les régions du Nord étaient aussi mieux connues. Le recueil de Bâle ne contient aucun document sur ces pays. On n'avait alors d'autres données modernes que les trop courts extraits empruntés par Schœner et Irenicus à Claudius Clavus. Mais en cette même année 1532 paraissait la carte de Ziegler qui fournissait un dessin déjà plus exact de la Scandinavie [1]. Sept ans plus tard, en 1539, à Venise, on allait publier la grande carte d'Olaüs Magnus en neuf feuilles, l'un des plus beaux monuments de la cartographie au XVIe siècle [2]. Ainsi, de toutes parts, dans l'ancien comme dans le nouveau monde s'étendait l'horizon géographique.

La préface que Munster mit en tête du recueil de Bâle n'est qu'un résumé très général de la géographie nouvelle et des récits de voyages contenus dans ce livre. Quant à la mappemonde, elle n'a d'autre intérêt que de nous montrer

1. Cette carte est insérée dans l'ouvrage suivant de Ziegler : *Quæ intus continentur : Syria ad Ptolomaici operis rationem, Palestina iisdem auctoribus..., Arabia Petra..., Ægyptus..., Schondia, tradita ab auctoribus qui in ejus operisprologo memorantur, Holmiæ civitatis regiæ, Suetiæ, deplorabilis excidii per Christiernum Datiæ, Cimbricæ, regem historia regionum superiorum, singulæ tabulæ geographicæ.* Strasbourg 1532. Suivant un passage de Ziegler lui-même f° LXXXV, cette carte du Nord avait été construite d'après les données fournies par quatre prélats scandinaves qu'il avait rencontrés à Rome. Il dit encore qu'il avait fixé, les nombreuses longitudes et latitudes qu'il mentionne, par comparaison avec les positions des principales villes des pays scandinaves. Cf. Nordenskiöld *Fac-simile Atlas* p. 60. Cette carte est reproduite dans Nordenskiöld, *Voyage de la Vega* et dans le *Fac-simile Atlas*.

2. Récemment retrouvée et publiée dans ; *Die æchte Karte des Olaus Magnus vom Jahre 1539 nach dem Exemplar der Munch. St. Bibl. von Dr Oscar Brenner*. Christiania, 1886, Extrait de *Christiania Vindenkabs-Selskabs Forhandlinger*, 1886, n° 15.

quels documents Munster avait alors entre les mains [1]. Il en était encore au type de Waldseemüller reproduit par Schœner sur ses premiers globes et par Apian sur sa carte de 1520. L'Amérique est divisée en deux grandes îles, l'Inde est conforme au globe de Béhaim et la Guinée est traversée par l'équateur. Sur un seul point Munster a innové. Où placer les découvertes de Cortez dont il était question dans le recueil? Trompé peut-être par la ressemblance des noms il inscrit « Terra Cortesia » à la place de la terre de Cortereal. Il est évident, d'après cette maladresse, qu'il ne connaissait pas à ce moment la carte du golfe du Mexique insérée dans l'édition de Cortez imprimée à Nuremberg en 1524 [2].

L'édition de Ptolémée donnée par Munster parut à Bâle en 1540. Elle fut réimprimée en 1542, 1545, 1551 et 1552. Ces éditions sont d'un usage commode. Leur format moindre que celui des précédentes les rend plus portatives. Elles sont munies de bonnes tables et d'un appendice où sont brièvement rapportées les découvertes nouvelles. Quant au texte, Munster explique lui-même dans la préface ce qu'il a prétendu faire : « Deux fois, dit-il, Ptolémée a été traduit en latin par Angelo de Florence et Werner de Nuremberg. Le premier savait le grec, mais ignorait les mathématiques; le second savait les mathématiques, mais ignorait trop le grec. De notre temps, Pirckeymer, aussi savant en grec qu'en mathématiques, a fait une traduction nouvelle aussi fidèle qu'il a pu, en recourant au texte grec. Mais il y avait dans le texte grec des fautes qu'a relevées Villanovus. Nous avons respecté la version de Pirckeymer et introduit les corrections de Villanovus. Nous avons ajouté un commentaire tiré en grande partie de celui

1. Cette mappemonde très rare est reproduite dans Nordenskiöld, *Studien und Forschungen*. et dans le *Fac-simile Atlas*, pl. XLII. La partie relative à l'Amérique est dans Stevens, *Geogr. notes*.

2. On pourrait être tenté de croire que cette mappemonde n'est pas l'œuvre de Munster, mais la manière dont il en parle écarte cette hypothèse : Non licuit quidem singularum regionum et quarumlibet insularum indicare situm, quum tabulæ angustia id minime pateretur nec id etiam instituerimus. *Typi cosmographici et declaratio et usus* f° I, en tête du *Novus orbis*.

de Werner. » Ce n'est donc pas un livre original qu'a publié Munster, mais une édition plus correcte.

C'est surtout une édition beaucoup plus riche que les précédentes en cartes modernes ; ce sont ces cartes qui en font l'intérêt. La série commence par une mappemonde de forme elliptique, donnant à gauche l'Amérique, à droite l'ancien continent [1]. Cette carte n'est qu'un abrégé. Mais le modèle d'après lequel elle a été construite a servi également à dresser les cartes spéciales d'Amérique et d'Asie qui figurent dans la même édition [2]. La carte générale et les cartes particulières se retrouvent d'ailleurs non seulement dans l'édition de 1545, mais encore dans les éditions successives de la Cosmographie. Elles reproduisent un type nouveau dont Munster ne s'est plus écarté.

Il n'y a pas sur cette mappemonde de continent austral; une terre peu étendue forme seulement avec le sud de l'Amérique le détroit de Magellan. L'Amérique ne se compose plus d'un seul continent; elle est séparée de l'Asie, mais seulement par un canal assez étroit, à l'entrée duquel, du côté de l'Océan atlantique, se trouve l'inscription : *Per hoc fretum iter patet ad Moluccas*. Un long promontoire, prolongeant l'Asie à l'Est, s'étend jusqu'au nord de l'Amérique et n'est séparé que par un détroit d'une autre terre très allongée, portant les noms de *Terra nova sive de Bacalhos* et d'*Islandia*, et qui se rattache au nord de l'Europe. L'Amérique du Nord est séparée en deux parties par un isthme étroit : au Nord est la *Francisca* [3], au Sud la *Terra Florida*. Au large de la *Francisca* se trouve l'île de *Corterat* (Corterati). Dans le

1. Voir Pl. VI.

2. La carte spéciale d'Afrique qui figure dans le Ptolémée de 1540 offre un contour un peu différent de celui qu'a l'Afrique sur la mappemonde. Ce dessin est d'ailleurs très inférieur au premier et se rapproche davantage de la forme ptoléméenne. Munster n'a certainement pas eu pour le tracer de documents nouveaux. Cette carte d'Afrique est mauvaise et ne contient que fort peu de détails. Il semble que Munster n'y ait pas attaché grande importance.

3. On remarquera toutefois que les deux inscriptions : *Per hoc fretum iter patet ad Moluccas*, et *Francisca* disparaissent à partir de 1545 de la mappemonde de Munster.

golfe du Mexique, le Yucatan est une île. La côte de l'Amérique du Sud dessine à l'ouest un promontoire très allongé vers l'extrémité duquel on lit *Catigara*. L'Asie se rapproche assez de sa forme réelle, l'Inde y est accompagnée de l'île de *Zaylon* (Ceylan) et l'Indo-Chine de celle de *Sumatra* qui porte également le nom de *Taprobane*. Plus à l'Est se trouvent les deux Java, *Timos* (Timor), *Porne* (Borneo), *Moluca* et la grande île de *Gilolo* ou *Siloli* qui correspondent aux Célèbes et aux Moluques.

Munster ne nous fournit aucun renseignement sur les documents dont il s'est servi pour dresser sa mappemonde et les cartes qui la complètent. De quels éléments sont-elles composées?

Pour l'Amérique du Nord, il existe une carte qui présente la plus frappante analogie avec le tracé de Munster : c'est le portulan de Vesconte de Maggiolo, conservé à la bibliothèque Ambroisienne, et dont M. Desimoni a récemment rétabli la date exacte, 1527 [1]. Bien qu'elle ne porte pas le nom de Verrazano, cette carte est directement inspirée du voyage que ce dernier fit, en 1524, pour le compte de la France [2]. Sa parfaite ressemblance avec la carte de Hieronimo de Verrazano, frère du navigateur, datée de 1529, ne laisse aucun doute à cet égard [3]. C'est le type qu'a adopté Baptista Agnese pour ses nombreux portulans [4]. Comme sur

1. Desimoni : *Allo studio secondo intorno a Giovanni Verrazzano*. Appendice III. Gênes, s. d. faisant suite à *Intorno al fiorentino Giovanni Verrazzano scopritore in nome della Francia di regioni nell' America settentrionale Studio II*. Gênes, 1881. Cet article contient un fac simile de la partie de la carte relative à l'Amérique du Nord. On trouve également des reproductions de cette carte dans Winsor, *Nar. and crit. hist.*, t II, p. 219, t. IV, p. 39.

2. La question du voyage de Verrazano a été très controversée. Son authenticité ne peut pas être sérieusement mise en doute. On trouvera un exposé très complet de cette discussion dans Winsor, *Nar. and crit. history*. t. IV. pp. 17 sqq. Cf. aussi Harrisse, *J. et Seb. Cabot*, pp. 177. 180 et Gaffarel, Rev. de Géog. t. XX, 1887.

3. L'Amérique est reproduite dans Winsor, *op. cit.* t. IV, p. 26.

4. Sur les portulans d'Agnese, voir Harrisse, *J. et Seb. Cabot*, pp. 188. sqq. Cf. également la belle reproduction d'un de ces portulans : *Portulan de Charles Quint donné à Philippe II, accompagné d'une notice explicative* par MM. F. Spietzer et Ch. Wiener, Paris, 1875.

la mappemonde de Munster, on trouve sur la carte de Maggiolo (Fig. 7) le continent étranglé par un isthme étroit, avec le nom de *Terra Francesca (Francisca*, dans Munster) sur la partie septentrionale, et le cap Breton (*C. de Bertoni* dans Mag-

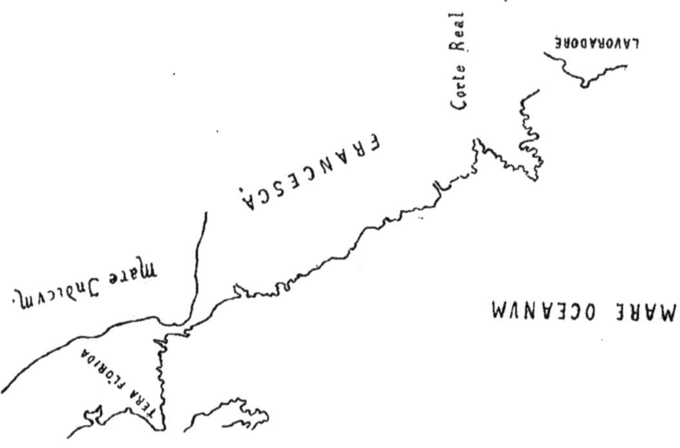

Fig. 7. — L'AMÉRIQUE DU NORD
D'après le portulan de Vesconte de Maggiolo (1527).

giolo, *caput Britonum* dans Munster) à l'extrémité est de cette terre. Une portion de côte séparée porte dans Maggiolo le nom de Cortereal, et plus au Nord se trouve *Lavoradore* qui correspond au *Bacahlos* de Munster. Mais le cartographe quel qu'il soit qui a reproduit la carte marine, a réuni, comme il est arrivé toutes les fois qu'un géographe s'est servi d'un portulan, les côtes, que les marins avaient laissées interrompues, par un tracé continu. C'est ainsi qu'il a nettement délimité cette *Terra Francesca*, qui, dans Maggiolo, ne se termine pas vers l'Ouest et qu'il a fermé la terre de Cortereal de façon à en former une île. C'est ainsi encore qu'il a rattaché à l'Europe la terre de *Lavoradore*. Sur ce dernier point d'ailleurs, des cartes marines avaient déjà donné l'exemple. Ce grand promontoire appartient, en effet, à un type antérieur; on le trouve sur les portulans de Cantino et de Canerio [1]. Quant à l'inscription : *Per hoc fretum iter patet ad Moluccas*, elle est inspirée des idées de Verrazano lui-même et l'on peut ajouter de tous ses contemporains qui croyaient à l'existence d'un passage facile par le Nord-Ouest vers les Indes. Une des cartes d'Agnese indique même cette route par une ligne ponctuée [2].

Le golfe du Mexique est imité des cartes de Maggiolo ou de Verrazano [3]. Le Yucatan y est dessiné comme une île. L'erreur provient de Cortez. Pour l'Amérique du Sud, c'est un portulan du même type qui a servi de modèle; mais là encore le cartographe, voulant réunir les deux portions interrompues de la côte orientale, a creusé dans le continent ce grand golfe qui le déforme.

L'ancien monde, sauf pour le prolongement de l'Asie vers l'Est, ne s'écarte point du tracé le plus répandu à cette époque et dont le type le plus connu est la grande mappemonde de Diego Ribero, de 1529, adressée au pape [4], et qui devait servir à trancher le différend survenu entre les Portugais et les Espagnols à propos de la possession des Moluques.

1. Il existe même un type de cartes où l'Amérique est reliée à l'Europe par cette longue bande de terre. Voir par exemple la carte de Ruscelli reproduite en partie dans Winsor, *op. cit.* t, II, p. 432 et la carte marine de 1548, *ibid.*, t. IV, p. 43.

2. Les portulans d'Agnese indiquent par un tracé le voyage de Magellan (aller et retour des Moluques), et quelques uns d'entre eux une troisième route interrompue par l'isthme de Panama. « Les portulans anonymes de Paris et de Dresde et celui de la Bodleyenne ainsi que le portulan de la collection de M. le baron Edmond de Rotschild exposent en plus une quatrième route, la plus curieuse de toutes... Elle part d'un port de Normandie, traverse l'Atlantique, atterrit à la hauteur du Canada, au sud du Bacallaos, qui dans Agnese est toujours le Groënland, traverse un isthme imaginaire, et franchissant le Pacifique, va aboutir au Cathay. Dans le portulan de 1536, la route traverse un véritable détroit d'une longueur relativement considérable. Cette quatrième route est intitulée : el viazo de Fransa. » Harrisse, *J. et Séb. Cabot*, pp. 191, 192.

3. Celle de Maggiolo présente une particularité : un étroit canal relie le golfe avec l'Océan Pacifique et sépare les deux continents américains. C'est une idée personnelle au cartographe et qui ne modifie pas, pour le reste, le type qu'il a adopté.

4. Il en existe une très belle reproduction par W. Griggs, Londres 1887, chez Bernard Quaritch.

Munster s'est donc inspiré d'une ou de plusieurs cartes marines indiquant les résultats des découvertes, à une date qui ne dépasse pas 1525.

Mais il emprunte aussi à d'autres sources que les portulans. Qu'est-ce, en effet, que cet archipel de 7448 îles placé aux abords du Japon? N'est-ce pas une amplification singulière des données de Marco Polo? Qu'est-ce encore que ce *Catigara* inscrit sur la côte occidentale de l'Amérique du Sud? Nous savons d'où provient ce nom. C'est le moine François de Malines qui, le premier, l'a inscrit à cette place, parce qu'il considérait l'Amérique comme le prolongement de l'Asie [1]. Si l'on sépare les deux continents, l'identification n'a plus de raison d'être. En tout cas les marins n'embarrassaient pas leurs cartes de ces hypothèses.

La mappemonde de Munster est le résultat d'une sorte de travail critique. Mais est-il lui-même l'auteur de ce travail? On ne peut l'admettre. S'il eût eu sous les yeux des cartes marines, certaines bizarreries de sa mappemonde ou de ses autres cartes des régions nouvelles ne s'expliqueraient point. Il écrit *Exteriores* au lieu de Açores; sur la carte d'Amérique il réunit à la mer le lac sur lequel est bâti Mexico. Il place dans le golfe du Mexique une île de *Sciana* [2] qui ne peut être que l'île à laquelle on donna d'abord le nom de Johanna, et, en effet, elle ne paraît être qu'une portion maladroitement détachée de Haïti qui garde son nom d'Hispaniola. Munster a dû reproduire sans la modifier une carte dont il ne pouvait vérifier l'exactitude, et ce document était déjà lui-même fort éloigné des originaux.

Outre ces cartes des régions nouvelles, les éditions de Ptolémée de Munster, comme celles de la grande Cosmographie, contiennent encore un grand nombre de cartes rela-

1. *De orbis situ ac descriptione, ad reverendiss. D. Archiepiscopum Panormitanum, Francisci, monachi ordinis Franciscani, epistola sane quàm lutulenta*... Anvers, s. d. voir plus haut, p. 81, n. 2.

2. C'est la Johanna, qui a donné lieu à la méprise de Zoana Mela, voir p. 68.

tives à l'Europe et à l'Allemagne. Illustrer en effet ses descriptions par des cartes, ce fut le souci constant de Munster, son œuvre maîtresse comme géographe. Parmi ces cartes, il en est qu'il a empruntées, d'autres qui sont de lui. Comment ces dernières ont-elles été construites, quels sont les principes qui l'ont guidé dans ce travail? C'est ce qu'il faut examiner d'abord.

La vraie méthode pour dresser des cartes serait, d'après lui, de commencer par déterminer astronomiquement un certain nombre de positions. Commentant le quatrième chapitre du premier livre de Ptolémée il s'exprime ainsi : « Dans ce chapitre, Ptolémée nous apprend que pour parcourir le monde (lustrando orbe) ou pour décrire une région particulière, il faut d'abord avoir une base appropriée et placer un certain nombre de points selon une juste symétrie. On calculera les longitudes par des éclipses de soleil ou de lune et les latitudes à l'aide d'instruments mathématiques spéciaux. Ces points déterminés avec soin, on pourra leur rattacher d'autres points moins exactement connus. Si par exemple un empereur ou un prince voulait faire dresser scientifiquement la carte d'Allemagne, il faudrait choisir quatre mathématiciens au moins, chargés d'observer les méridiens à l'occident et à l'orient, au moment d'une éclipse de lune. L'un serait placé à Bâle, l'autre en Hollande à l'endroit où le Rhin se jette dans la mer; deux autres, à Vienne et à Danzig ou aux environs, détermineraient les limites orientales de l'Allemagne, grâce aux latitudes et aux distances routières [1] ». Le principe est excellent; mais Munster se rend compte des difficultés de la pratique. « Certes, dit-il, Ptolémée a dépassé facilement tous les autres par son génie, et il n'a jamais eu d'égal comme astronome ou comme cosmographe. Cependant on peut à ce double titre le prendre en faute. Il y a, en effet, de notre temps dans les tables astronomiques une erreur qui provient de ce

1. Ptolémée, *Comment.* L. I, ch. 4.

que les mouvements des corps célestes n'ont pas été exactement calculés soit par lui, soit par ceux qu'il a imités, soit par ceux qui l'ont suivi. La preuve indiscutable en est que les éclipses de soleil ou de lune précèdent aujourd'hui de quarante ou cinquante minutes le moment fixé par le calcul. Donc tous les calculs de conjonction ou d'opposition sont erronés. Or, parmi les nombreux mathématiciens d'aujourd'hui, personne n'a pris garde à une erreur aussi grossière. Les astrologues au moins (nativitatum judices) auraient dû être plus attentifs à ne pas s'appuyer sur des données fausses. Mais je laisse à de plus savants que moi en mathématiques le soin de corriger cette erreur : qu'il me suffise de l'avoir indiquée [1]. Quant aux latitudes, pour savoir combien Ptolémée s'écarte de la vérité, il n'y a qu'à savoir ce que c'est qu'une latitude pour le constater. Pour les longitudes je ne me permettrai pas de porter de jugement, car, ni moi ni ceux qui m'ont précédé, ne nous entendons à les observer [2] ». Ainsi Munster ne fait pas grand cas des déterminations de Ptolémée ni de celles de ses contemporains. Ses cartes modernes ne portent ni longitude ni latitude. Lorsque, dans sa Cosmographie, il veut prendre des exemples, il ne cite jamais que des nombres approchés. Il donne comme ayant même longitude Constance et Stuttgart, Strasbourg et Bâle, comme ayant même latitude Bâle et Munich, Mayence

1. Préface de l'édit de Ptolémée de 1545 à la fin. L'erreur provient, suivant Munster, de ce que, dans le calcul des conjonctions et oppositions, on confond la conjonction vraie, « celle qui regarde le centre de la terre », avec la conjonction « visible, celle qui regarde la face d'icelle mesme... C'est... un erreur aujourdhuy qui n'est pas petit au calcul des conjonctions et oppositions, a sçavoir que les conjonctions et oppositions vrayes previennent celles qui sont escrites et observées au calcul quasi de 40 minutes. Et de moy je ne me puis assez esmerveiller qu'aujourdhuy il y a tant et de si grandz personnages tres sçavantz en astronomie, qui ne vuellent point appercevoir cest erreur si grossier ». *Cosmog.*, l. I, ch. 24, p. 30 de l'édit. française.

2. Cæterum quam hic noster Ptolemæus in civitatum regionumque latitudinibus a vero aberraverit, nemo est qui modo sciat quid sit latitudo, qui id observare non possit. De longitudine hic judicium ferre non licet quum nec ego nec alii qui ante me fuerunt in longitudinibus regionum observandis ullam industriam adhibuerimus.

et Bamberg, Cologne et Breslau [1]. Jamais il ne fait d'allusion aux tables de Schœner et d'Apian. Enfin, dans un ouvrage purement astronomique, l'*Organon uranicum* [2], ayant, suivant l'usage, à donner une table permettant de rapporter à un méridien quelconque les nombres calculés « suivant le méridien du Rhin », il emprunte à la « Vulgaire description des pays » [3] une table des longitudes des principales villes d'Europe, ou, plus exactement, de leurs différences d'heures. Or, à côté de distances assez exactes, pour l'Allemagne par exemple, il y a dans cette table des erreurs singulières, qu'il lui eût même été facile de corriger à l'aide de ses propres cartes [4]. Munster évidemment n'attache pas grande importance à cette liste.

Est-ce à dire qu'il renonce pour dresser ses cartes à toute précision scientifique? Dès 1528, dans un petit opuscule en allemand, il décrit un instrument dont il s'est servi, dit-il, pour dresser une carte des environs de Heidelberg. C'est un demi-cercle gradué, le zéro des divisions étant à l'extrémité du rayon perpendiculaire au diamètre, et les degrés disposés, au nombre de trente-six de chaque côté, sur les deux quarts

1. Longitudes exactes, d'après la *Connaissance des temps* pour 1890 :

Stuttgart	6° 50′ 28″	Strasbourg	5° 21′ 57″
Constance	6° 50′ 33″	Bâle	5° 15′ 23″
Diff. :	0° 0′ 5″	Diff. :	0° 6′ 34″

Latitudes :

Bâle	47° 33′ 25″	Mayence	49° 59′ 44″	Breslau	51° 6′ 56″
Munich	48° 8′ 45″	Bamberg	49° 53′ 28″	Cologne	50° 56′ 29″
Diff. :	0° 35′ 20″	Diff. :	0° 6′ 16″	Diff. :	0° 10′ 27″

Schœner donne entre Strasbourg et Bâle une diff. de long. de 10′, entre Stuttgart et Constance de 16′. Pour les latitudes entre Bâle et Munich 20′, entre Mayence et Bamberg 12′, entre Breslau et Cologne 10′.

2. *Organon uranicum et canones super novo* (sic) *luminarium instrumentum.* Bâle 1531, traduit en français sous le titre : *La déclaration de l'instrument de Seb. Munstere pour congnoistre le cours du ciel jusques en l'an 1580 et plus oultre qui voudra.* Bâle, 1534.

3. Qu'est-ce que cette « vulgaire description des pays »? Munster ne s'explique pas davantage. Tout ce qu'on peut dire c'est que cette liste n'a de rapport avec aucune des listes antérieures.

4. Voir Appendice VI. La liste de Munster est rapportée « au méridien du Rhin »; ce méridien n'étant pas autrement déterminé, nous l'avons rapportée au méridien de Bâle, afin de pouvoir la comparer avec la table tirée de la *Connaissance des temps* pour 1890 que nous avons rapportée à ce même méridien.

du demi-cercle. Une règle mobile autour du centre se déplace devant ces divisions. Elle permet de faire des visées. Enfin une boussole fixée sur l'instrument permet de placer toujours la ligne du zéro dans la direction du Nord [1]. Plus tard Munster perfectionna cet instrument (Fig. 8). Il se servit d'un cercle complet, dont chaque quart fut également divisé en trente-six parties. La règle servant aux visées dépassa alors la longueur d'un diamètre. C'est le modèle qui est décrit dans la Cosmographie. « La forme qui est icy signée, dit-il, me plaist bien, et en ay use jusques ceste heure pour observer les regions et les lieux [2] ».

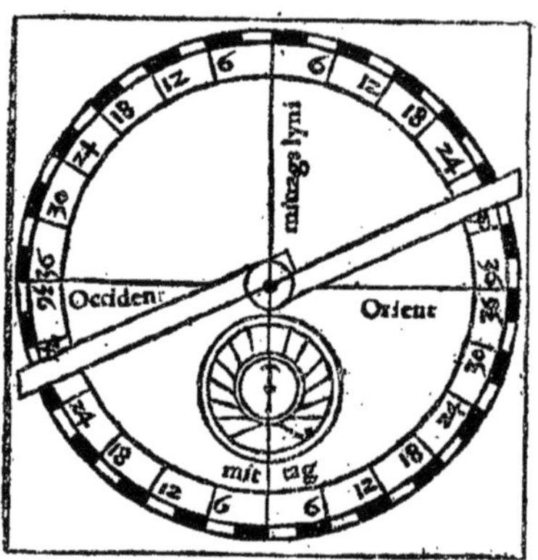

Fig. 8. — LA BOUSSOLE DE MUNSTER

Figure tirée de la *Cosmographie*.

Lorsqu'étant à Heidelberg il voulut dresser la carte des environs de cette ville, il prit son instrument, plaça la ligne du zéro dans la direction du Nord, puis, avec la règle mobile, visa la ville de Worms. La règle s'arrêta sur la vingtième division à l'ouest du zéro. Il traça alors sur la carte une ligne faisant avec la méridienne, à partir de Heidelberg comme

1. *Erklerung des newen Instruments der Sunnen, nach allen seinen Scheyben und Circkeln. Item eyn vermannung Sebastiani Münnster an alle liebhaber der kunstenn im hilff zu thun zu warer unnd rechter beschreybung Teütscher nation.* — A la fin : *Gedruckt durch Jacob Kobel Statschreiber zu Oppenheym, im jar* 1528, (16 feuillets), (à la Bibliothèque de Bâle). C'est à tort que M. Vœgelin indique une seconde édition de cet ouvrage. La prétendue édition de 1529 est un ouvrage tout différent : *Erklerung des newen Instruments durch Sebastianum Mönster ueber den Mon. Gemacht im Jar Christi MDXXIX.* — A la fin : *Getruckt zu Wormbs bei peter Schœffern und volendet im jar MDXXIX am ersten tag herbst mondes* (24 feuillets), (à la Bibl. de Bâle). — Voir appendice VIII.

2. *Cosmographie*, li. I, ch. 21, p. 20 de l'édit franç.

sommet, un angle égal à l'angle trouvé, puis porta sur cette ligne, d'après une échelle arbitrairement choisie, une longueur égale à cinq milles, distance de Heidelberg à Worms. Il fit de même pour Spire qu'il plaça, en conservant la même échelle, à une distance de trois milles et demi. De Heidelberg on ne pouvait apercevoir Landau. Il se transporta alors à Spire, d'où cette ville était visible, et fit une opération analogue. Il put construire ainsi une carte, donnant pour un rayon de six milles les environs de Heidelberg. Ce procédé pour dresser des cartes, que nous voyons ici décrit pour la première fois, est déjà presque notre lever à la boussole [1].

Revenant, dans sa grande Cosmographie sur ce même instrument, il en indique un autre usage : On peut, dit-il, « par iceluy mesme trouver l'espace qui est entre deux ou trois citez qui ne sont pas soubz une mesme ligne meridiane..... Quand trois citez ont telle assiette qu'elles ne se rencontrent point en une ligne droicte, ils se peuvent aiseement reduyre en un triangle esgal de tous costes ou inesgal. Or, ayant cogneu un coste du triangle, les deux autres aussi peuvent estre facillement cogneuz par iceluy ». Suit une explication très complète de la manière dont il faut opérer : « Je suis icy a Basle, et veux sçavoir de combien de lieues ceste cite est loing de Dann (Thann) ville de Sunggo, item de la ville imperialle d'Offenburg et tiercement de combien Dann est loing d'Offenburg. Or on peut veoir Dann de ceste ville de Basle quand le ciel est serain, ou montaigne au pied de laquelle la ville est située. Mais on ne sçauroit veoir Offenburg, on peut bien monstrer sa situation. J'ordonne mon instrument voyager, et trouve la reigle qui represente Dann en

1. *Erkler. des New. Instr. der Sunnen.*— Il y a en effet une différence entre le procédé de Munster et notre lever à la boussole. Munster ne connaît ni la déclinaison ni la variation de l'aiguille aimantée. Il détermine donc ses directions par rapport à la direction Nord. Dans le lever à la boussole on prend la direction d'un point par rapport à celle de l'aiguille aimantée, puis la direction d'un autre point par rapport à cette même direction. En ajoutant ou retranchant ces deux quantités, on a l'angle des directions des deux points en valeur, mais non en position.

la quarte (le quart de cercle) ou terminent les lignes d'Occident et d'Orient au 22 degre. Et je trouve Offenburg ou son assiette en la quarte de Septentrion et d'Orient, au 4 degre. Je transporte ces deux lignes visuales en plat, moyennant la ligne meridiane, et seront ainsi que monstre la figure icy adjoustée. (Fig. 9). Et pour ce que je nay cognoissance de nulle distance de ces lieux (car je pose le cas que je n'en sache rien, pour donner exemple) je m'en vay de Basle a Dann et trouve que ceste distance est de cinq lieues..... D'autre part a Dann j'observe l'assiette d'Offenburg et je trouve la reigle qui tombe en la quarte de Septentrion et d'Orient et qui couppe 14 degrez ». Il construit alors le triangle sur le papier. « Et puis ayant prins avec le compas la distance d'une lieue en la ligne passant de Basle a Dann, item en la ligne passant de Dann a Offenburg, et je trouve de combien de lieues Offenburg est distant de Basle a sçavoir de 12 lieues, item de combien Dann est distant d'Offenburg a sçavoir de 11 [1] ».

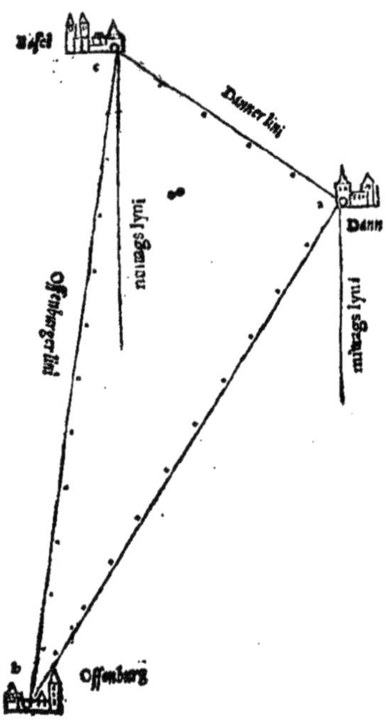

Fig. 9

Tirée de la *Cosmographie* de Munster.

1. *Cosmog.* L. I, ch. 22, passim pp. 20 sqq. de l'édit. franç. Je rapprocherai de ces deux procédés indiqués par Munster, le premier en 1528, le second

N'est-ce point là le procédé actuel de la triangulation? Car peu importe, en théorie, le moyen employé pour mesurer l'angle; l'essentiel est, pour trouver la distance inconnue de deux points, de construire, comme l'indique Munster, un triangle. Dira-t-on que ce problème n'est pas nouveau, qu'on en trouve la solution dans des ouvrages antérieurs? C'est, en effet, le même procédé que celui qui est indiqué déjà pour mesurer la largeur d'une rivière qu'on ne peut traverser, ou la hauteur d'une montagne inaccessible. Mais jamais on ne l'avait ainsi appliqué à la mesure des grandes distances sur le terrain, et Munster le rend très pratique par l'emploi de la boussole. L'a-t-il appliqué à la construction de ses cartes? Nous n'oserions l'affirmer. « Quand tu dressez quelque charte sur une region, dit-il encore dans sa Cosmographie, et que tu inscris justement en icelle certaines citez selon la largeur et longueur (latitude et longitude), on peut aussi inserer sans difficulté quelques autres villes et citez, ayant regard aux racines des citez inscrites. Ainsi quand je descrivois Alsace et Brisgoie, premierement je my pour le fundement Basle, Straburg, Offenburg, Friburg, Brisac, Colmar et Dann, et puis je regarday aux villes

en 1544, un autre procédé donné par Gemma le Frison en 1533, dans un petit opuscule ajouté par lui à la Cosmographie d'Apian. *(Libellus de locorum describendorum ratione, et de eorum distantiis inveniendis nunquam antehac visus per Gemmam Frisium*, dédicace datée d'Anvers 1533. Se trouve à la suite de la *Cosmographia Apiana per Gemmam Frisium aucta*, édit. d'Anvers 1545. Le même opuscule traduit en Français est à la suite de la *Cosmographie de Pierre Apian..... par Gemma Frison..... corrige*, Anvers 1544. Gemma, se plaçant à Anvers, détermine, à l'aide de la boussole, les directions d'un certain nombre de villes qu'il peut apercevoir, comme Gand, Malines, Louvain, Bruxelles, et trace ces directions sur sa carte, à partir d'Anvers. Il marque alors arbitrairement Bruxelles sur la ligne correspondant à cette ville; puis, se transportant dans cette ville, il détermine de nouveau les directions de Gand, Malines, Louvain, et reporte ces directions sur sa carte, à partir de Bruxelles. L'intersection des deux lignes marquant la direction de chaque ville donnera la position de cette ville. Gemma fait observer d'ailleurs que si on connaît la distance d'Anvers à Bruxelles, on pourra proportionnellement, sur la figure tracée, trouver la distance d'Anvers ou de Bruxelles aux autres lieux indiqués. C'est en somme le moyen donné par Munster pour trouver les distances de trois points, lorsqu'on peut mesurer l'intervalle de deux d'entre eux. On remarquera toutefois qu'il n'est pas explicitement décrit par Gemma. Dans tous les cas c'est Munster qui, le premier, en 1528, indique l'emploi qu'on peut faire de la boussole pour dresser des cartes.

qui se trouvent situées alentour de ceste ville ou ceste la, ou desquelles la situation se trouve entre les citez qui sont signées. Tout consiste presque en cecy, d'ordonner les meridians justes, et est necessaire de le faire ainsi [1] ». Il résulte de ce passage que Munster aurait placé astronomiquement un certain nombre de points sur sa carte, puis aurait levé à la boussole les environs de ces différents points. Mais nous savons, d'autre part, que Munster se déclarait incapable de déterminer exactement les longitudes, et toute tentative de ce genre faite pour des villes aussi rapprochées eût été absolument illusoire. Il y a quelque contradiction entre les différents passages cités de Munster, mais quelque déplaisant qu'il soit de ne point arriver à une conclusion nette, on ne saurait, sans dépasser la portée de ses déclarations, dire qu'il s'est servi, pour la construction de ses cartes, de nos procédés actuels de triangulation. Il savait par des mesures d'angles, d'une part déterminer des directions, d'autre part évaluer des distances : on s'étonne de ne pas rencontrer dans ses ouvrages la preuve qu'il ait songé à la fois à utiliser ces deux éléments pour dresser des cartes.

Il y avait cependant dans son procédé une cause d'erreur. Il ignorait la déclinaison et la variation de l'aiguille aimantée. Mais, pour des distances suffisamment rapprochées, cette cause d'erreur était sans importance, et, en fait, les résultats de ses mesures sont satisfaisants.

Le petit opuscule en allemand, de 1528, n'était pas seulement une description de la « boussole » de Munster et de son application à la construction des cartes, c'était encore et surtout un pressant appel adressé aux savants de l'Allemagne. Ce qu'il venait de faire pour les environs de Heidelberg, Munster voulait que chacun le fît pour sa propre patrie. Qu'on lui envoie des cartes locales, et il pourra dresser sur des bases certaines une carte qui sera l'honneur de l'Allemagne. Il publie les noms des collaborateurs sur lesquels il

1. *Ibid.*, ch. 24, p. 29.

compte déjà : c'est Georges Tannstetter (Collimitius) ou Jean Vœgelin pour Vienne, c'est Jean Aventinus pour la Bavière, Jean Schœner et Sébastien Rotenhan pour la Franconie, Pierre Apian pour la Misnie, Mattheus Aurigallus pour la Saxe, Conrad Peutinger pour Augsbourg, Jean Stœffler pour le Wurtemberg, Jean Huttich et Laurent Friess pour l'Alsace, Jean Glarean pour les cantons helvétiques [1]. Déjà Conrad Peutinger s'occupe de lever les environs d'Augsbourg à six ou huit milles de distance, Jean Aventinus ceux de Ratisbonne et de Landshut. Déjà le puissant prince Jean, comte Palatin, duc de Bavière, fait dresser le plan de ses provinces et de leurs limites, et ce travail va être achevé.

Cet appel ne fut qu'en partie entendu. Outre les difficultés matérielles augmentées par l'état de trouble dans lequel était l'Allemagne, l'exécution de ce plan en rencontrait d'autres, que Munster ne semble pas avoir prévues. Dans l'intérêt de leur propre défense, les princes se refusèrent souvent à laisser répandre dans le public la carte de leurs États, ou même à la laisser établir. En 1532, Apian ayant demandé à dresser la carte de Saxe, et certes personne n'était mieux préparé que lui à ce travail, l'Électeur Jean Frédéric ne voulut pas l'y autoriser [2]. Cet exemple n'a pas dû être isolé. On ne se souciait point de donner des armes à ses ennemis. Il y a eu pendant longtemps une cartographie secrète à l'usage des princes, et les spécimens de cartes de ce genre qu'on connaît montrent qu'elles devaient être supérieures comme exécution aux cartes

1. La plupart de ces personnages ont déjà figuré dans cette étude. Jean Vœgelin est un mathématicien de Vienne, de la première moitié du xvie siècle. Cf. Aschbach. *Gesch. d. Wiener Universitæt*, t. 11. p. 337. Aventinus (Jean Turmair), est né en 1477, mort en 1534. Il étudie à Ingolstadt, Vienne, Cracovie et Paris où il devient maître en 1504. Historiographe des ducs de Bavière, emprisonné à cause de la liberté de son langage et de ses relations avec les protestants, il se retire de la cour et vit à Ingolstadt ou à Ratisbonne. Il a publié : *Annales Bojorum; Chronicon Bavariæ*.

2. M. Ruge a publié la curieuse lettre de l'Électeur dans une bonne étude sur la cartographie saxonne, *Gesch. der sæchs. Kartograhie im 16 Iahrhundert. Zeitsch. f. Wissensch. Geog*. t. II. pp. 89. sqq.

mises au service des contemporains [1]. C'est sans doute à cette préoccupation de ne pas divulguer ce qu'on considérait comme des secrets d'État, qu'il faut attribuer le fait que certaines cartes de grande valeur, comme la belle carte de Suisse de Conrad Türst[2] de 1495-97, n'aient été ni publiées ni connues. Munster n'en a pas moins le mérite, à défaut de ce levé général de l'Allemagne dont il ne cessait de montrer la nécessité, d'avoir provoqué de nombreux travaux, et réuni presque toutes les cartes existantes. Ses différents recueils sont les premières grandes collections de cartes spéciales qui aient paru au XVI° siècle.

Déjà dans les petits opuscules de Munster de 1528 et de 1537 on trouve de petites cartes [3], mais c'est dans l'édition de Ptolémée de 1540 qu'on en rencontre le premier ensemble important. La préface nous apprend quelle est, dans cette collection, la part de Munster lui-même [4]. Il a dressé la

1. Cf. Ruge *op. cit.* p. 92. L'auteur vient de commencer la publication d'une très belle reproduction de quelques-unes des feuilles de la carte manuscrite de la Saxe, œuvre de Mathias Œder. (Dresde, Stengel et Markert).

2. *Dr Konrad Türsts, Karte der Eidgenossenschaft* 1495-97. Publié à la suite de : *Conradi Türst De situ Confœderatorum Descriptio. herausgg. Von G. v. W. und. H. W. Quellen zur Schweizer Gesch. herausgg. von der allg. geschichtsforschenden Gesellsch. d. Schweiz* t. VI. Bâle 1884. C'est une sorte de carte à vol d'oiseau, en couleurs, mais très précise.

3. En 1528, la carte des environs de Heidelberg ; en 1537, cette même carte, plus celle du Rhin moyen, et une petite carte d'Europe.

4. In descriptione Galliæ, consului Orontii excellentis mathematici topographiam. In tabula Norwegiæ, Sueciæ Gothiæ..... usus sum opera præstantis Viri Jacobi Ziegleri quem et pro magna parte imitatus sum in descriptione terræ sanctæ. Helvetiam et Rhetiam jampridem ministravit eximius vir Œgidius Tchudus. Alsatiam et Brisgoiam ego observavi, usus tamen in quibusdam consilio et subsidio ornatissimi viri Beati Rhenani. Alias Rheni tabulas ego quoque descripsi sed cui non vulgares suppetias tulit illustrissimus princeps D. Joannes, Palatinus Rheni, dux Bavariæ et comes Sponheimensis, omnium bonorum studiorum amator et studiosorum singularis patronus, qui mirabili suo ingenio descripsit vastum Regnum et Hunorum stationem vulgo Hunsruck dictam. Cooperatus est denique mihi in quarta Rheni tabula humanissimus vir Johannes Dryander pro sua Hassonia. Quintam Rheni tabulam ministraverunt Brabantini. Angli quoque et Poloni sua suppeditaverunt regna. Franconiam a Sebastiano Rotenhan nobili viro descriptam ego mea peregrinatione nonnihil auxi. Idem feci in Bavaria quamprimum Johannes Aventinus omnis vetustatis Germanicæ amator descripsit. Sueviam vero, fontes Danubii et Nigram Sylvam ego mea lustratione et observatione in tabulam peregi. Porro lacum Podamicum (Bodensee) exhibuerunt Constantienses nempe insignes viri

carte d'Alsace et du Brisgau, mais avec l'aide et les conseils de Beatus Rhenanus. Il a reçu aussi pour les pays du Rhin des documents du comte Palatin, Jean, duc de Bavière, qui a dessiné lui-même « l'Austrasie » et le Hunsruck. Pour les autres cartes du Rhin, il s'est servi de la carte de Suisse de Tschudi [1], de celle de Hesse de Jean Dryander [2], et de documents venus des Pays-Bas. Deux habitants de Constance, Jean Zuickius et Thomas Blaurerus lui ont communiqué la carte du lac de ce nom. Il a eu encore pour la Bavière la carte de Jean Aventinus [3] et pour la Franconie celle de Sébastien Rotenhan [4]; son expérience personnelle lui a permis d'y

Joannes Zuickius et Thomas Blaurerus..... Préface de l'édit. de la *Cosmog.* de 1540. — Aux cartes dont Munster est l'auteur il faut ajouter encore une carte très complète des environs de Bâle, reproduite dans l'Atlas d'Ortel.

1. Voir plus loin p. 215.

2. Jean Dryander (Eichmann) médecin et astronome, professeur à Marbourg, publie en 1544 une *Cosmographiæ introductio* qu'il croit être d'Apian, pour servir de texte à un globe géographique : quem librum .... cum compendio Cosmographiæ rudimenta et succincte et docte tradat, terrestri nostro globo explicando recipiendum putamus. Gesner, *Bibliotheca Universalis*, Zurich, 1545, au mot *Johannes Dryander*. Dryander a dû donner aussi une table de longitudes et de latitudes. On trouve en effet dans : *Annuli astronomici instrumenti cum certissimi tum commodissimi usus, Petro Beausardo, Matheseos studioso auctore*, Anvers, 1533, une table de ce genre compilée de plusieurs auteurs, parmi lesquels Dryander.

3. Cette carte avait paru à Landshut en 1523 en deux feuilles in-fol. gravées sur bois. Il n'en existe plus qu'un exemplaire conservé au cabinet des plans de l'État-major général de Bavière. Cette carte parut accompagnée d'un texte en allemand. Cf. Heinrich Lutz, *Zur gesch. der Kartog. in Bayern. Iahresb. der geog. Gesellsch. in München*, 11e fascicule p. 74, 1886.

4. Un exemplaire de cette carte se trouve à la section des cartes de la Bibliothèque nationale (C. 9822). Elle se compose de plusieurs feuilles, deux grandes et deux petites. Elle ne porte ni longitudes ni latitudes. Le Sud est en haut, le Nord en bas. Elle fut imprimée en 1533 à Ingolstadt par Apian. Elle a pour titre : *Das Francken Landt, chorographia Franciæ orientalis.* Voici le début et les passages les plus intéressants de la dédicace : Parentum imaginibus juxta omni virtutum genere, eminentissimo D. Joann. Gulielmo a Loubemberg domino arcis Wagegg patrono suo observando Petrus Apianus mathem. S...... Quod in Francia orientali non omnino infœliciter prestitisse videtur fœlicis memoriæ D. Sebastianus a Rotenhan vir et nobilitate et eruditione quondam clarus. Eam quum mihi illustrandam invulgandamque tradidisset, expectare hactenus illam dum adornabatur potuit, videre per mortem perproperam non potuit. Quum igitur huic operi suus ita volentibus superis sublatus est auctor, ipsam quoque jamjam cum eo emoriturum expostulare mecum cœpit uti se saltem ab interitu vindicarem. Persuasus itaque tandem illud tibi vir et humaniss. et doctiss. dedico.... Excusum Ingolstadii 4 die Januarii. Ann. curr. 1533. La carte de Munster est copiée sur ce modèle.

ajouter des détails. Toutes ces cartes ne sont naturellement pas d'égale valeur; mais celles de Munster sont parmi les meilleures. Elles n'ont aucune graduation; ce sont plutôt des croquis où les montagnes sont dessinées en perspective, et les villes représentées par de petites vignettes. Toutefois, à mesure qu'on descend le Rhin, les cartes deviennent plus mauvaises. Au delà de Mayence le fleuve coule trop directement du Sud au Nord; c'est l'influence de Ptolémée qui persiste à se faire sentir. Le dessin des bouches n'a aucune exactitude. Les documents utilisés pour cette région étaient encore très grossiers. Les cartes de Rotenhan et d'Aventinus, sont assez bonnes; sur cette dernière le coude supérieur du Danube n'est pas placé assez au Nord. Cette carte est de 1523, c'est peut-être la première carte régionale qui ait été publiée en Allemagne, après les cartes des Alsaciens. Pour les régions étrangères à l'Allemagne, Munster a reproduit également des cartes existantes. Pour la France, il nomme Oronce Finé, pour la Norvège Ziegler. Il a eu également à sa disposition des cartes d'Angleterre et de Pologne[1] dont il ne cite pas

1. Cette carte de Pologne paraît répondre exactement au titre suivant donné par Ortel, (Catal. de cartes en tête de l'édit. de 1570). *Florianus, Tabula Sarmatiæ, Regna Poloniæ et Ungariæ, utriusque Valachiæ necnon et Turciæ, Tartariæ, Moscoviæ et Lithuaniæ partem compræhendens.* Cracovie, 1528. Quant à la carte d'Angleterre, nous ne connaissons pas ce prototype antérieur à 1540 dont s'est inspiré Munster, mais nous en avons une édition postérieure datée d'Anvers 1549 et qui a peut-être été tirée avec les planches primitives. Cette grande carte en 4 feuilles, conservée à la section cartographique de la Bibliothèque nationale (C. 9823) a pour titre : *Britanniæ insulæ quæ nunc Angliæ et Scotiæ regna continet cum Hibernia adjacente nova Descriptio, Anno MDXLIX Antverpiæ, per Joannem Molijns, anno 1549*. Cette carte porte des longitudes et des latitudes. Elle est d'un type différent de celle que Gastaldo a donnée dans son Ptolémée de 1548. L'Irlande y est très inférieure comme dessin à l'Angleterre, ainsi que le nord de l'Écosse. La partie française de cette carte est une reproduction de la carte de France de Finé. Elle n'est donc pas antérieure à 1525. Toutefois le dessin des bouches du Rhin est meilleur que sur la carte française. Munster n'a reproduit qu'une partie de cette carte. Les Italiens l'ont donnée souvent, dans la suite, à une échelle réduite. C'est probablement le plus ancien exemplaire connu d'une carte d'Angleterre à grande échelle. Lelewell a reproduit dans son Atlas d'après Gough *(British topography*, Londres, 1768) de très curieux échantillons de la cartographie anglaise du moyen âge, notamment une carte d'Angleterre et d'Écosse, déjà très exacte, qui serait contemporaine du règne d'Édouard III. Cf. Lelewell *Géog. du M. A.* t. II. pp. 4, 5.

les auteurs. Il faut ajouter encore, bien qu'il n'en parle pas, l'Espagne, qui n'est plus celle de Dom Nicolas et de Waldseemüller, mais une Espagne plus moderne où l'influence des portulans est sensible [1]; l'Allemagne, qu'il a dû retoucher à l'aide de ses cartes de détail, et enfin l'Europe construite sur un modèle qui n'a plus rien de ptoléméen, sauf dans la partie orientale. C'est une Europe de portulans. Elle figurait déjà, à une échelle plus petite, dans l'opuscule de 1537.

L'une des cartes reproduites dans cette collection, la carte de Suisse d'Œgidius Tschudi avait été également publiée par Munster en 1538. L'histoire de cette publication est curieuse. Elle montre bien quelle ardeur il apportait à la recherche des cartes, ardeur qui pouvait aller jusqu'à faire taire de légitimes scrupules [2]. Glareanus était allé visiter à Glaris son élève Tschudi. Il le trouva occupé à revoir une description de la Suisse, accompagnée d'une grande carte qu'il voulait publier. A peine eut-il jeté les yeux sur ce travail, que, pris d'enthousiasme, il supplia Tschudi de le lui laisser emporter à Fribourg pour l'examiner à loisir. Il le renverrait avant deux mois. Tschudi eut beau se défendre, dire qu'il avait encore des erreurs à corriger, il dut céder et Glareanus partit avec le livre. Arrivé à Fribourg, il n'a rien de plus pressé que de le communiquer à son ami Munster. Celui-ci demande à l'emprunter, le fait copier et le publie aussitôt à Bâle [3]. Il est vrai qu'il rendait justice à Tschudi;

1. C'est le même type de carte que celle qui figure dans le Ptolémée de Gastaldo de 1548. En 1544 ce même Gastaldo avait publié à Venise une très grande carte d'Espagne; elle porte la légende : Giacomo Castaldo Piemontese de Villa Franca cosmographo, alli spettatori salute... Questa e la vera descrittione di tutta la Spagna, da me composta....... in segno di gratitudine al molto ill[t] signor Don Diego Hurtado de Mendoza...... a sua signoria ill[a] debbiamo tutti da quella riconoscere la miglior parte della presente fatica per havermi data chiara notitia de nomi moderni di tutte le citta e luoghi compresi in questa figura... in Venetia 1544.

2. Cf. Wolf, *Gesch. der Vermessungen in der Schweiz, als histor. Einleit. zu den Arb. der Schw. geodæt. Commission*, Zurich, 1879.

3. *Die uralt warhafftig alpisch Rhetia, sampt dem Tractat der anderen Alpgebirgen... durch den Ehrnvesten und wysen Heren Herr Gilg Tschudi*

le nom de l'auteur est sur la description aussi bien que sur la carte. Munster lui dédie même la traduction latine. Tschudi ne fut cependant pas satisfait. Il fallut que Glareanus retournât auprès de son élève pour lui expliquer que sa réputation n'avait pu qu'être accrue par cette publication. Il s'apaisa, mais sa vengeance fut de raconter cette histoire dans un de ses livres [1].

Les mêmes cartes reparaissent dans l'édition de 1542. Mais dans celle de 1545 des changements importants s'introduisent. Munster remplace ses cinq cartes du Rhin par trois autres d'une valeur supérieure [2]. La carte de Suède, de Ziegler, est également remplacée par une autre, inspirée d'Olaüs Magnus. Enfin il ajoute sept cartes nouvelles : deux cartes du Valais qu'il a exploré lui-même et pour lequel il a reçu des documents de Kalbermatter [3] ; une carte de la Forêt Noire qui doit être certainement de lui ; une carte de Silésie, une de Bohême, une de Transylvanie, une d'Illyrie, une de la Grèce moderne. Il n'indique pas l'origine de ces cartes. Elles sont d'ailleurs de valeur très inégale. La carte de Bohême reproduit un prototype dessiné avec assez de soin, mais dont on ignore l'auteur [4]. La Transylvanie présente une analogie frappante avec une carte du même pays de Johannes Sambucus, qui ne parut cependant qu'en 1566 et qu'Ortel donne dans son Atlas [5]. Ces deux cartes ont une source commune. La

von Glariis.... mit einer geographischen Tabel.. Bâle, 1538. L'édition latine est de la même année. *Œgidii Tschudi Claronensis viri apud Helvetios clarissimi de prisca ac vera Alpina Rhætia.*. Bâle, 1538. La carte, qui porte le titre : *Nova Rhætiæ atque totius Helvetiæ Descriptio per Œgidium Tschudum Glaronensem*, a été récemment reproduite en fac-simile (Hofer, Zurich, 1883).

1. La *Gallia Comata*. Cf. Wolf. *op. cit.*

2. Il supprime dans la préface de l'édit. de 1545 le passage relatif à la 4e et à la 5e carte du Rhin, et ajoute après la phrase relative à Ziegler : Usus sum et in hac posteri editione, pro regionibus septentrionalibus, puta Scandia, Dania, Suecia. .. Olao Magno Gotho.

3. Voir la *Cosmog.*, édit. lat. 1550 p. 330.

4. La carte de Bohême, dit Græsse d'après Heller, *Gesch. der Holzschneidekunst*, p. 143, avait été gravée dès 1518. Græsse, *Trésor des livres rares*, t. IV. p. 622.

5. Sambucus, né en Hongrie en 1531, mort à Vienne en 1584. Cette carte antérieure à 1545 ne peut être de lui.

Silésie est grossièrement dessinée, comme l'Illyrie; la Grèce est tracée sur le modèle des portulans.

La plupart de ces cartes nouvelles venaient déjà de paraître l'année précédente dans la Cosmographie, publiée d'abord en allemand en 1544, 1545 et 1546. Ces éditions qui n'ont point entre elles de différences essentielles [1], contiennent un certain nombre de cartes modernes, choisies parmi celles qui font partie des éditions de Ptolémée. Elles ont aussi, comme l'opuscule de 1537, de petites vignettes gravées sur bois, mais elles ne renferment encore ni plans de villes, ni cartes spéciales. Ces cartes et ces plans insérés dans le texte n'apparaissent que dans les éditions de 1550, en allemand et en latin, puis dans celles de 1552 en latin et en français [2]. Ce sont les éditions définitives de la Cosmographie de Munster. Ce livre eut le plus grand succès; il fut souvent réimprimé jusqu'à la fin du siècle [3]. Indépendamment de la traduction française, faite sous les yeux de Munster, si elle n'est pas de lui, il fut encore traduit en italien, en anglais et en tchèque [4]. Illustré de très belles gravures sur bois, il contient, outre les grandes cartes du début qui sont les mêmes que dans les premières éditions, un très grand nombre de plans de villes, pour la plupart d'une réelle valeur artistique, puis

1. La seconde porte au titre (imprimé en rouge et noir), cette addition : *Weiter ist dise Cosmographei durch den gemelten Sebast. Munst. allenthalben fast seer gemeret und gebessert auch mit eim zugelegten Register vil breüchlicher gemacht.* Elle contient plus de vignettes dans le texte. La troisième est identique à la seconde.

2. La Cosmog. de 1550 en allemand porte le titre : *Cosmographei oder beschreibung aller lænder,... zum drittenmahl gemehret*, Bâle, 1550.

3. Parmi ces réimpressions nous citerons particulièrement l'édition française de Belleforest. Cette édition, considérablement augmentée forme pour la France un livre tout nouveau. Elle est intitulée : *La Cosmographie Universelle de tout le monde, auteur en partie Munster, mais beaucoup plus augmentée, ornée et enrichie, par François de Belle-Forest. Comingeois*... 2 vol. Paris, 1575.

4. Une seconde édition de la trad. française parut à Bâle en 1556. On compte trois éditions italiennes; Bâle 1558, Cologne 1575 et Venise s. d.; l'édition bohémienne est de Prague 1554. La traduction anglaise ne comprend qu'une petite partie de la Cosmographie. Elle fut publiée en 1553 à Londres sous le titre : *A treatyse of the newe India with other newe founde lande and Islandes by Seb. Munster, translated by Rychard de Eden.*

des cartes, parmi lesquelles il faut faire des distinctions. Les unes ne sont que de petites images, très inférieures aux cartes à grande échelle de Munster ; ce sont des illustrations sans prétention et sans valeur scientifique [1]. D'autres, plus soignées, ne sont que des réductions des grandes cartes [2] ; d'autres enfin sont nouvelles. Sur celles-là seulement nous insisterons. Pour les régions extérieures à l'Allemagne, il y a peu de cartes à citer : une Sardaigne, de forme ptoléméenne, inférieure à la carte des portulans [3]; une Sicile assez grossière et presque entièrement dépourvue de nomenclature [4]; une île de Crête qui est évidemment la reproduction d'une carte italienne [5]. L'Italie est représentée par deux cartes, qui doivent être de la même provenance [6]. Les cartes du lac Léman et du lac de Neufchâtel sont empruntées à la Chronique ou à l'Atlas de Stumpf [7]; la Hollande et la Frise sont de Jacques de Deventer [8]; l'Eifel est l'œuvre de Simon Ris-

1. Comme l'Espagne, la France.

2. Comme le Valais, réduit des deux grandes cartes ; le lac de Constance ; le Hegau, reproduction très peu modifiée de la carte de la Forêt Noire ; le Nordgau qui doit provenir des deux cartes de Bavière et de Franconie ; la Bohême réduite de la grande carte; la Hongrie réduite de la carte de Pologne, Hongrie etc...

3. A-t-elle été envoyée à Munster par son correspondant Acquer de Cagliari ? Cf. *Cosmog*. édit. lat. 1550 (p. 242) édit. franç. (1552. p. 257).

4. Le tracé est conforme à celui de Gastaldo, édit de Ptolémée de 1548.

5. Même type de carte que celui qui est dans Ortél. On trouve également ce type dans *l'Isolario* de Benedetto Bordone 1528.

6. Ces deux portions ne se raccordent pas. Les cartes italiennes d'Italie de cette époque sont souvent ainsi divisées en deux parties.

7. Jean Stumpf (1500-1566) est l'auteur d'une chronique en allemand : *Schwyzer Chronik, das ist Beschrybung gemeiner loblicher Eydgenossenschaft, stetten, landen... mit schœnen Landtafeln gezieret*. Zurich 1548. Les cartes contenues dans cette chronique furent réunies sous le titre : *Landtafeln, hierum findst du lieber læser schœner recht und wolgemachter Landtafeln XII, namlich...* Il y a une édition de Zurich 1548, une autre de Zurich 1562 celle-ci porte au frontispice une mappemonde avec la date 1546. (Voir p. 101). Sur Stumpf, voir *Neujarsbl. der Stadt-bibliothek in Zürich*, 1836.

8. Cf, pour la Frise. *Cosmog*. Édit. lat. p. 722, édit. franç. p. 844. Pour la Hollande, cf. la même carte de Jacques de Deventer, dans Ortel. Jacques de Deventer est un des meilleurs cartog. du XVIe siècle. C'est le premier en date des cartog. des Pays-Bas. Dès 1536 il dresse la carte du Brabant. On connaît de lui des cartes de Zélande, Gueldre, Hollande, Frise. Il est également l'auteur d'un magnifique atlas topog. des villes des Pays-Bas. Cf. Ruelens, *Bulletin de la soc. Belge de Géog.*, 1884, fasc. I.

chwin, un des correspondants de Munster [1], La Poméranie est une des plus grandes et des meilleures cartes. Elle est de Pierre Artopœus [2]. Elle a été reproduite par Ortel. La Prusse est identique à celle d'Henri Zellius que donne Ortel; la Hesse doit être de Jean Dryander [3]. Reste un certain nombre de petits cartons dont on ne sait pas l'origine : l'Algau, la Pannonie supérieure, c'est-à-dire la partie occidentale de l'Autriche, l'Istrie, la Saxe. Ce sont plutôt de petits croquis que des cartes. On les dirait détachés d'une carte générale d'Allemagne. Enfin un certain nombre de cartes sont consacrées à l'Allemagne orientale. La Pologne est représentée par deux cartes : l'une n'est qu'une réduction simplifiée de la grande carte de Pologne et Hongrie qui figure déjà dans la Cosmograhie de 1544 et qui ne peut être que la carte imprimée par Florian à Cracovie [4]; l'autre, dont le contour est ptoléméen, est d'un auteur inconnu. La Russie, comme on le sait maintenant, est celle d'Anton Wied [5]. Enfin, une carte de la Sarmatie asiatique est, pour la partie sud, inspirée de Ptolémée, et, pour le Nord, de la carte de Herberstein qui venait de paraître en 1549 [6].

L'ensemble de ces cartes est disparate : les unes ne sont qu'une première ébauche, qu'une sorte de travail préparatoire. Les autres sont déjà à un état plus avancé. Aucune n'a la perfection de ces cartes spéciales de grand format,

1. *Cosmog.* Édit. lat. p. 496. Édit. franç. p. 551.

2 *Cosmog.* Édit. lat. p. 766. Édit. franç. p. 861. Ortel dit dans la notice au verso de sa carte : Hanc tabulam ex Munsteri cosmographico opere habemus. Il cite dans son catalogue Pierre Artoneius (sic).

3. Dans sa préface de Ptolémée de 1540, Munster avait déjà cité Dryander comme lui ayant servi pour sa 4e carte du Rhin. Ortel ne cite comme auteur d'une carte de Hesse que Dryander. L'identification paraît certaine.

4. Voir p. 214, n. 1. Florian, de son vrai nom Florian Ungler, imprimeur à Cracovie. L'auteur de cette carte serait Vapovsky, un des collaborateurs de Copernic. Voir Lelewell, *Epilogue*, p. 202.

5. Une carte d'Anton Wied a été retrouvée et publiée par H. Michow : *Die œltesten Karten von Russland, ein Beitrag zur historischen Geogr. von Dr H. Michow.* Hambourg 1884. Bien que cette carte de Wied soit de 1566, il ne peut y avoir aucun doute sur la provenance de la carte de Munster.

6. Pour la partie inférieure, voir les cartes de Ptolémée, Asia. Tab. II.

auxquelles on a travaillé partout en Europe pendant la seconde moitié du XVIe siècle, et qu'ont réunies Ortel et Mercator dans leurs grands atlas. Mais il fallait que la cartographie passât par ces états successifs et l'inventaire que dresse Munster, vers 1550, des cartes existantes n'a pas dû être sans influence sur le développement ultérieur de la cartographie. Les procédés de construction sont encore primitifs, car il s'en faut que toutes ces cartes aient été levées à la boussole comme le voulait Munster, et c'est par exception, on peut le dire, que les positions ont été déterminées astronomiquement. Mais l'Allemagne a maintenant des cartes qui pourront servir de base à des travaux plus précis.

CHAPITRE XIV

SÉBASTIEN MUNSTER

Munster et la géographie descriptive.

La grande Cosmographie. — Travaux qui la préparent. — Esprit observateur de Munster. — Description de l'Europe. — Description de l'Allemagne.

La grande renommée de Munster parmi ses contemporains et le succès de son livre lui vinrent beaucoup moins des cartes que du texte qui les accompagnait. Le titre qu'on lui donna de préférence au XVIe siècle fut celui de Strabon de l'Allemagne. Il nous reste à étudier dans la Cosmographie ce qui relève de la géographie descriptive.

Munster avait depuis longtemps formé le projet d'élever, lui aussi, ce monument à la gloire de l'Allemagne. Voilà dix-huit ans, dit-il en 1544, que j'ai entrepris cette œuvre [1]. Il y avait même préludé par un certain nombre d'opuscules. En 1530 il publiait une description de la Germanie et des pays voisins pour l'intelligence de la carte de Nicolas de Cusa [2]. Cette carte venait d'être achetée par Peutinger, et André Cratander avait résolu de la publier [3]. Parut-elle en

1. Préface de la Cosmog. en allemand. 1544.

2. *Germaniæ atque aliarum regionum, quæ ad imperium usque Constantinopolitanum protenduntur, descriptio, per Sebastianum Munsterum ex historicis atque cosmographis pro tabula Nicolaï Cusæ intelligenda excerpta.* — Préface datée de Bâle, août 1530, (80 feuillets, les derniers non numérotés). (Biblioth. cantonale de Zurich).

3. Quum nuper Andreas Cratander in studiosorum utilitatem publicare statuisset tabulam Germaniæ, ab insigni illo mathematico Nicolao de Cusa descriptam,

même temps que le texte de Munster, on ne sait; aucun exemplaire de cette précieuse carte, la première peut-être de l'Allemagne, n'a été signalé. Du moins Munster nous en donne-t-il une description très précise et qui permettra peut-être de la retrouver. Cette description est accompagnée de très courtes considérations sur la géographie de l'Allemagne. On y trouve déjà indiquées quelques-unes des idées qui seront amplement développées dans la Cosmographie. Munster s'y montre très indépendant à l'égard de Ptolémée : lui demander des renseignements sur l'Allemagne est une entreprise chimérique. « J'irai jusqu'à dire, ajoute-t-il, qu'il nous est impossible, avec les documents anciens, de savoir où habitait la nation renommée des Suèves [1] ». Il tranche en passant la question relative aux limites de la Gaule et de l'Allemagne. C'est une des préoccupations auxquelles un humaniste ne saurait se soustraire. Il donne à l'Allemagne l'Alsace, la région de l'Eifel, le Brabant, la Gueldre et la Hollande. En 1537 paraissait un autre opuscule intitulé déjà Cosmographie, mais dont les quelques pages ne peuvent pas être considérées comme une première édition de l'ouvrage du même nom [2]. La partie consacrée à la géographie descriptive n'y tient qu'une place des plus restreintes. Ce n'est encore qu'un

a te vero, vir ornatissime, pro Germaniæ nostræ illustratione redemptam, non inutile visum fuit, canones quosdam aut, si mavis, succinctam adjicere declarationem... Dédicace à Peutinger. Voir appendice IX.

1. Quanquam Ptolemæus et alii quidam quos ille sequutus est nonnulla in Germania signarint loca, cultamque suis temporibus scribant, videntur tamen illa mihi mera esse commenta e suis conficta cerebris..... imo ut audacius quiddam dicam, non facile licebit, ex antiquorum monumentis elicere, ubinam gentium olim Suevorum nominatissima natio habitarit, p. 1.

2. *Cosmographei mappa Europæ, Eygentlich fürgebildet, auszgelegt unnd beschribenn. Vonn aller land und stett anhunfft, gelegenheyt, sitten, ietziger handtierung und Wesen. Wie weit stett unnd Lænder inn Europa von einander gelegen, leichtlich zufinden. Des Polus in ieglicher statt erhebung. Daher vil nutzbarkeyt, als die Sonnuhr, Compast, Chilinder*, etc., *zumachen*, etc. *Wie einer fürgenommene reyse zu wasser und land, durch einen compast richten und ungeirzet zu einer statt zutreffen soll. Küustlich unnd gewisse anleytung einen umkreisz einer statt oder Landschafft zumerzeichnen Wappen und Landtaffeln zumachen. durch Sebastianum Munsterum an tag geben.* A la fin : *getruckt zu Frankfurt am Meyn bei Christian Egenolff*, 1537, 24 feuillets, 2 cartes à la fin et une dans le texte. (Bibl. cantonale, Zurich.)

sommaire sans importance. Les éditions de Ptolémée contiennent encore en appendice des résumés géographiques, et les cartes sont accompagnées de notices faisant connaître les pays qu'elles représentent. Tous ces travaux, et l'on peut y joindre la préface mise en 1532 en tête du recueil de Bâle, nous montrent toujours présente à la pensée de Munster l'œuvre maîtresse de sa vie, mais perdent tout intérêt à côté des éditions de la Cosmographie, et particulièrement de celles de 1550 et de 1552, les dernières auxquelles il ait mis la main. Comme pour les cartes, Munster avait fait appel à la collaboration des hommes dévoués à la science. Il avait demandé des renseignements aux princes, aux prélats, aux savants de l'Europe. Il se plaint à plusieurs reprises qu'on n'ait pas répondu, comme il l'espérait, à ses prières. « J'ay eu, dit-il, en ceste mienne entreprinse, faute des lettres des seigneurs chrestiens, par lesquelles j'eusse facillement obtenu ce que je vouloys, tant en Hespaigne et Italie qu'en Allemaigne. Mais je n'ay point eu d'entrée envers leur magnificence. De France, je nen ay peu rien tirer, sinon ce que se trouve es communes histoires : combien que j'eusse conceu quelque esperance des promesses de plusieurs grans personnages, desquelz aucuns ont esté icy a Basle vers moy et ont veu l'appareil de mon entreprinse. Que si les Françoys, Hespagnolz, Angloys, Escossois, Danoys, Suessoys et Polonoys se fussent employez a nous ayder en ceste besongne, sans nulle doubte elle en eust esté plus parfaicte [1] ». Il ne se lasse point de réclamer des avis. En 1551 encore il adjure un de ses correspondants de ne point oublier les renseignements qu'il lui a promis sur les Carpathes et sur leurs mines, afin de les introduire dans une nouvelle édition de la Cosmographie [2].

On ne s'étonnera point qu'un livre ainsi composé manque d'unité. C'est moins un traité suivi qu'une succession d'ar-

1. *Cosmog.* Édit. franç. préface, à la fin.
2. Préface des *Rudimenta mathematica*, Bâle 1551.

ticles où l'auteur reproduit, souvent sans les modifier, les renseignements qu'il a reçus. Or ses correspondants sont de bonne volonté, mais la plupart sont moins préoccupés de géographie que désireux de louer leur ville natale, souvent même leur propre famille, et de s'assurer contre l'oubli. Enfin, l'histoire tient trop de place dans ce livre, et surtout les généalogies de princes. C'est sans doute Strabon que Munster a pris pour modèle; mais dans Strabon la géographie et l'histoire sont harmonieusement combinées et concourent au même but; elles restent dans Munster étrangères l'une à l'autre; elles sont juxtaposées, mais non unies.

Le livre commence par des considérations générales sur la physique du globe. On les voudrait plus complètes. Toutes ces questions qui avaient passionné le moyen âge, et que les savants de la Renaissance avaient reprises, nous l'avons vu, en s'éclairant des données nouvelles, sont, dans la Cosmographie, à peine effleurées. « Si, jouxte la tradition des philosophes, un element excede l'autre de dix fois autant [1] », et il passe sans donner son opinion. Il n'insiste pas plus sur la rotondité de la terre : « il n'y a œil, dit-il, qui ne puisse juger que la forme du ciel ne soit ronde, et consequement que tous les elemens qui sont soubz iceluy nayent une telle figure, combien que ce soit differement [2] ». Nous aimerions à connaître son avis sur l'origine des fleuves : « Beaucoup de grandz fleuves comme sont le Danou, le Rhein, le Rosne et autres, pour la plus grand part, ont prins leur origine au deluge, quand les fontaines de la grand abysme se sont ouvertes [3] », et c'est tout. Il y a là une grave lacune. Mais en revanche il a des idées toutes nouvelles, et des plus intéressantes, sur un certain nombre de phénomènes. Il déclare nettement que l'écorce terrestre n'est point immuable : « Il n'y a point de doubte que ceste impetuosite d'eaues à flotter et reflotter n'ait faict beaucoup de cavernes, d'ouver-

1. L. I, ch. 1, p. 1.
2. L. I, ch. 16, p. 11.
3. L. I, ch. 2, p. 2.

tures et de goulphes en la terre : et là ou auparavant le deluge il ny avoit nulle mer, desja nouvelle mer y est venue, comme par mesme raison beaucoup de montaignes et de vallées se sont faictes par le cours des eaues, la ou la terre estoit auparavant toute plaine, ce qui peut estre prouvé par beaucoup de raisons, et cy apres en son lieu nous ne l'omettrons point [1] ». Ces raisons, il les tire principalement des inondations qui ont modifié le sol de la Hollande, de celle qui a formé le Biesboch. Il insiste également sur les tremblements de terre, sur le feu central, sur les roches qui constituent le sous-sol. Il sait que les particularités des eaux proviennent des terrains qu'elles traversent : « les eaues aspres se font quand elles passent par des lieux allumineux : les sallées par des lieux salléz : les ameres par ou il y a du nitre : celles qui ont mauvaise saveur par ou il y a soulphre et craye [2] ». Il a un curieux passage sur ces pierres qu'on trouve dans les mines et qui portent des empreintes d'animaux : « Aultant en trouvera on des figures peintes et formées naturellement au cuyvre pur en la superficie de ces pierres ou ardoyse, en sorte qu'on peult distinctement cognoistre par la figure quelle sorte de poisson c'est. Jehan Hubinsach qui a la superintendance sur les mines de Leberthal... m'a envoyé une de ces pierres, en laquelle il y a une telle figure de poisson, comme je l'ay icy formée... L'an passe j'ay trouve de semblables pierres figurées à Augspourg en la maison des Fouggers, en contemplant leurs antiquités [3] ». Il parle longuement des métaux et de la manière dont on les extrait. Il connaît même le grisou, mais l'explique par « une espece de diables, dont les uns n'apportent nul dommage aux ouvriers... les autres sont merveilleusement dommageables, comme celuy lequel depuis peu d'années faisoit telle nuysance a la mine d'Anneberg, qu'on appelle Couronne de roses, qu'il tua

1. L. I, ch. 2, p. 2.
2. L. I, ch. 6, p. 6.
3. L. III, p. 477.

douze ouvriers[1] ». Enfin il a visité de hautes montagnes ; il a parcouru, au mois d'août 1546, tout le Valais, depuis Martigny jusqu'à la Furka, et les spectacles dont il a été témoin ont fait sur lui une grande impression, car il y revient souvent. Il décrit les glaciers qu'on « ne peult proprement appeler selon leur nature ne glaces ne neiges, mais ce sont glaces endurcies qui se fondent jamais aux cymes des montaignes, mais il y a deux ou trois mille ans qu'elles ont este là au sommet des montaignes et ont remply les vallées et sont devenues dures presque comme pierre[2] ». L'esprit d'observation est trop rare à cette époque, pour qu'on n'ait point plaisir à citer ces passages.

Après les considérations relatives à la géographie physique, Munster commence l'étude des différentes régions, l'Europe d'abord et l'Allemagne, puis les autres parties du monde. Il faut ici le louer d'avoir résolument introduit les divisions nouvelles et d'avoir abandonné les noms anciens que les géographes s'obstinaient à conserver. S'il garde encore par exception les divisions anciennes pour l'Asie orientale et pour l'Afrique du Nord, c'est qu'il lui eût été impossible de les remplacer. Son livre en devient par cela seul plus vivant et plus facile à lire ; c'est certainement une des causes de son succès. Passons rapidement en revue les différents pays de l'Europe, avant d'arriver à l'Allemagne qui occupe plus de la moitié de l'ouvrage.

Pour les Iles Britanniques, il est très bref. Il ne connaît comme fleuves que Tuede et Sulvay qui séparent l'Angleterre de l'Écosse, puis « la Sabrine ou Habern (Severn) qui prent son origine en Gales et apres beaucoup de circuitz, tombe en la mer prez de Bristo. Il y a aussi deux autres fleuves renommez dont l'un est appele Humbre, l'autre Tamise, au rivage duquel est assise la cité royalle de Londres qui fust jadiz appelée Trinovantum. Et de notre temps cest une ville

1. L. I, ch. 15, p. 11.
2. L. III. p. 374.

bien marchande ayant grand apport, car les grandes navires peuvent estre menées jusques au dedans.... A une lieue et demye de Londres jouxte le dict fleuve, vers Orient, est Grenennich ou se retirent communement les roys d'Angleterre. Là montent les navires jusques a Londres, et n'est besoing de les tyrer a chevaux, mais sont poulsées du vent, ou menées par la marée qui monte et descend deux fois tout les jours » [1].

L'Espagne et le Portugal sont également traités sans ampleur. Les renseignements ont manqué. Il a cependant une idée exacte du pays, et emprunte à Villanovus la comparaison suivante avec la France. « La Gaule est feconde pour la multitude des pluyes, et l'Espaigne use d'arrousementz en tyrant des eaues des grands fleuves par fosséz. Elle n'est point molestée des ventz et froidz de Septentrion comme la Gaule, et pourtant l'huyle, le miel, la cyre, le saphran, la guarence, le ris, le vermillon, l'escarlate, le sucre, le sparte, le rosmarin, les limons, cappres, dactes, citrons, grenades et fruictz aromaticques y sont en plus grand abondance.... Le pais d'Espaigne est de plus grande estendue, mais il n'est pas si peuplé. Il est plus riche d'or mais non pas de marchandises, et si on n'en recueille pas tant de revenuz comme de la Gaulle. Il n'y a presque rien en la terre de Gaulle qui soit inutile, et en Espaigne il y a beaucoup de terre déserte et non cultivée.... [2] »

La description de la France est une des plus écourtées. Il ne connaît bien que le Rhône, dont il avait suivi le cours supérieur, et les principales villes situées sur ce fleuve : « La riviere du Rhosne qui est la plus grande et la plus impetueuse de toute la Gaule, vient des Alpes et passe par les limites de Savoye tirant vers l'Occident, et entre dans le lac de Leman. En beaucoup de lieux de la haulte Valeise, il tombe de hault, tombant impetueusement en bas et pour ceste cause il se

1. L. II, p. 53.
2. L. II, p. 63.

convertit en grand amas d'escume et fait grand bruit en descendant des Alpes, et passe par tout le pays de Valley. A Geneve il sort du lac, de là il va à Lyon, de Lyon en Provence, ou par trois bouches il entre en la mer Méditerranée [1]. » Sur la ville de Lyon, il a des renseignements très précis : « Il y a beaucoup de tesmoignages en anciennes histoires, que Lyon estoit jadiz en l'Isle, enfermée de la Saonne et du Rosne, comme nous voyons aujourdhuy toute l'Isle pleine de bastimens excepté une fort grande rue, qui suyt le cours de la Saonne. Le circuit des murailles, comprend la petite montaigne, qui est entre les deux rivieres, et l'autre montaigne qui est pres de la Saonne. Aucuns pensent qu'apres ce grand feu la ville changea de lieu, et les habitans cerchans le lieu le plus sain et aëré, la reedifierent en la plus haulte montaigne prochaine. Car on trouve encore aujourdhuy des ruines de bastiments espandues au long, et principalement ceux qui fouyssent la terre plus profundement. Sinon par aventure (ce qui est le plus vray semblable) que nous croyions que la ville fust si grande, qu'elle nayt point este autre que nous la voyons aujourd'huy, a sçavoir que les deux montagnes et l'Isle fussent encloses dedans le circuit des murailles [2]. » Pour la plupart des autres villes, il ne fait guère que les nommer.

Nous ne relèverons, encore pour l'Italie, que des détails intéressants : « Le Paud a eu ce nom d'un arbre qui croist là aupres de sa source, qui est d'un espece de pin apportant de la poix rhesine, car les Françoys (ce disent aulcuns) appellent cest arbre Pade. Or il commence au pied de la montaigne Vesule et entre en la mer Adriaticque par six bouches. » Suit une énumération très complète des affluents, et cette description très précise de l'Adige : « Du commencement en allant vers Orient elle ne jette pas grande eauë, mais aussi tost qu'elle a receu la riviere de Sarca (l'Eisach) au dessoulz de Bulsane (Botzen) se tournant du couste du midy elle de-

1. L. II, p. 103.
2. L. II, p. 95.

vient plus grande et plus vehemente. Mais apres qu'elle est venue jusques à Trente elle s'appaise, comme se monstrant benigne et doulce aux habitans et coule doulcement par la plaine de Trente. De là elle entre dedans des destroitz des montaignes et est impetueuse et roide en sorte qu'elle semble plus tost tomber que couler et estant ainsi une fois esbranlée elle ne peut plus couler doulcement, non pas mesme par le pays plat, si non quand elle approche de la mer [1]. » Il dit de la Ligurie : « La région en laquelle Gennes est assise s'appelle Ligurie, la terre est fort rude et pierreuse et n'apporte rien sans grand labeur [2]. »

Passant aux pays du Nord, il en fait une peinture assez exacte. La Scanie qui, selon lui, est séparée de la Suède par un isthme [3], et qu'il rattache au Danemarck est une région des plus heureuses, « soit que nous considerions la bonté de l'air, la fertilité de la terre, la commodité des portz de mer et des foires, les grandes richesses qui viennent par la mer, la quantité des venaisons excellentes, l'abondance de poissons tant des lacz que des rivieres, les mines fertiles d'or, d'argent, de cuyvre et plomb, la multitude des villes, ordonnances civiles, ou s'il y a quelque autre chose desirable pour la commodité de la vie humaine [4]. » De Norvège « on porte par tout le reste de l'Europe des merluz endurciz de froid et estenduz sur de grans bastons. » Il décrit l'Islande, la Laponie, dont les habitants « portent en hyver des robbes de peaux entieres de beufz marins ou d'ours faites ingenieusement et les lient sur leurs testes, et par ce moyen rien ne leur paroist que les yeux et ont tout le reste du corps couvert, comme s'ils estoyent cosuz dedans un sac... Ilz prennent des poissons en grande abondance et n'ont autre revenu pour vivre... Ilz n'ont point de bestes chevalines, mais en lieu d'icelles ilz domtent une beste qu'ilz appellent Reen...

1. L. II, p. 147.
2. L. II, p. 188.
3. Le lac Wenern et son débouché sont considérés comme un bras de mer.
4. L. IV. p. 1008.

Ceste beste est d'assez bonne grandeur, et a le poil hérissonné presque comme un asne.. Elle ne peut porter un homme sur son doz, mais quand on luy a mis un poitral elle tire bien un charroy [1]. » Quant à la Moscovie, pour laquelle il n'a qu'à puiser des détails dans Herberstein, « le pays est tout plat sans montaignes : toutesfois il y a beaucoup de bois et est quasi par tout marescageux, ennobly de plusieurs belles rivières... La principale ville du pays qui est appellée Moscva, est deux fois plus grande que Prague qui est en Boheme. Les bastimens sont faitz de bois, comme aussi es autres villes du pays [2]. » Citons enfin, pour l'Europe orientale, ce passage sur la Transylvanie : « Ceste region est de toutes partz emmurée de grandes et hautes montaignes, comme une ville est environnée et munie de boulevars et murailles... La capitale c'est Cibinium, vulgairement appellée Hermenstat, laquelle est presque aussi grande qu'est Vienne en Austriche, et est une ville bien forte... Bien pres de là tirant vers le midy est la Tour rouge, qui est un chasteau bien fort, assiz sur les montagnes joignant une riviere coulante : où il y a une entrée fort estroite pour entrer dedans le pays, en sorte qu'il n'y a si fort ennemy qui puisse entrer par là, quand la garde du chasteau a tendu les barrieres [3]. »

Une première question s'imposait à Munster, à propos de l'Allemagne : la question des limites. Il y revient plusieurs fois, moins préoccupé de donner des arguments *a priori* que d'exposer des faits. Si ses explications sont contestables au point de vue historique, elles ont au moins le mérite de la netteté, et n'ont rien de commun avec les étranges et plaisantes raisons de Wimpheling et de Murner. « Tous ceulx, dit-il, qui sont dignes auxquelz on adjouste foy, comme Ptolémée, Corneille Tacite, Berose, Strabo, et aultres qui ont escrit de la Germanie, s'accordent en cela, que le Rhein sépare la

1. L. IV. p. 1051.
2. L. IV. p. 1129.
3. L. IV. p. 1138.

Germanie des Gaules, et que là sont les limites de ces deux nations. Et ne fault point doubter que les Gaulois n'ayent tout occupe jusques au Rhein, en sorte que Basle, Strasbourg, Spire, Mayence et les aultres villes qui sont de ce coste du Rhein, estoyent en la Gaule plus tost qu'en la Germanie. Mais des Rhetiens, qui contiennent les Grisons et aultres peuples, et des Pannoniens, qui sont les Hongrois, estoient les Germains ou Allemans separes par le Danube, et la crainte mutuelle et les montaignes faisoyent de l'aultre cousté separation entre les Allemans et les Sarmates et Daciens, estant la reste environne de la mer. Or les Allemans, garniz de force corporelle, oultre qu'ils avoyent, et duitz aux armes, ne se contentans point de leurs bornes et limites, passerent oultre ce. Car ilz obtiennent aujourdhuy le pays des Rhetiens, d'Augspourg, de Baviere, la haulte Pannonie, aujourdhuy Austriche, les Alpes et une partie de Sclavonie et jusques aux clostures de Trente. Aussi presque toute la nation des Belges, qui estoient anciennement soubz la juris-dition de la Gaule, et tout le Rhein est aujourdhuy de l'Allemaigne ou Germanie et use du langage d'icelle, en sorte qu'ilz ne sçavent pas qu'ils sont este Gaulois, et s'ilz oyent qu'on les appelle ainsi, ilz se courroucent. Les Suysses aussi ont acquis par succession de temps le nom et langage des Allemans. Par ce moyen la Germanie s'est usurpe une grande partie de la Gaule. D'avantage les chevaliers Teutonicques, depuis 300 ans en ça, ont subjugue par force d'armes et arrache des mains du Turc ceulx du pays de Preusse, qui estoyent gens tres cruelz et idolatres et les ont amenez à la cognoissance de la Foy, entre lesquelz le langage allemand a este receu. Par ce moyen, quand on aura esgard aux premiers limites de la Germanie, on trouvera qu'elle s'est plus usurpe dehors, qu'elle ne contenoit auparavant dedans soy [1]. » C'est en somme la différence des langues, qui lui sert à distinguer les nationalités. Cette idée est exprimée plus nettement

1. L. III. p. 290.

encore dans un autre passage : « Jadis les regions estoyent bornées de montaignes et fleuves, et pour ceste cause la Gaule a eu son estendue jusques au Rhein, lequel separoit les Gaulois des Germains ou Alemans, mais aujourdhuy les languages et seigneuries divisent une region de l'autre et autant s'estend une chascune region que le language du peuple d'icelle dure. Par ce moyen, Alsatie, Vuesterich, Brabant, Gueldres, Holande, et autres nations Teuthonicques ne sont point mises au reng des nations Françoises mais Alemandes [1]. »

Une seconde question, connexe à celle-ci, n'excitait pas moins de controverses : c'était celle de l'origine des Francs. Munster la résout avec sa simplicité habituelle : « Les Sicambriens... habiterent quelques cens ans aupres du lieu ou le Rhein entre en la mer, et furent nommez François de par leurs duc ou roy nommé Francus, et quelques cens ans apres la nativite du fils de Dieu ilz laisserent ce pays là, et saisirent en partie le rivage du Mene, et nommerent ceste contrée là de leur nom Franconie, et en partie subjuguerent la Gaule, l'une partie de laquelle fut aussi appellée par eulx France. Ces deux Frances donc, l'une orientale et l'aultre occidentale, habitées par un mesme peuple, ont demeuré longtemps soubz une mesme jurisdition à sçavoir jusques à ce que la posterite de Charlemaigne defaillist [2]. »

Après d'autres préambules historiques, au milieu desquels est insérée la liste des fleuves et rivières de l'Allemagne, Munster étudie successivement mais avec des développements très inégaux les différentes régions. Il commence par la Suisse et le Valais, qu'il connaît fort bien, énumérant les passages qui mènent de la vallée du Rhône en Italie, décrivant à loisir les villes, les productions, les animaux du pays. La Suisse l'amène à une digression sur les guerres de Charles le Téméraire et de Louis XI, à une autre sur Guillaume Tell. De

1. L. II. p. 80.
2. L. III, p. 313.

la Suisse il passe à Bâle sur laquelle il s'étend longuement, parle du Jura dont il n'a aucune vue d'ensemble et qu'il ne connaît qu'aux environs de Bâle. Puis il entre en Alsace, s'arrête aux mines du Leberthal, aux différentes villes, et arrive enfin à Mayence, berceau de l'imprimerie, ce qui lui fournit matière à une nouvelle dissertation. Nous ne le suivrons pas dans tous ses détours, nous ne noterons que les traits les plus saillants de ses descriptions.

Voici la Forêt Noire, avec ses rivières limpides, et ses trains de bois qui descendent vers le Rhin et le Danube : « La forest Noyre est garnie et pleine de pins et obscure, et a beaucoup de grans et haultz arbres ; il y aussi en icelle des haultes montaignes, lesquelles finissent du costé d'Occident près de Brisgau, et du costé d'Orient elles se convertissent petit à petit en pleines, comme du costé de la bise aussi. Elle est habitée de tous costez, excepté en quelques haults et desertz sommetz de montaignes..... Ceulx qui demeurent aupres de la riviere de Kintzgy (Kintzig) m'ont rapporté qu'ils recueillent tous les ans quelques milliers d'escuz des grans arbres qui sont propres à faire bastiments, lesquels ils font venir par ladicte riviere jusques au Rhein ; et cela est leur moyen de vivre. C'est aussi la traficque de ceux de Gerspach, lesquelz se servent de la rivière de Murg en lieu de voicture... Aussi ceulx qui habitent pres le Danube, conduysent ainsi ces grans pieces de bois et les trainnent vers Ulme. Et n'y a point d'autre faict de marchandise sur le Danube, depuis son commencement jusques à Ulme [1]. »

L'Odenwald continue la Forêt Noire « sa largeur s'estend depuis la riviere de Neccar jusqu'au Mene, et sa longueur depuis Bergstras qui signifie la voye des montaignes jusques à la riviere de Tuber, asçavoir jusque à Franconie. Aupres de ceste voye des montaignes par laquelle on va de Heidelberg à Francford, et ou ceste region montueuse s'applanist en la descente, la terre y est grandement fertile, et produict de

1. L. III, pp. 656-657.

fort bon vin, comme du costé oriental qui est à l'opposite, joignant la rivière de Tuber et pres de Heilprun, ou le midy frappe il y croist de petit vin, mais c'est en grande abondance [1]. »

Parlant du Nordgau, c'est-à-dire du haut Palatinat : « Il y a, dit-il, en ceste region une grande montaigne appellée Fichtelberg, laquelle est entre Bamberg et Nuremberg, du costé d'orient tirant vers la ville d'Eger, de laquelle montaigne sortent quatre grosses rivieres, Mayn, Nab, Sale et Eger. Or le circuyt de ceste montaigne comprend six lieues Germanicques, et produyt diverses especes de metaulx... Au demeurant c'est une terre dure et aspre, combien qu'en quelques lieux elle produise assez de bledz et soit abondante en pasturages pour engresser les bestes [2]. »

La Franconie « est fermée de forrestz larges et obcures et de moutaignes aspres, et à grand'peine y peut-on entrer. Au dedans c'est un pays plat et uny, orné de beaucoup de villes fermees, de beaucoup de chasteaux, bourgs et villages. Et la forest qui est appellee Hercynie, la fortifie à l'environ de haultz coupeaux de montagnes, comme l'environnant d'une muraille naturelle. Le Mene qui est une riviere navigable, Sal, Tuber et Neccar passent par ceste region. Et les vallees par ou ces rivieres passent sont amples et profondes et es deux costaux il y a des vignes plantees ou on recueille du vin si excellent, qu'à cause de sa bonté on le porte bien loing de là [3]. »

Voici enfin quelques bonnes descriptions qui lui ont été fournies; celle, par exemple, de la côte de Poméranie, par Pierre Artopœus, l'auteur de la carte qu'il a reproduite : « Le rivage de la mer de Pomeran est muny de forts rempars, en sorte que les eauës ne peuvent tellement regorger qu'elles puissent nuyre à la terre, comme elles font en Frise et Holande, où il faut incessamment mettre la main pour la repa-

1. L. III, p. 706.
2. L. III, p. 732.
3. L. III, p. 735.

ration des digues et chaussées pour reprimer la violence des flotz impetueux de la mer [1] ». — « La Livonie est une terre marescageuse, un pays de boys, sablonneux, plain et sans montaignes, ayant beaucoup de riviere et assez bonne quantité de poissons : toutesfois est fertile, ayant fort grande commodité de labourages et pascages [2]. »

Le cinquième et dernier livre est consacré à l'Asie, à l'Afrique et aux terres nouvelles. Il ne faut plus, pour cette partie, demander à Munster d'originalité. Il ne peut évidemment que redroduire les documents existants, anciens ou modernes. Ces régions, d'ailleurs, semblent l'intéresser beaucoup moins. Son œuvre de prédilection c'était la description de l'Europe et surtout de l'Allemagne.

Ce n'est point dans son ensemble qu'il faut considérer la Cosmographie, si l'on veut porter sur elle un jugement équitable. Il y a dans ce livre du désordre et des lacunes. Mais beaucoup de détails y sont excellents. Munster a le sentiment de ce que doit être la géographie. Il sait voir; il sait s'intéresser à propos; il sait peindre ce qu'il a vu. Son style, souvent pittoresque, est quelquefois d'une étonnante vigueur [3].

1. L. III, p. 865.
2. L. III, p. 886.
3. On a pu en juger par quelques-uns des passages cités de la traduction française. On ne peut il est vrai l'attribuer avec certitude à Munster, mais elle reproduit presque toujours avec précision le texte latin. Je citerai comme unique exemple du style latin de Munster un passage de sa description des mœurs des Allemands. Après avoir passé en revue les différentes classes de la population il arrive à la dernière, celle des paysans : « Eorum postremum qui in rure pagatim villatimque habitant, quique illud colunt, et propterea rustici vel rurales appellantur, satis misera et dura conditio est. Seorsum ab aliis quisque cum familia et pecore suo humiliter vivit. Casæ lutto lignoque e terra paululum eductæ et stramine contectæ domus. Panis cibarius, puls avenacea, aut decoctum legumen, cibus. Aqua serumve potus. Toga linea, perones duo et pileus fucatus, vestitus. Gens omni tempore inquieta, laboriosa, immunda. In vicinas civitates ad vendendum portat quicquid tam ex agro quam ex pecore fructus percipit, sibique ibi e diverso comparat quorumcunque eget. Artifices enim secum habitantes nullos aut paucos habet. Dominis crebro per annum serviunt, rus colunt et semine conspargunt, fructus metunt et horreis important, ligna secant, domos ædificant, fossas effodiunt. Nihil est quod servilis et misera gens ipsis debere non dicatur. Nihil etiam quod jussa facere absque periculo recusare audeat, delinquens in his graviter mulctatur. Sed nihil est genti durius, quam quod prædiorum quæ possidet, major pars non sua sit, sed illorum a quibus certa frugum parte quotannis redimere

Le dernier en date des géographes de l'École allemande, il tient parmi eux la première place.

solet. » N'y a-t-il pas dans ce passage quelque chose de l'amertume de La Bruyère? La fin du morceau consacrée aux mœurs des Allemands en général est toute frémissante d'indignation : « Quantum vero attinet ad rationem hodierni victus, sciendum plerosque Germanos hodie in conviviis bellaces et strenuos esse, præsertim cum noctes et dies bibendo æquaverint ac omnes cyathos exsiccaverint. Nullas possunt nuptias, nulla convivia, nullos celebrare conventus, nisi ad extremam ebrietatem alter alterum ad pocula invitet atque ita repleat, ut, quod dictu etiam pudendum est, coram servis ac vernaculis rursum potum evomat vinum, sub mensaque impudice meiat, non sine bonorum et Deum timentium virorum summa execratione. Et cum semiamens, imo demens potius in stratum collocatur, tum triumphus ingens excitatur, tum risus, tunc cachinnus exoritur. Atque id inter nobiles plerosque, qui præesse debent Reipublicæ eamque tutari ac defendere, præcipue fit. Nemoque censetur bellicosus, nisi fiat et ebriosus. Qui enim plurimum potant, judicantur magis strenui et bellicosi. Ante nostra tempora quum nobilium erat conventus, veluti pugiles, lucta, disco, cursu, corpora exercebant, ut fierent bello aptiores. Nunc poculis certant, quomodo alter alterum superet ac dejiciat, o tempora, o mores! His artibus, his studiis vincemus christi hostes Turcos? Non fiet. » Édit. lat. de 1552 p, 326.

CONCLUSION

Fin de l'École allemande. — Réconciliation des marins et des savants. — La seconde partie du XVIe siècle, époque des cartes locales. — Cartographes italiens, français, flamands. — Les grandes collections de cartes. — Ortel et Mercator. — Nationalité de Mercator. — Son originalité. — Indépendance de l'École flamande. — Valeur des géographes allemands de la Renaissance.

L'intérêt que présente l'histoire de l'École allemande disparaît après Munster. Ce n'est pas que la géographie cesse d'être en faveur en Allemagne pendant la seconde moitié du XVIe siècle. Partout on y dresse des cartes spéciales, dont quelques-unes, comme la grande carte de Bavière de Philippe Apian,[1] sont, pour l'époque, de véritables chefs-d'œuvre. L'Allemagne est parmi tous les pays de l'Europe l'un des mieux représentés dans les grandes collections d'Ortel et de Mercator. Mais, si elle a des cartographes de talent, elle n'a plus de géographes.

La cause de cette décadence n'est pas seulement dans l'état troublé du pays, qui pour longtemps va porter tant de préjudice aux études; il semble que l'Allemagne ait été fatalement condamnée à perdre le rang qu'elle avait occupé jusque là dans la science géographique. A l'époque où nous sommes arrivés, c'est-à-dire au milieu du XVIe siècle, l'accord entre les savants et les marins est à peu près établi. Les uns ont

1. *Bavariæ descriptio geographica.* Munich, 1566, 24 feuilles.

appris à laisser de côté leurs livres et à demander leurs informations à l'expérience. Partisans des méthodes de Ptolémée, ils n'en acceptent plus à l'aveugle les résultats incertains. Les autres ne négligent plus les procédés scientifiques. Déjà l'usage d'indiquer sur les cartes marines les longitudes et les latitudes commence à se répandre [1]. La géographie est réconciliée avec les mathématiques. Une grande part de ce succès était due aux travaux de l'École allemande ; mais son rôle utile était achevé.

Qu'eût-elle pu faire de plus? Continuer à enregistrer les découvertes ? Mais à mesure que s'étendait le champ des explorations, les informations étaient plus difficiles à recueillir. Les pays maritimes, une fois gagnés à la science géographique, étaient mieux placés que l'Allemagne pour renseigner l'Europe et améliorer les cartes des pays d'outre-mer. On remarquera, qu'après avoir donné un nom au Nouveau-Monde, après avoir été la première à le représenter sur des cartes imprimées, l'Allemagne est de moins en moins bien renseignée sur les découvertes. Ce qui laisse le plus à désirer dans l'œuvre de Munster, c'est sa carte d'Amérique. S'appliquer de nouveau aux problèmes de la géographie mathématique ? Mais dans cet ordre de questions c'était moins de la théorie qu'il fallait s'occuper que de la pratique. La précision des déterminations astronomiques ne dépendait plus que du perfectionnement des instruments d'observation. Travailler à faire connaître l'Allemagne? Mais quelque incomplète que fût l'œuvre de Munster, elle devait décourager toute tentative analogue. Restait à dresser silencieusement sa propre carte, et c'est à quoi l'Allemagne se résigna.

Encore cette préoccupation ne lui fut-elle point particulière. Elle s'imposa à la même époque à toutes les nations cultivées. La seconde partie du xvi° siècle est, dans l'histoire de la géo-

1. Les latitudes furent inscrites, dès le commencement du xvie siècle, sur la plupart des portulans. Les longitudes n'apparaissent que plus tard. On les trouve marquées pour la première fois, à ma connaissance, sur la carte de Diego Ribero de 1529.

graphie, l'époque des cartes locales. Partout on avait procédé de même : à l'aide de documents qui souvent nous échappent, on avait dressé d'abord des cartes générales, représentations hâtives et provisoires des différents pays. On reprend maintenant ce travail par le détail. On lève les cartes des provinces et, à la fin du siècle, de nouvelles cartes générales apparaîtront agrandies, améliorées et déjà presque suffisantes [1]. Le nombre des cartes locales dressées en Italie pendant cette période est considérable, et, parmi leurs auteurs trop souvent anonymes, il en est un qu'il faut mettre hors de pair, Giacomo Gastaldo [2], à qui l'on doit les cartes modernes de la petite édition de Ptolémée de 1548. Depuis 1544, date à laquelle il dresse sa grande carte d'Espagne, Gastaldo ne cesse de faire paraître des cartes, soit qu'il les dessine lui-même, comme celles de la haute Italie, soit qu'il emprunte à des documents existants. La France ne reste pas inactive, et ne manque point, pour dresser ses cartes de provinces, de laborieux ouvriers, comme Nicolas de Nicolay, comme Licinius Guyet [3]. Les Flandres ont Mercator.

Le meilleur service qu'on pût rendre alors à la géographie était d'abord de dessiner de nouvelles mappemondes au courant des découvertes les plus récentes, et ensuite de rassembler toutes ces cartes locales pour les conserver, les coordonner entre elles, les corriger au besoin les unes par les autres, et en composer des cartes générales.

1. Je citerai, parmi les cartes de ce genre, la grande carte de France de La Guillotière, qui ne fut publiée qu'en 1613, mais qui avait été dressée antérieurement comme en témoigne cette légende : « Cette carte recueillie des restes de cette féconde et riche bibliothèque de feu M. Pithou, est, suivant l'intention de Fr. de la Guillotière son autheur rendue au public comme un dépôt sacré qui ne pouvait sans offense lui être plus longuement recelé... l'autheur, homme laborieux et excellent en cet art, a certifié par son testament y avoir travaillé vingt-cinq ans et plus. »

2. Ce très intéressant géographe n'a été, à ma connaissance, l'objet que d'une trop courte notice de M. Promis : *Notizie di Jacopo Gastaldi cartografo Piemontese del secolo XVI. Atti della R. Academia delle scienze di Torino* vol. XVI. (1881). Il mériterait une étude approfondie. Voir, pour sa carte d'Espagne, p. 215, n. 1.

3. Cf. Drapeyron, *l'Image de la France sous les derniers Valois*, (1525-1589) *et sous les premiers Bourbons* (1589-1682). Rev. de Géog. t. XXIV, 1889.

Cette tâche n'échut pas à l'Allemagne. Qui eût osé, pendant la seconde partie du XVIe siècle, rivaliser pour les mappemondes avec Cabot et Mercator?[1] Quant aux collections de cartes, celles qui parurent dans les Pays-Bas ne défièrent-elles pas toute concurrence? Ortel ne fut, si l'on veut, qu'un collectionneur, mais il a mis tant de soin à réunir et à reproduire les cartes existantes et ce travail venait si à propos, qu'il serait injuste de lui contester sa renommée. Mercator est le plus grand des géographes du XVIe siècle.

On a prétendu enrôler Mercator dans l'École allemande. Plusieurs faits sont incontestables : s'il a passé à Duisbourg, dans le duché de Clèves, la dernière moitié de sa vie, c'est à Ruppelmonde, dans les Pays-Bas, qu'il est né ; c'est à Louvain qu'il a fait ses études ; il y a été l'élève de Gemma le Frison[2]. Qu'il ait connu les travaux des Allemands et qu'il en ait profité, qui songerait à le nier? Mercator procède directement de Régiomontan : c'est un astronome, Il est convaincu de la nécessité qu'il y a pour le géographe à prendre pour base de ses cartes des déterminations astronomiques. Il n'en dresse aucune où ne soient marqués les degrés de longitude et de latitude. Mais il apporte dans la cartographie une chose nouvelle, l'esprit critique, qui en fait un véritable chef d'école, l'ancêtre des Delille et des d'Anville. Confondre Mercator dans la foule des géographes allemands, c'est supprimer du même coup l'École flamande. Or cette École a eu son rôle

1. Ces deux mappemondes sont reproduites dans l'Atlas de Jomard, pl. XX et XXI.

2. La question de la nationalité de Mercator a donné lieu à une controverse assez vive, qui s'est produite dans les ouvrages suivants : Van Raemdonck. *Gérard Mercator, sa vie et ses œuvres*, Saint-Nicolas, 1869. ; Breusing, *Gerhard Kremer gen. Mercator, der deutsche Geograph*, Duisbourg, 1878. ; Van Raemdonck, *Gérard de Cremer ou Mercator, géographe flamand, Réponse à la conférence du Dr Breusing*, Saint-Nicolas, 1870; Mittheilungen de Petermann 1869, p. 438, sqq ; Steinhauser, *der Geog. Mercator*, Mittheilungen der K. K. geog. Gesells. Wien, 1872, Breusing, *Gerhard Kremer gen. Mercator der deutsche geograph*. 2e édit. Nachtrag. Duisbourg, 1878. Van Raemdonck. *La nationalité flamande de G. Mercator, Réplique à M. le Dr Breusing*. Sur Mercator, on consultera les ouvrages et articles du Dr Van Raemdouck, et particulièrement le dernier travail paru : *Orbis Imago, mappemonde de Gérard Mercator de 1538. Annales du cercle archéologique du Pays de Waas*, t. X. Saint-Nicolas. 1886.

et sa part d'influence. C'est elle qui, après les Allemands, et avant l'époque des grandes mesures qui sont l'honneur des géographes français et de l'Académie des sciences, devient le centre le plus actif des travaux géographiques. Un fait symbolise le déplacement de cette prépondérance : pendant la première partie du XVIe siècle, et depuis les travaux de l'École alsacienne, c'est en Allemagne qu'on édite Ptolémée. Les Italiens succèdent pendant quelque temps aux Allemands avec les éditions de Gastaldo et de Ruscelli. Puis vient l'édition qu'on peut considérer comme définitive de Mercator, imprimée en 1578. Cette édition n'a plus de cartes modernes. Mercator n'accorde plus à Ptolémée qu'une valeur historique. Le règne du géographe grec est terminé. Ce n'est pas à dire que son influence cesse en même temps de se faire sentir. Des erreurs continuent à se perpétuer sur les cartes, qui viennent de Ptolémée. Mais cette influence est inconsciente, et si ces erreurs ne disparaissent pas encore des cartes, c'est qu'on ne possède pas de moyen de les corriger avec certitude.

Les Allemands de la Renaissance n'ont point travaillé seuls à affranchir la géographie de la tradition. Ils ont eu dans les pays voisins des auxiliaires. Qu'il nous suffise de citer Oronce Finé et Fernel en France, Gemma le Frison, François de Malines, Jacques de Deventer dans les Pays-Bas. Tous ces savants sont animés du même esprit qui est l'esprit de la Renaissance. Mais c'est en Allemagne que les travailleurs ont été le plus nombreux et l'effort le plus considérable. Aussi est-il juste de rattacher au nom de l'École allemande le souvenir de cette petite révolution scientifique. Les représentants de cette École ne sont point de très grands esprits; aucun d'eux ne mérite d'être placé au premier rang. Ils n'en reflètent que mieux les idées de leur temps. Leur histoire, si elle manque d'autre intérêt, est du moins un chapitre de l'histoire de la science, c'est-à-dire de celle de l'esprit humain.

APPENDICE I

Table des longitudes et latitudes de Régiomontan comparée à celle de Ptolémée [1].

	LONGITUDES			LATITUDES	
	Rég.	Rapp. à Ptol.	Ptol.	Rég.	Ptol.
Hibernia (Irlande) . . Ouest.	1h 16m	12°	» »	59°	» »
Schotlant.	0 36	22	» »	59	» »
Ochsenfurt (Oxford).	0 52	18	» »	53	» »
Compostel.	1 40	6	» »	45	» »
Lisybon.	1 40	6	5°10'	41	40°15'
Tolet.	1 24	10	10	41	41
Corduba (Cordoue).	1 27	9 25'	9 20	38	38 6
Cesar Augusta (Saragosse). . .	1 6	14 30	14 30	41	41 30
Rhotomagus (Rouen).	0 43	20 15	20 10	50	50 20
Paris.	0 30	23 30	23 30	48	48 10
Leon.	0 31	23 15	23 15	45	45 20
Burdigal.	0 52	18	18	45	45 30
Avinion.	0 32	23	23	44	44
Tolosa.	0 43	20 15	20 10	43	44 15
Wienn (Vienne-Dauphiné.). .	0 30	23 30	23	44	45
Massilia.	0 28	24	24 30	43	43 5
Prugs (Bruges).	0 36	22	» »	52	» »
Gend (Gand).	0 24	25	» »	52	» »
Utrich.	0 12	28	» »	53	» »
Coln [2].	0 13	27 45	27 40	51	51 10
Mechel (Malines).	0 24	25	» »	51	» »
Meintz.	0 15	27 15	27 20	50	50 15
Wyrspurg [3].	0 4	30	30 10	50	50
Straspurg.	0 12	28	27 50	47	48 45
Costnitz [4] (Constance). . . .	0 10	28 30	28 30	46	46 30
Augspurg [5].	0 10	32 30	32 30	46	46 50
Dennmarch.	0 36	40	» »	58	» »
Sueden.	0 28	38	» »	62	» »

1. Les nombres adoptés pour Ptolémée sont ceux de l'édition Müller (Paris, Didot, 1883).
2. Agrippinensis de Ptolémée.
3. Artaunum.
4. Gannodurum.
5. Augusta Vindelicorum.

	LONGITUDES			LATITUDES	
	Rég.	Rapp. à Ptol.	Ptol.	Rég.	Ptol.
Lubeck. Ouest.	0h 16m	35°	» »	56°	» »
Danzik [1].	0 56	45	45°	56	56°
Prunswig.	0 0	31	» »	53	» »
Meidburg (Magdebourg). Est.	0 16	35	» »	54	» »
Erfort.	0 4	32	» »	51	» »
Leipczk.	0 10	33 30'	» »	51	» »
Ingelstat.	0 4	32	» »	49	» »
Nuremberg.	0 0	31	» »	49	» »
Regenspurg [2].	0 6	32 30	32 15'	49	47 10'
Ulm [3].	0 0	31	32 30	47	47 30
Prag.	0 24	37	» »	50	» »
Presla (Breslau).	0 40	41	» »	51	» »
Craca (Cracovie)	0 56	45	» »	51	» »
Castha.	0 56	43 20	» »	56	» »
Ofen.	0 50	43 30	» »	57	» »
Segnia.	0 32	39	» »	45	» »
Wien in Osterreich.	0 15	34 45	37 45	48	46 50
Passaw [4].	0 10	33 30	33 50	48	47 15
Saltzpurg.	0 12	34	» »	48	» »
Iudenburg.	0 14	34 30	» »	47	» »
Villach [5].	0 13	34 15	34 30	46	45 30
Brixen.	0 8	33	» »	45	» »
Venedig.	0 10	33 30	34 »	45	44 10
Ancon.	0 14	34 30	36 30	44	43 30
Rom.	0 20	36	36 40	42	41 40
Tarent.	0 44	42	41 30	40	40
Brindus	0 40	41	42 30	39	39 40
Naplis.	0 36	40	40	41	40 55
Florentz.	0 10	33 30	33 50	43	43
Meilan.	0 0	31	30 40	44	44 15
Taurin (Turin) Ouest.	0 2	30 30	30 30	43	43 40
Gena.	0 4	30	30	43	42 50
Sardinia Est.	0 2	31 30	31	38	39
Sicilia.	0 30	38 30	39	37	37

1. Vistulæ fluminis ostia.
2. Artobriga (?) sur le Danube.
4. Alcimoënnis (?) sur le Danube.
5. Boiodurum.
6. Julium Carnicum, inter Italiam et Noricum.

APPENDICE II

Comparaison des longitudes et latitudes de Stœffler avec celles de Ptolémée[1].

(Noms extraits de toutes les parties de la table).

	LONGITUDES			LATITUDES	
	Stœffler	Rapp. à Ptolém.	Ptolémée.	Stœffler	Ptolémée.
Londonium	0h43m	19°15'	20°	54°	54°
Granata (Illipula magna)	1 24	9	9 40	38	38
Corduba	1 12	9 30	9 20	38	38 5
Hispalis	1 30	7 30	7 15	38	37 50
Toletum	1 20	10	10	41	41
Sarragossa (Cæsar Augusta)	1 2	14 30	14 30	41	41 30
Burdigala	0 48	18	18	45	45 30
Tolosa	0 40	20	20 10	43	44 15
Carcaso	0 36	21	21	44	43 45
Marsilia	0 22	24 30	24 30	43	43 5
Vienna	0 27	23 15	23	45	45
Lugdunum	0 25	23 45	23 15	45	45 20
Visontium	0 16	26	26	47	46
Lucotecia	0 27	23 15	23 30	48	48 10
Rhotomagus	0 39	20 15	20 10	50	50 20
Divodurum	0 16	26	25 30	48	47 20
Tullium	0 14	26 30	26 30	49	47
Argentina	0 7	28 15	27 50	49	48 45
Basilea (Augusta Raurac.)	0 8	28	28	48	47 30
Mocontiacum	0 5	28 45	27 20	50	50 15
Coln (Colonia Agrippina)	0 9	27 45	27 40	51	51 10
Augusta Vindelicorum	0 7	31 45	32 30	48	46 50
Genua	0 2	29 30	30	43	42 50
Florentia	0 13	33 15	33 50	43	43
Mantua	0 9	32 15	32 45	44	43 40
Mediolanum	0 2	30 30	30 40	45	44 15
Roma	0 24	36	36 40	42	41 40
Neapolis	0 38	39 30	40	41	40 55
Brundusium	0 48	42	42 30	40	39 40
Venetie	0 15	33 45	34	45	44 10

1. Les longitudes et latitudes de Ptolémée sont prises dans l'édition Müller (Paris, Didot, 1883).

APPENDICE III

Comparaison des longitudes et latitudes de Schœner avec les longitudes et latitudes vraies [1].

(Nombres extraits de toutes les parties de la table).

	LONGITUDES		LATITUDES	
	Schœner.	Vraies.	Schœner.	Vraies.
Londres . . . . Ouest.	15°	11°10'	52°30'	51°30'
Séville.	22 32'	17 5	37	37 23
Lisbonne.	24 2	20 13	39 38	38 42
Barcelone.	11 20	8 54	41 35	41 22
Tolède.	19 16	14 63	39 55	39 52
Bordeaux.	16	11 36	46	44 50
Nantes.	16 15	12 37	48 12	47 13
La Rochelle.	16 41	11 74	47 23	46 9
Rouen.	12 30	9 59	49	49 26
Lyon.	6 55	6 15	45 10	45 46
Paris.	11 12	8 44	47 55	48 50
Marseille.	2 5	5 32	43 6	43 18
Toulouse.	11 20	9 38	43 30	43 37
Bruxelles.	8 20	6 40	51	50 51
Anvers.	8 14	4 54	51 28	51 12
Amsterdam.	7 16	6 11	52 39	52 22
Berne.	3 2	3 38	46 32	46 57
Bâle	4	3 29	47 40	47 33
Milan.	0	1 53	45 6	45 28
Gènes.	0	2 10	43 50	44 24
Venise. . . . . Est.	4 10	1 16	44 50	45 26
Florence.	5 10	0 11	43 4	43 46
Rome.	8	1 22	41 50	41 54
Naples.	10 50	3 11	41	40 51
Brindisi.	11 25	9 16	39 45	40 39
Belgrade.	16 40	9 25	44 10	44 48
Constantinople.	27 40	17 55	43 5	41
Stockolm.	14 18	6 59	60 30	59 21

1. Les longitudes et latitudes vraies sont tirées de la *Connaissance des temps* pour l'année 1890. Les longitudes ont été rapportées au méridien de Nuremberg pour les mettre d'accord avec celles de Schœner.

	LONGITUDES		LATITUDES	
	Schœner.	Vraies.	Schœner.	Vraies.
Metz.. . . . . Ouest.	5°25'	45°4'	49°12'	49° 7'
Trèves.	5 20	4 26	49 55	49 45
Constance.	1 34	1 53	47 30	47 40
Strasbourg.	3 50	3 25	48 45	48 35
Mayence.	3 18	2 48	50 8	50 »
Coblentz.	4 25	3 29	50 25	50 22
Cologne.	4 52	4 7	51 0	50 56
Ulm.	0 50	1 5	48 22	48 24
Bamberg.	0 10	0 11	49 56	49 53
Wurzbourg.	1 17	1 8	49 58	49 48
Francfort s/m.	2 42	2 23	50 12	50 7
Münster.	4 12	3 17	52 0	51 58
Hambourg.	1 20	1 6	54 24	53 33
Nuremberg.	0 0	0 0	49 24	49 27
Augsbourg. . . . . Est.	0 10	(O.) 10	48 51	48 22
Dresde. . . . . Est.	2 43	2 40	51 0	51 2
Leipzig.	1 38	1 19	29 58	51 24
Munich.	1 8	0 32	48 0	48 9
Ingolstadt.	0 32	0 21	48 48	48 46
Ratisbonne.	1 20	1 1	49 10	49 0
Trente.	2 10	0 0	45 18	46 4
Linz.	4 10	3 13	48 4	48 18
Vienne.	6 48	5 18	48 22	48 13
Bude.	9 20	7 59	47 0	47 29
Breslau.	4 14	5 58	51 10	51 7
Berlin.	3 16	2 19	52 35	52 30
Cracovie.	9 30	8 53	50 12	50 4
Danzig.	10 40	7 35	54 54	54 21

APPENDICE IV

Comparaison des tables d'Apian, de Schœner et de Ptolémée [1].

(Nombres extraits des régions extérieures à l'Allemagne).

	APIAN		SCHŒNER		PTOLÉMÉE	
	Long.	Lat.	Long.	Lat.	Long.	Lat.
Granata.	8°34'	37°50'	8°34'	37°50'	» »	» »
Hispalis (Séville)	5 42	37 0	5 42	37 0	» »	» »
Toletum.	9 4	39 55	9 4	39 55	» »	» »
Lysibona.	4 18	39 38	4 18	39 38	» »	» »
Barsalona.	17 0	41 35	17 0	41 35	» »	» »
Tarragona.	16 12	41 0	» »	» »	16°20'	40 40'
Arcobriga.	5 40	39 55	» »	» »	5 40	39 55
Merida (Augusta emerita).	8 0	39 30	» »	» »	8 0	39 30
Marsilia.	24 30	43 5	26 15	43 6	24 30	43 6
Lugdunum.	21 25	45 10	21 25	45 10	» »	» »
Parisiis.	17 8	47 55	17 8	47 55	» »	» »
Rhotomagus	15 50	49 0	15 50	49 0	» »	» »
Valentia.	23 0	44 30	» »	» »	23 »	44 30
Londra.	13 20	52 30	13 20	52 30	» »	» »
Etenburg.	18 0	57 0	19 18	57 13	» »	» »
Roma.	36 20	41 50	36 20	41 50	» »	» »
Neapolis.	39 10	41 0	39 10	41 0	» »	» »
Venetie.	32 30	44 50	32 30	44 50	» »	» »
Capua.	40 0	41 20	» »	» »	40 0	41 10
Tybur.	36 40	42 0	» »	» »	36 50	42 0
Tusculum.	36 50	41 45	» »	» »	36 50	41 45
Stocholma.	42 38	60 30	42 38	60 30	» »	» »
Cracovia.	37 50	50 12	37 50	50 12	» »	» »
Clesenburgum.	46 10	47 36	46 10	47 36	» »	» »
Bellogradum.	45 0	44 40	45 0	44 40	» »	» »
Andrianopolis.	52 30	42 45	52 30	42 45	» »	» »
Istriopolis.	55 40	46 0	» »	» »	55 40	46 »
Tomi.	55 0	47 50	» »	» »	55 0	45 50
Panticapæa.	64 0	47 55	» »	» »	64 0	47 55
Chersonesus.	61 0	47 0	» »	» »	61 »	47 0

1. Les chiffres de Ptolémée sont pris dans l'édition de 1513.

APPENDICE V

Comparaison des tables d'Apian et de Schœner avec les longitudes et latitudes vraies [1].

(Nombres extraits de l'Allemagne).

	APIAN		SCHŒNER		VRAIES	
	Long.	Lat.	Long.	Lat.	Long.	Lat.
Berna.	24°28'	46°25'	24°58'	46°32'	24°42'	46°57'
Constantia.	26 43	47 28	26 44	47 30	26 26	47 40
Basileæ.	24 22	47 41	24 20	47 40	24 51	47 33
Argentina.	24 30	48 44	24 30	48 45	24 58	48 35
Moguntia.	25 4	50 8	25 2	50 8	25 32	50 0
Confluentia.	23 56	50 25	23 55	50 25	24 52	50 22
Colonia.	23 28	51 »	23 28	51 »	24 13	50 56
Bonna.	23 23	50 50	23 22	50 47	23 82	50 44
Ache.	22 24	51 6	22 22	51 5	23 20	50 47
Heydelberg.	25 38	49 35	25 38	49 35	» »	» »
Herbipolis (Wurzbourg).	27 3	49 57	27 3	49 58	27 12	49 48
Bamberg.	28 10	49 56	28 10	49 56	28 8	49 54
Tubinga.	26 23	48 38	26 22	48 38	26 19	48 31
Stuthgard.	26 28	48 47	26 28	48 47	262 6	48 47
Augusta Vindelicorum.	28 31	48 20	28 30	48 51	28 10	48 22
Monachium.	29 16	48 0	20 28	48 0	28 52	48 0
Ingolstadt.	29 6	48 42	28 52	48 48	28 41	48 46
Ratisbona.	29 50	48 56	29 40	49 10	29 21	49 1
Lintza.	32 30	48 4	32 30	48 4	31 33	48 18
Chremsa.	34 5	48 24	34 4	48 25	» »	» »
Vienna.	35 8	48 22	35 8	48 22	33 38	48 13
Znoima.	34 0	48 49	34 0	48 49	33 19	48 51
Praga.	32 0	50 6	32 0	50 4	31 41	50 5
Dresen.	31 3	51 0	31 3	51 0	31 0	51 2
Leipzick.	29 58	51 24	29 58	51 24	29 39	51 20
Brandeburgum.	30 35	52 36	30 35	52 36	» »	» »
Lantzhuta.	29 53	48 19	29 45	48 38	» »	» »
Münster.	24 8	50 2	24 8	52 2	24 54	51 58
Cassel.	26 36	51 34	26 36	51 34	26 40	51 18
Noriburgum.	28 20	49 24	28 20	49 24	28 20	49 27

1. Les longitudes et les latitudes vraies sont extraites da la *Connaissance des temps* pour 1890. Les longitudes ont été rapportées au même méridien que celles de Schœner, Nuremberg, dont la longitude est la même dans Schœner et dans Apian, ayant servi de point de repère.

APPENDICE VI

Comparaison de la table des distances horaires de Munster avec celle des distances horaires vraies [1].

	Long. de Munster rapp. à Bâle.	Long. exactes rapp. à Bâle.		Long. de Munster rapp. à Bâle.	Long. exactes rapp. à Bâle.
Londres . . Ouest.	35m 7	30m46	Louvain (Ouest). .	9m 1	11m35
Séville.	1h14 51	54 58	Cologne.	3 4	2 32
Lisbonne.	1 31 53	1h 6 56	Bâle.	0 0	0 0
Compostelle. . . .	1 28 58	» »	Constance (Est). .	12 34	6 20
Pampelune. . . .	52 58	37 8	Augsbourg. . . .	16 35	13 14
Tolède.	1 12 54	46 20	Ratisbonne. . . .	20 36	18
Salamanque. . . .	1 16 55	» »	Vienne.	39 35	35 8
Barcelone. . . .	43 55	21 39	Wurzbourg. . . .	14 37	9 21
Toulouse.	32 56	24 37	Nuremberg. . . .	16 36	13 56
Montpellier. . . .	23 56	14 52	Prague.	30 37	27 19
Arles.	21 56	11 52	Erfurth.	18 38	13 47
Marseille.	14 56	8 55	Leipzig.	20 38	19 11
Avignon	12 57	11 9	Wittenberg. . . .	20 38	20 12
Lyon..	7	11 7	Brunswick. . . .	14 39	11 43
Dijon.	13	10 14	Bude.	52 34	45 50
Orléans.	19	19 20	Cracovie.	53 37	49 28
Paris.	19	21 20	Rome.	31 29	19 23
Rouen.	29 3	26	Venise.	23 32	18 59

1. Ces derniers chiffres sont empruntés à la *Connaissance des temps* pour 1800.

APPENDICE VII

SUR LE PORTULAN DE NICOLAS DE CANERIO

Ce document est de très grandes dimensions. Il mesure en effet 2 mètres 25 centimètres de largeur sur 1 mètre 15 centimètres de hauteur. Il est l'œuvre d'un Génois; mais sa nomenclature presque exclusivement portugaise montre évidemment qu'il n'est qu'une copie d'un portulan portugais. D'après les découvertes qui y sont mentionnées, l'original devait remonter à l'année 1502 environ. Ce n'est point ici le lieu d'étudier ce portulan dans tous ses détails. Je me contenterai de reproduire la nomenclature qu'il fournit pour le Nouveau-Monde, en mettant en regard les nomenclatures correspondantes du portulan contemporain de Cantino et de la carte d'Amérique de l'édition de Ptolémée de 1513.

PORTULAN DE CANTINO (1)	PORTULAN DE CANERIO	CARTE DU PTOLÉMÉE DE 1513
	Rio de Cananor.	Rio de Cananor.
	Porto de Sam Visenso.	Porto de S. Vincentio.
	Porto de Sam Sebastiam.	Porto de S. Sebastian.
	Rio de Sto Antonio.	Rio de S. Antonio.
	Rio Jordam.	Rio Jordan.
	Pinachullo de tencio.	Pmatahallo detetio.
	Baie de reis.	
	Rio da resens.	Rio da refens.
	Alapego de Sam Paullo.	Pagus S. Paulli.
	Sierra de Sam Tome.	Serra de S. Thome.
	Rio de Sta Lucia.	R. de S. Lucia.
	Mont passqual.	Mont Pasqual.
	Barossa.	
Cabo de Scla Marta.		
Rio d. brasil.	Rio de brazil.	Rio de brazil.
	Bareras Vermeias.	
Porto Seguro.	Porto Seguro.	Porto Seguro.
	Rio de Sam Joam.	
	Rio de Vergine.	
	Rio de sexmos.	

1. D'après la liste donnée par M. Harrisse dans son livre : *Les Corte-Real et leurs voyages au Nouveau-Monde*..... Paris 1882.

PORTULAN DE CANTINO	PORTULAN DE CANERIO	CARTE DU PTOLÉMÉE DE 1513
	Rio de Sta Lena.	Rio de S. Lena.
	Rio de Sto Agustino.	Rio de S. Augustino.
	Rio de Sam Iacomo.	
Abaia de todos Sanctos.	Baie de tuti li Santi.	Abbatia omnĩ Sctorm.
	Monte fregosso.	Monte fregoso.
	Rio de mezo.	
	Rio de oido.	
	Rio de Sam Ieronimo.	
	Porto real.	Porto real.
	Rio de Caxa.	
	Serra de Sta Maria de Gracia.	Serra de S. Maria de Gratia.
	Rio de perera.	
	Razia baril.	
Rio de Sã Franc°.	Rio de Sam Fransesco.	Rio de S. Francis.
San Miguel.	Sam Michel.	S. Michael.
	Cabo de Sta Croxe.	C. Scte Crucis.
	Sta Maria de rabida.	S. Maria de rabida.
	Monte de Sam Vicenso.	Mons S. Vĩcntii.
	Santa Maria de Gracia.	S. Maria de Gratia.
Anaresma.	San Rocho.	S. Rocho.
Cabo de Sã Jorge.		
Cabo de Sam Jorge.		
Canjbales.	Canibales.	Canibales.
Golfo fremosso.	Gorffo fremoso.	Gorffo fremoso.
Todo este mar he de agua doce.	Todo esto mar he de aqua dolce.	Hoc mare est de dulci aqua.
Rio grande.	Rio grande.	Rio grande.
Cabo deseado.	Cabo descado.	C. deseado.
La Pñta de la galera.	La ponta de la galera.	La ponta de las galeras.
Ilha de los canjbales.	Y. de los canbales.	Y. de los canibales.
Las gayas.	Las gaias.	Les gaias.
Boca del drago.		
Terra de pan° (?).		
Golfo de las perlas.		
V° (?) tres testigos.		
Ylha della Raposssa.	Y. de larapossa.	Y. de la rapossa.
Cabo de las perlas.	Cabo de las perlas.	C. de las perlas.
Montanbis *(sic)* altissimas.	Montagna altisimas.	Montana altissima.
Rio de fonseca.	Rio de fonsoa.	Rio de fonsoa.
Costa de gente brava.	Costa de gente brava.	Costa de gente brava.
Golfo del unficisno.	Gorffo de linferno.	Gorffo delinferno.

PORTULAN DE CANTINO	PORTULAN DE CANERIO	CARTE DU PTOLÉMÉE DE 1513
Ylha do brassil.	Y. do brasil.	Y. do brassil.
Ylha do gigante.	Insula de gigantes.	I. Gigantũ.
	Arcay.	Arcay.
Boacoya.	Bacoia.	Bacoia.
Tamarique.	Tamariqne.	
Ilha rigua.	Yarqua.	Riqua.
Marigalante.	Marigalante.	Marigalana.
Todos Santos.	Todo santos.	Todo Santos.
Ilha desejada.	Y. de Sorana.	Y. de Sorana.
Ilha de Guadalupe.	Y. de Gadalupo.	Y. de Galupo.
Las omze mill virgines.	Laonizes mil virgines.	Laonizes mil virgines.
Boriquem.	Boriquem.	Boriquem.
Baixos de abre os olhos.	Baixos de alreos olhos.	
Ilha de caycem... m.	Y. de carcenie.	Y. de Carrenie.
Ilha de jucayo.	Y. de incaio.	Demcaio.
Janucanara.	Janucanaca.	Jamitanaia.
Macubeza.	Macubiza.	Matubiza.
Ilha Managna.	Y. magnana.	Magnana.
Bavestico.		
Haty.	Caty.	Cary.
Somento.	Someto.	Somẽto.
Ilha Santa.	Y. saura sanxa.	Santa.
Hahueca.	Babueca.	Babuca.
Ilha espanholla.	Insulla Spagnolla.	Spagnolla.
C. de Samana	Cabo de famana.	C. de famana.
Tortuga.	Tartuga.	Tartuga.
Jamaiqua.	Jamaiqua.	Iamaiqua.
Ilha Yssabella.	Insulla Issabella.	Isabella.
	Lago del ladro.	Lacco del lodro.
Rio de las palmas.	Rio de la parmas.	Rio de las parmas.
Rio do corno.	Rio de Covro.	Rio de Como.
C. arlear.	Cabo arlear.	Arlear.
G. do lurcor (?)	Gorffo do lineor.	G. delincor.
C. do mortinbo.	Cano de Mortinco.	
C. lurcar.	Cano luicar.	C. lurcar.
El golfo bavo.	El golfo baxo.	
C. do fim do abrill.	Cano dofim de abrill.	C. doffim de abul.
Cornejo.	Comello.	Comello.
Rio de dõ Diego.	Rio de do Diego.	
C. del gato.	C. delgato.	C. de lago.

PORTULAN DE CANTINO	PORTULAN DE CANERIO	CARTE DU PTOLÉMÉE DE 1513
Pũta roixa.	Ponta roixa.	Ponta roixa.
Rio de las almadias.	Rio de las almadias.	Rio de los almadias.
Cabo Santo.	Cabo Santo.	C. Santo.
Rio de los largartos.	Rio de... argactos.	Rio de los garlactos.
Las cabras.	La cab...	La cabras.
Lago luncor.	Lago luncor.	Lago luncor.
Costa alta.	Costa alta.	Costa alta.
Cabo de boa ventura.	Cabo de bona ventura.	C. de bonauentura.
Cansure (?)	Caninor.	Caninor.
Cabo d. licontu.	Cabo dellicontir.	C. de litontir.
Cossa del mar uceano.	Costa del mar usiano.	C. del mar usiano.

APPENDICE VIII [1]

Erklerung des newen Instruments der Sůnnen, nach allen seinen Scheyben vnd Circkeln.

Item eyn vermanung Sebastiani Münnster an alle liebhaber der künstenn, im hilff zů thun zů warer vnnd rechter beschreybung Teütscher Nation.

A la fin : *Gedruckt durch Jacob Kobel Statschreiber zů Oppenheym, im iar* 1528.

(F° 6)...Volgt hernach eyn besundere vnnd weitlauffige beschreibung des becirks vmb Heydelberg auff sechs meilen weit, mit vermanung vnnd bitt Sebastiani Münster an alle liebhaber der lüstige kunst Geographia, gleichs durch sie vmb ire stät zů verfertigen.

Est ist kundtbar vnd offenbar, das die Landtaffel Teütscher nation, so ietzunnd in etlichen iaren herfur kommen sein, den vngleichen meilen nach, als weren sie gleich vnd nit mit rechter obseruierung der mittagen oder occidentische linien gemacht sein, wie das wol antzeygt der grosz bogen den sie zwüschen Strasburg vnd Mentz in den Rhein setzen, der doch warlich nit ist, wie ich manch mal das obseruiert hab. Es macht und truckt ie eyner den andern nach, es sei gerecht oder nit. Es ist wol ware, das eynem alleyn vil arbeit vnd kosten darauff ghan würde, der do wolt Teütsch nation mit rechter obseruierung beschreiben, so sein auch zů vnsern zeiten wenig vnder den fürsten vnd Landtherren, die do vil lust zů solchen künsten haben, vnd die etwas Kosten darauff liessen ghan, so doch vor alten zeiten künig und keyser neben iren grossen geschefften sich hoch bemühet haben inn der mathematick, als nemlich, Julius, Julianus, Anthoninus, Alphonsus vnd andere vil. Aber das vnangesehen, mussen wir dannocht eyn fund sůchen, das wir ordenliche vnser Teütsch land beschreiben in Landtschafften, stätten, merckten, dörffern, mercklichen schlössern und klöstern, bergen, wälden, wässern seen, fruchtbarkeyten, eygenschafften, art, handtierung, mercklich geschicht vnnd antiquitäten so noch an etlichen

1. Je reproduis dans cet appendice et dans le suivant les passages les plus importants de deux opuscules peu connus de Munster. l'*Erklerung des newen Instruments der Sunnen*, 1528, qui se trouve à la bibliothèque de l'Université de Bâle, et la *Germaniæ... descriptio pro tabula Nicolai Cusæ intelligenda excerpta* (1530).

orten gefunden werden. Ich will der sachen eyn anfang machen verhoffend es werden mir vil darzů behülfflich sein, ia vngezweifflet bin, es werd Georgius Tanstetter oder Johannes Vögelin zů Wien, Johannes Auentinus in Bayern, Johannes Schöner vnd Sebastianus Rotenhan in Francken, Petrus Appianus in Meiszen, Mattheus Aurigallus in Sachsen, Cůnradus Peutinger zů Augspurg, Johannes Stöffler in Wirtenberg, Johannes Huttichius, vnd Laurentius Friesz in Elsas, Glareanus in der Eydtgnoschafft, alle hochgelerte vnd grosz liebhaber der mathematick, helffen vnd radten zů sölchem fürnemen, mitsampt andern vilen gelerten männern, deren namen mir nit wissen sein, ich wölt ir sunst gern eerlich gedencken, vnd sie bitten mir mein fürnemen helffen zů volstrecken. Es bedunckt mich aber wir müssen die sach also angreiffen. Her Cůnrad Peütinger verschaff dasz der vmmkreysz oder becirck vmm Augspurg auff 6. oder 8. meilen weit gebürlich beschriben werd : vnd Johannes Auentinus neme für sich Regenspurg oder Landtshůt, vnd beschreib iren circk auch auff so vil meilen. Als ietzundt der durchleüchtig hochgeborn Fürst vnd her, Herr Johan Pfaltzgraff bei Rhein, hertzog in Bayern vnd graff zů Spanheym etc. eyn sunder liebhaber aller waren philosophy vnd mathematick mein gnädiger herr, an sein fürstlichen gnaden Landtschafften vnd derselben grenitzen angehaben vnd beinahe zum end volnfürt hat. Vnd also thůen im die andern auch, vnd schicken mir oder dem ersamen Jacob Köbel Statschreiber zů Oppenheym solch beschreybung zů, dasz sie zůsamen komen vnd im truck verfertigt werden, so würt man sehen was vnsere vorfaren für eyn lant zu irer besitzung han ingenommen, nit raüch vngeschlacht landt, sunder eyn paradys vnd lustgarten, in dem erfunden würt alles das zů menschlichem leben erhalten not ist. Hierumb o ir frummen teütschen, helffen mir vnser gemeyn Teütsch vatterlandt zů billichen eeren erheben, vnd ir verborgen zierung an tag brengen, darmit ir mit mir bei vnsern nachkomen eyn ewigs lob vnd gedechtnus erkriegen werden. Ir gelerten vnd liebhaber der künsten feyern nit zů treiben und reytzen die herren der länder zů eerlicher beschreibung irer landschafften, thun es auch kund andern gelerten männer, den villeicht mein auszschreiben nit fürkommen möcht, es sol euch zů grossen eeren dienen. Ir Stät teütscher nation laszt euch eyn gülden oder zwen nit taüwern so ir etwan auff eyn geschickten man legen würden, der sich diszem fürnemen vnderziehen würd ewer landtschafft eerlich zů beschreiben. Helff iedermann wer do mag zů dem werck, in dem man sehen würdt gleich als in eym spiegel das gantz Teütschlandt in sein flecken stätten handtierungen etc.

Anleytung wie man geschicklich eyn vmbkreys eyner Statt beschreiben soll.

Mach dir zům ersten ein tafelin eyn halben circkel, vnd teyl in auss wie du sichst hie durch mich gethan... Exempel. Von Heydelberg sein 4 grosser meilen ghen Worms, für die hab ich genommen 5 zimlicher meilen. Ich hab auch mit dem halben circkel gefundem das sie 20. puncten weitter gegen occident ligt, vnd das gegen mitnacht zů, darumb hefft ich das quadrentlin auff Heydelberg, vnnd mach eyn liny vber den zwentzigsten puncten hinauss, und neme 5 meil mit dem circkel vnd setz den eyn fuss auff Heydelberg, so würdt mir der ander auff gemelter linien zeygen wo Worms ligen sol, vnd ich schreib es also in mein taffel. Darnach obseruier ich Speier, vnd find das sie 15. puncten gegen mittag hinaus ist weiter gelegen ghen occident zů, nun weysz ich wol dass von Heydelberg 3 kleyner meilen dar sein, darumb setz ich sie mit drithalb meilen in. Yetz ergibt sich die weit von Worms ghen Speier selbst. ich darff nit fragen wie lang derselb weg ist. Ich frag nummen vas fur flecken auff der selben strassen ligen, vnd wie weit sie von Worms oder Speier gelegen sein, vnd setz sie also in die taffel. Item ich wolt gern Landaw han, vnd kan es zů Heidelberg nit gesehen, darumb gang ich ghen speier, vnd seh ich es do selbst auch nit, so gang ich auff Landaw zů, vnd hab des wegs wol acht mit meinem instrument wie vil punctem er gegen occident zů sich kere, vnd also würdt der schlecht weg mir eben als wol zeygen wo hinaus Landaw ligt, als het ich es zů Speier gesehen. Darumb hefft ich ietz in der taffel das quadrentlin uff Speier vnd mach eyn heymlich liny nach den puncten die ich gefunden hab, und setz Landaw auff die liny mit dreyen gůter meilen, wiewol man 4 kleinen rechnet. Vnd wan ich also eyn strasz ziehe, die zů obseruiern, so hab ich alwegen acht vff beyden seiten was flecken vnd dörffer ich geschen mag, die setz ich alsbald in die taffel. Est ist mir doch nit von nötten alle flecken mit dem instrument zů obseruirn, wan ich 5 oder 6 han obseruiert gerings herumb, ist gleich gnug, die andern setz ich mit meilen in die taffel, als ich hab Worms obseruiert, vnd daraus mag ich die gantz bergstrasz bis ghen Bensen in die taffel setzen, da Bensen ligt 4 meil von Heydelberg, vnd gar nah 3 von Worms, darumb lug ich wo der circkel es hin brengen würdt. etc. Also muss man auch thun in den bergen.

Heydelberger becirck vff 6 meilen beschriben.

APPENDICE IX

Germaniæ atque aliarum regionum, quæ ad imperium usque Constantinopolitanum protenduntur, descriptio, per Sebastianum Munsterum ex historicis atque cosmographis, pro Tabula Nicolai Cusæ intelligenda excerpta. Item ejusdem tabulæ Canon [1].

(Dédicace à Conrad Peutinger datée de Bâle, du mois d'août 1530).

Civitatum quarundam et locorum, quæ continet Tabula, ocularis demonstratio.

Age, veni nunc mecum, si placet, et lustremus primo lineam Rheni, et loca adjacentia, quo aliquanto familior tibi fiat Tabula. Plurimum enim tibi profuerit, si singulorum exploraveris locorum situs, distantias, et mutuos aspectus, hoc est, num hæc civitas illam respiciat ab occidente vel meridie etc., et in his perquirendis et contuendis egregie te exercueris. Rhenus igitur, ut vides, originem suam ducit ex Helvetiorum montibus, parum supra civitatem Coram, quam vulgo Chuor vocamus. Hinc sequitur oppidum Feldkirch et lacus Constantiensis, olim lacus Podmicus vocatus, in cujus littore jacet Lindoia et supra eam Pregantia, infra vero Hagenoia insignis villa, Merspurgum, Uberlinga, Cella, Schaffusena, quorum nomina adscripta non sunt ob spacii angustiam, sed locorum duntaxat insignia juxta lacum conspiciuntur. Porro, ultra lacum vides Constantiam, et situm divi Galli, ubi Turgadia scribitur, quod vulgo Thurgen vocant. Exprimit quoque Tabula insigniora Helvetiorum oppida, quæ sunt, Friburgum, Berna, Lucerna, Soloturnum, Tigurum, et juxta ipsum Badenia, ubi salubres habentur thermæ, Flurana, quod Uraniam, vulgo Uri, legendum censeo. Nam apud Uranenses initum sumit Lucernensis lacus, et fluvius ex eo progrediens Reussa vocatur, sicut et Tigurensis lacus ex Limata colligitur fluvio. Vides quoque originem Rhodani fluvii ex Alpibus Suitensium duci, qui et a Losanna episcopali civitate usque ad Geneforam urbem, vulge Genf, insigne emporium, magnum efficit lacum, quem veteres Lemanum vocave-

1. Se trouve à la bibliothèque cantonale de Zurich.

runt, unde aliqui Germaniam (sed falso) Alemaniam vocatam putaverunt. Quod si cursum Rhodani ultra sequutus fueris, occurrent multæ insignes urbes, nempe Lugdunum, quod vulgo Lyon vocatur, Vienna in Delphinatu, Valentia, Avenion, Tarascon, Arelatum, vulgo Arle, a quo aliquando Arelatense regnum denominatum fuit. Et ut rursum redeamus ad Rhenum, unde digressi sumus, occurrit nobis Basilea, ad dexteram habens Brisgaviam, et ad sinistram Sundgaviam atque Alsaciam. Insigniora loca Sundgaviæ sunt Dann, imperiale oppidum, et Einshem. Alsacia vero has habet præcipuas civitates, Colmaria, Selestadium, Cæsaris mons, Argentina, Zabernia et Hagenoia. In Brisgavia autem sunt Novumburgum, Brisacum et Friburgum, quibus annumerari potest Offenburgum : quanquam illud sit in Ortnau. Ad dextram Hagenoiæ, per tria miliaria est Badenia inferior, ubi Marchio residet Badensis, et ubi thermæ habentur exquisitæ, contra varios morbos salubres. Post Hagenoiam sequitur Vuyssenburgum, deinde Landoia, inde Spira. Parum infra Spiram miscetur Neccarus Rheno : qui et ipse habet aliquot insignia oppida in ripa sua sita. Primum itaque ascendenda est Heidelberga, insignis quidem ab universali studio, et principis Palatini residentia. Post hanc sequitur Vuimpina et deinde Heilprunna, ambo imperialia oppida. Huic Esslinga, imperiale quoque oppidum et Stuckardia, locus residentiæ principis Vuirtenbergensis, a quo si per tria millia ascendas, occurrit Tubinga, oppidum universali decoratum studio. Hinc unius miliaris spacio emenso, venitur ad Rotenburgum, ubi Neccarus originem suam non trahit, ut hæc Tabula indicat, sed prius ascendendum est ad oppidum Norbam et deinde fere usque ad Rotvuilam, Nigræ Sylvæ præcipuum oppidum, et ibi visuntur prima Neccari stillicidia. Porro, si a Spira, per Rhenum descendas, occurrit Vuormacia, et deinde per Oppenheim eundo venies ad Mogunciam, vulgo Mentz : ubi Mogonus fluvius absorbetur a Rheno. Hic Mogonus originem suam fere ducit ex Bohemiæ montibus, habetque insigniora loca, Franckfordiam, celeberrimum Germaniæ emporium, Miltembergam, Vuertham, Herbipolim, vulgo Vuirtzburg, Tœttelbachium, Kitzingam, Haffurdiam, et Bambergam, ubi alium recipit fluvium, nempe Pegnitzam, qui ab Amberga Norici per mediam labitur Nurnbergam, alluitque mœnia Forchemiæ et Bambergæ priusquam Mogonum ingreditur. Erratum itaque est in Tabula, ubi Bamberga ad montes usque Bohemiæ collocata est, quum ipsa et Nurnberga juxta unius Pignitzæ ripam fundatæ sint. Sed redeamus ad Moguinciam. A Moguncia usque ad Bingam, in dextra parte Rheni est Rhingavia, seu Rheni pagus, terra ab optimo vino quod producit, etiam apud Britones celeberrima. Apud Bingam vides ingredi Rhenum Naham fluvium, qui ex Hunorum præsidio vulgo Hunsruck, prorumpit, unum habens insigne oppidum, Crutznacum nomine, in littore suo situm. Post Bingam est Bachracum, Vuesalia superior, Divus Goarus vulgo S. Gewere, Boparta, Landstein ubi ex media Hassia amnis Lana profluens jungitur Rheno, habetque multa oppida et villas in ripa sua sitas. Proximum Rheno oppidum, et magis præcipuum, est Limpurgum. Est et alius quidam locus juxta hunc amnem situs, Eims vulgo vocatus, qui ob salubres thermas etiam a remotis partibus est cognitus. Post hujus fluvii ostia occurrit Confluentia. ubi Mosella miscetur Rheno. Hunc fluvium si ascendas venies Treverim, vetustississimam illam urbem, quam Abrahæ temporibus primo conditam multi asserunt, a Trebeta Nini Babylonici regis filio. Scribit Æneas Sylvius, insignis mathematicus, hanc urbem mille et trecentis annis vetustiorem esse Roma. Inter hanc urbem et Confluentiam super rivulum Mosellæ, habes locum anonymum, patriam scilicet autoris hujus Tabulæ, Cusam, quæ tanti viri ortu celebris facta est. Habet autem situm suum fere in Eiflia, ubi tamen tabula falso habet Eislia. Mox a Confluentia descenditur per Rhenum ad Andernacum, inde Bonnam atque Agrippinam Coloniam. Hic ad sinistram habes terram Juliacensem, in qua fere est Aquisgranum ubi olim fuit sylva Ardenna : ad dextram vero conspicis terram Montensem. Sub Colonia est Nusia, quam ante aliquot annos Carolus dux Burgundiæ, tam obstinato oppugnavit animo. Paulo inferius est Vuesalia inferior : ubi Lipia, seu ut alii nominant, Lupia in Rhenum ruit : cujus fluvii in gestis Caroli Magni toties fit mentio. A Vuesalia descenditur ad Emricham, quæ occidentem versus habet oppidum Clivense : ubi scilicet Rhenus in duos scinditur rivos, Vualam et Rhenum. Super Vualam jacet Neomagus, et Buscum Ducis, vulgo Hertzogenbusch, ubi Mosa fere jungitur Vualæ. Post Emricham est Daventria ubi scilicet majusculis literis scriptum est CLIVIS, et paulo post sequitur oppidum Suuol. Hinc habes insulam Holandiæ cum multis aliis insulis et civitatibus quarum particularem recensionem brevitatis gratia hic omitto. Nunc si placet, prosequamur etiam lineam Danubii, ab origine sua usque ad mare Euxinum, ubi fluendi finem facit. Danubius igitur in Nigra sylva seu in Hegavia (ubi falso scriptum est Hegasia) initium sumit, non, ut Tabula perperam habet, in Vindelica, sensimque perhabens oppida Simringen, Riedlingen et Ehingen augescit, donec veniat Ulmam Sueviæ : ibi recepto Blavo amne, prosequitur cursum suum, alluens mœnia oppidorum Guntzpurgi, Lagingæ, Tillingi, Vuerdæ, Rainæ, ubi recipit Licum, qui ex Alpibus per Augustam Vindelicorum descendit. Hinc fluit ad Ingolstadium, oppidum propter publicum literarum gymnasium passim orbi cognitum et deinceps pervenit ad oppidum exiguum, quod Kelheim vocatur : ubi ex inflexu amnis Altmolæ, quem alii Alemanum appellant, augetur. Hic amnis fere originem suam trahit a Rubro castro, vulgo Rotenburg, imperiali civitate, quæ juxta amnem Tuberam situm habet, sed qui in septentrionem nitens, a Mogono prope Vuertham absumitur. Porro insigniora loca quæ juxta Altmolam condita inveniuntur, sunt Guntzenhusen, Vuyssenburgum, et Eystatia episcopalis civitas. A Kelheim per Danubium venitur ad Ratisponam, urbem imperialem et vetustam, ubi Nabus et Rhengus amnes Danubium adhuc majorem reddunt. Hinc passim innumeri affluunt amnes, partim ex Alpibus, et partim ex Bohemiæ montibus : inter quos hi duo, Isara et Œnos insigniores habentur. Isara alluit muros Monaci, Frisingæ, Landshutæ et Landoiæ. Œnus vero descendit ab Œnoponte, vulgo Insprug, per Schuuatz, Vuasserburgum, Brunam et Scherdingam, Pataviæque miscetur Danubio. A Patavia usque ad Viennam Austriæ, ab utraque ripa Danubii multæ occurrunt civitates et amnium ostia, præsertim Peuerbachium, Lintza, Ens, Melcka, Ipsa, et Kremsa. Proinde si a Vienna descendas ad Budam Ungariæ, occurrit primo insignis civitas Posonium, vulgo Presburgum, deinde Iaurinum, vulgo Rab, hinc Strigonium, Archiepiscopalis civitas, quæ vulgo Gran vocatur : ad cujus dextram est Alba regalis, aliquantulum a Danubio semota, quæ vulgo Stulvuyssenburg appellatur, ubi scilicet reges Ungariæ electi coronari solent et inungi. Buda vero, vulgo Ofen, regia est Ungariæ ad ripam ut vides Danubii sita. Hinc si proficiscaris fere usque ad ostium fluvii Muræ, venies ad locum ubi Ludovicus rex Ungariæ anno Christi MDXXVI gladio impiorum Turcarum occubuit. Cæterum in confluentia Sai fluvii atque Danubii vides oppidi cujusdam depictam figuram, quæ indicat situm fortissimi castri et oppidi, quod vulgo Albam Græcam vocant, apud autores vero vocatur, vel Taurinum, vel Belgradum, vel etiam Nonderalba. Hoc fortalicium et totius Hungariæ propugnaculum Turca maximis viribus anno MCCCCLVII oppugnavit, sed minime expugnavit. Anno vero salutis MDXXI ipsum obtinuit, non sine grandi jactura Ungariæ, imo et Germaniæ. Post Belgradum sequitur Galombecium, oppidum famosum miserabili Christianorum strage, qua anno Christi MCCCCIX sub Sigismondo imperatore in fugam a crudeli Turca cæsi sunt. Hinc venitur ad Urbem Nicopolim, Bulgariæ metropolim, quam eadem tempestate Sigismundus maximo exercitu Christianorum obsedit, sed a fortiore superveniente Turca turpiter repulsus est : nam occubuerunt quasi viginti milia Christianorum. Consimilis clades accidit Christianis, prope locum qui hodie Varna dicitur, distans parum a mari, ubi videlicet supra scalam scribitur Sagora. Ibi enim Vladislaus Poloniæ et Ungariæ rex mortem occubuit una cum Juliano Cardinali, anno scilicet dominicæ incarnacionis MCCCCXLIIII. Cæsa quoque sunt in eodem bello supra triginta milia Christianorum : et huic tantæ stragi occasionem præbuisse dicitur Cardinalis Franciscus Condelmarius, qui, quum supremus dux belli navalis esset, sicut Julianus exercitus terrestris summum egit ducem, permisit Turcarum imperatorem cum centum milibus armatorum trajicere angustias maris, quas nostro ævo Brachium sancti Georgii vocant, adeoque impie egit cum Christianorum exercitu, ut ne quidem præmonuerit eos de Turcico insperato adventu. Sed quum nunc pervenerimus usque ad mare relicta terra et terrestribus habitaculis in aquis aliquantisper vagemur et quæ scitu digna sunt commemoremus......

TABLE DES MATIÈRES

LE PUY — IMP. MARCHESSOU FILS, BOULEVARD SAINT-LAURENT, 23.

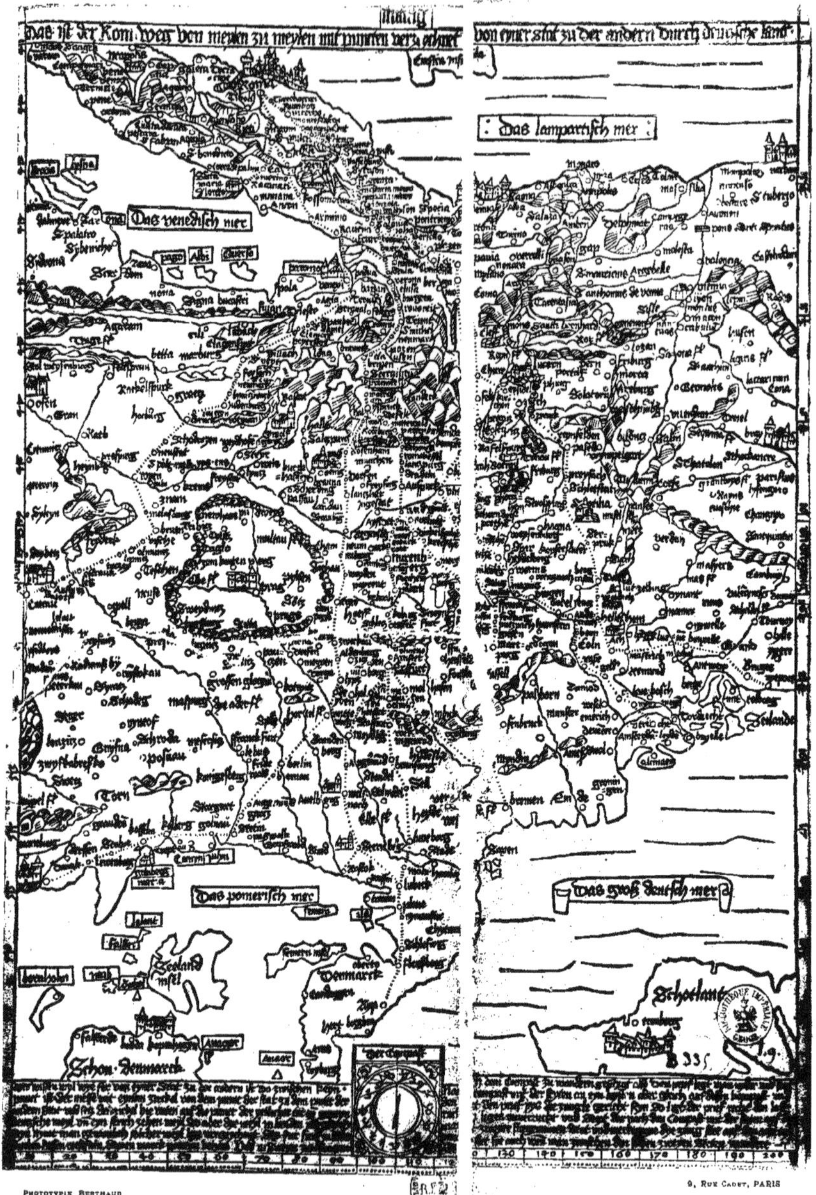

PHOTOTYPIE BERTHAUD 9, RUE CADET, PARIS

CARTE ROUTIÈRE ALLEMANDE DU COMMENCEMENT DU XVIe SIÈCLE

REPRODUCTION DE L'EXEMPLAIRE CONSERVÉ A LA BIBLIOTHÈQUE NATIONALE

(Dimensions de l'original : 0 m. 29 – 0 m. 41)

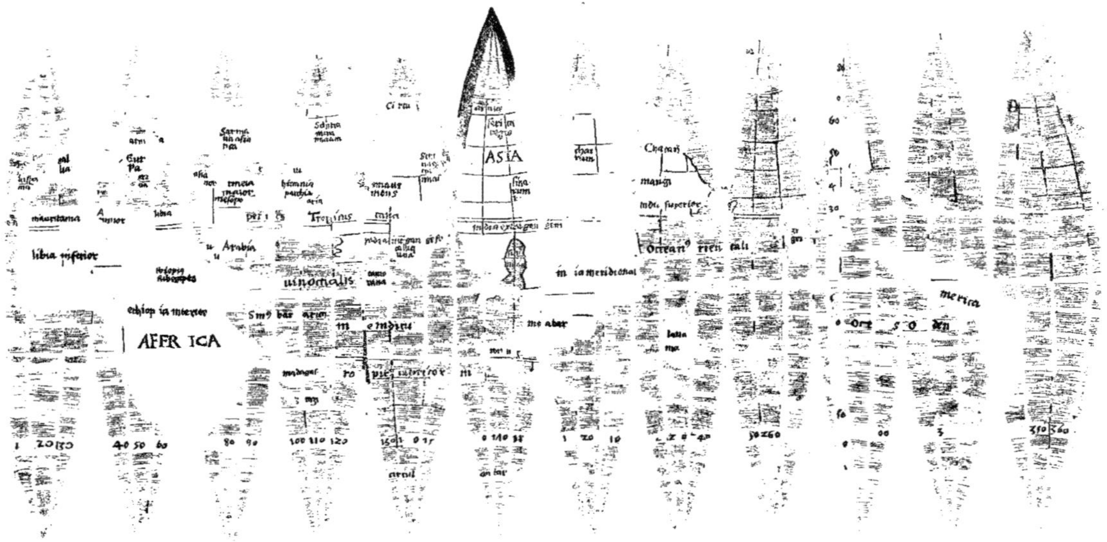

Planche II.

PHOTOTYPIE BERTHAUD

9, RUE CADET, PARIS

FUSEAUX DU GLOBE DE WALDSEEMULLER

REPRODUCTION DE L'EXEMPLAIRE APPARTENANT A LA COLLECTION DE S. A. LE PRINCE DE LIECHTENSTEIN, A VIENNE

(Dimensions de l'original : 0 m. 38 — 0 m. 18)

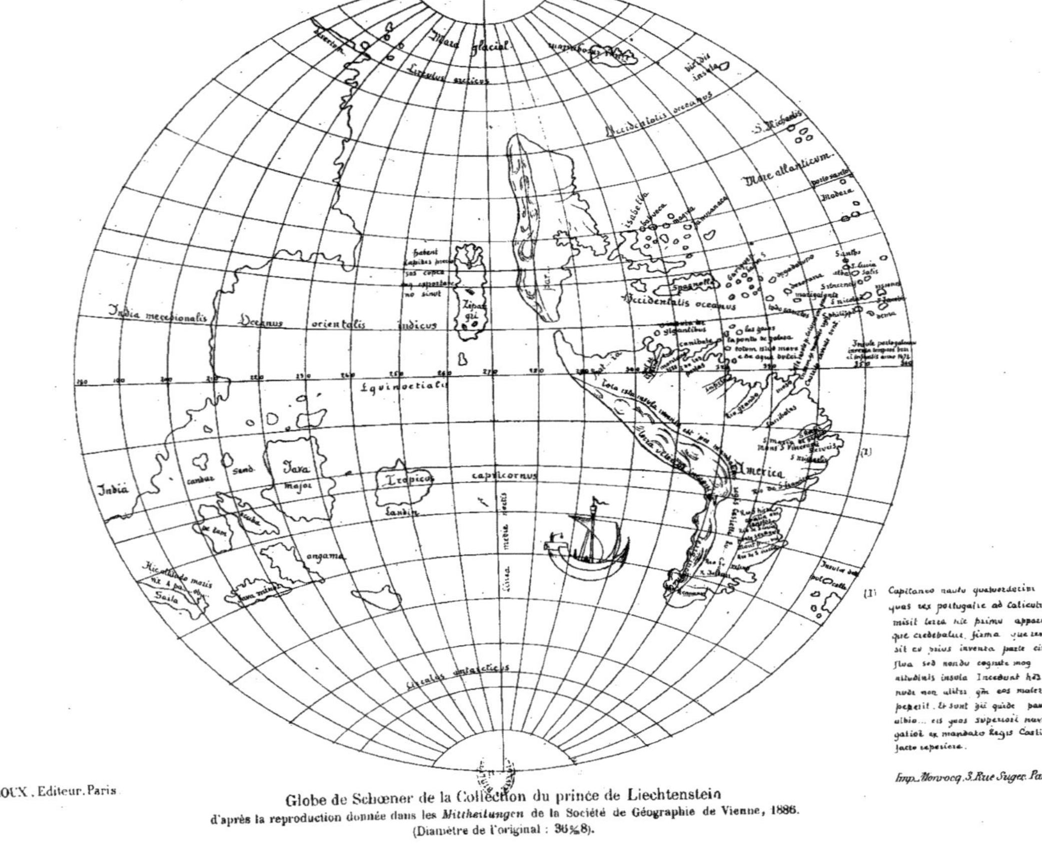

(1) Capitaneo nauto quatuordecim
quas rex portugalie ad Caliculu
misit terra hic primu apparuit
que credebatur firma que revera
sit eu prius inventa parte circum
flua sed nondu cognite mag
nitudinis insula Incedunt hōs
nudi non aliter qm eos mater pe
pererit. Et sunt hii quide parto
albio... eis quos superiori navi
gatioe ex mandato Regis Castilie
facto reperiere.

Imp. Monrocq. 3. Rue Suger. Paris.

E. LEROUX, Editeur, Paris

Globe de Schœner de la Collection du prince de Liechtenstein
d'après la reproduction donnée dans les *Mittheilungen* de la Société de Géographie de Vienne, 1886.
(Diamètre de l'original : 36%8).

Planche IV

E. LEROUX, Editeur, Paris.

Globe de Schœner de la Bibliothèque Nationale de Paris

(Diamètre de l'original : 24%).

Imp. Monrocq 3, Rue Suger, Paris.

Planche V

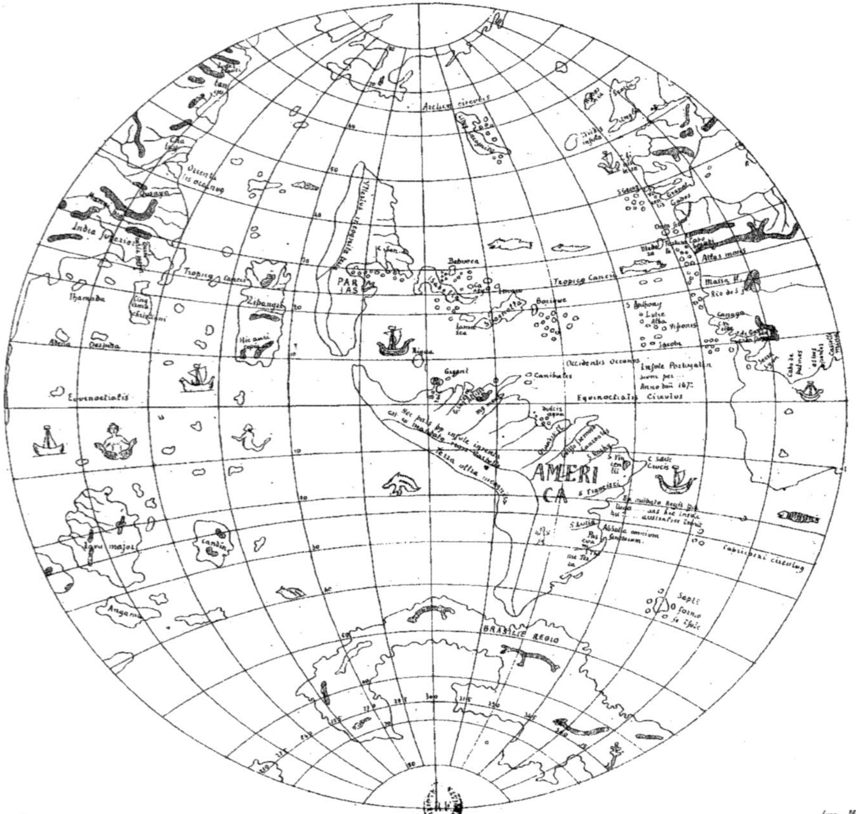

Globe de Schœner de la Bibliothèque de Francfort s/m.

d'après la reproduction de Jomard. — (Diamètre de l'original : 27%).

E. LEROUX, Editeur, Paris.

Imp. Monrocq, 5, Rue Suger, Paris.

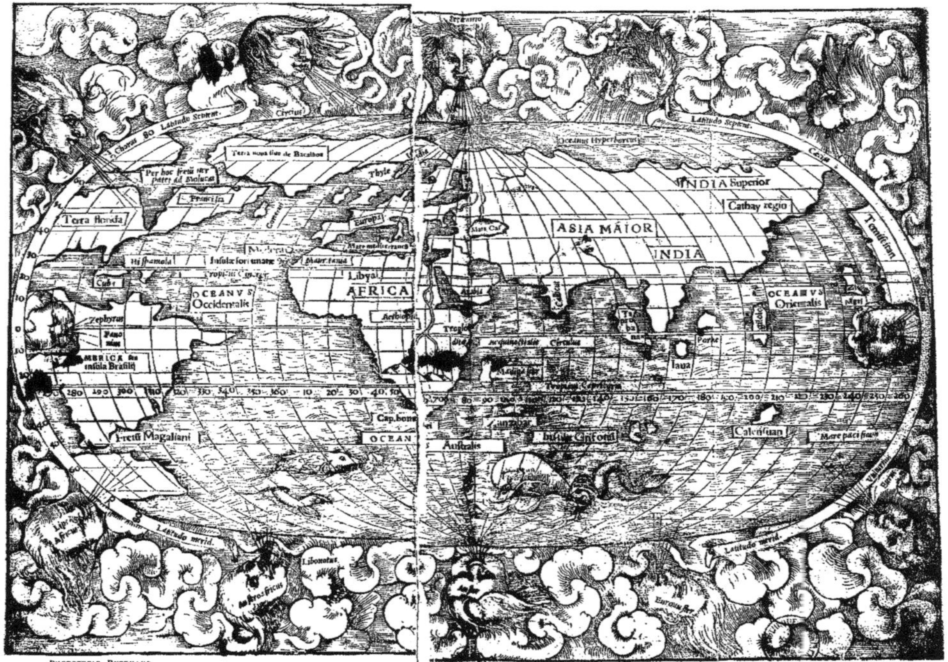

Planche VI.

PHOTOTYPIE BERTHAUD

9, RUE CADET, PARIS

MAPPEMONDE DE LA COSMOGRAPHIE DE MUNSTER

(Dimensions de l'original : 0 m. 29 — 0 m. 35)

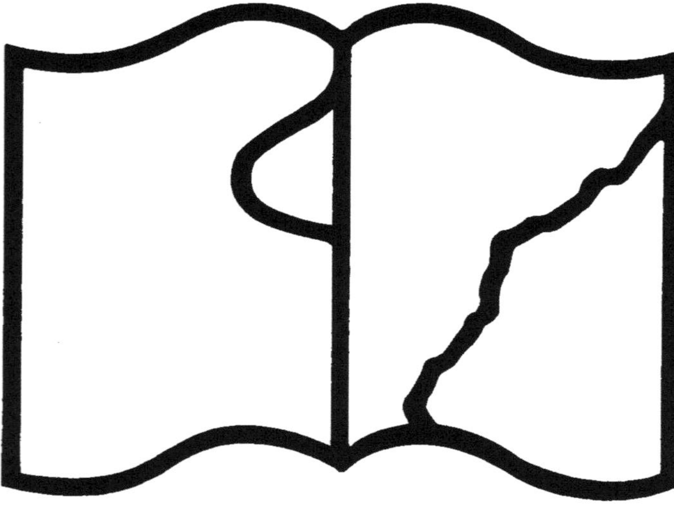

Texte détérioré — reliure défectueuse

NF Z 43-120-11

www.ingramcontent.com/pod-product-compliance
Ingram Content Group UK Ltd.
Pitfield, Milton Keynes, MK11 3LW, UK
UKHW020437200726
13857UKWH00002B/454

9 782012 897465